普通高等教育"十四五"规划教材

结构仿生与功能材料

赵兴科　编著

北　京

冶金工业出版社

2024

内 容 提 要

本书主要阐述了新材料领域的仿生材料及其制造技术。书中选取荷叶、壁虎、蜘蛛、贝壳等动植物为仿生对象，沿着宏观到微观、结构到功能、仿生制备到应用等主线，较为全面地介绍了特殊润湿表面材料、动态黏附表面材料、高弹纤维材料、坚韧材料和轻质刚性材料的构效关系与制备技术。

本书可作为高等院校材料、冶金、机械等专业的本科和研究生教材，也可供材料加工、工程制造等相关专业的科技人员参考。

图书在版编目（CIP）数据

结构仿生与功能材料/赵兴科编著 . —北京：冶金工业出版社，2024. 7
普通高等教育"十四五"规划教材
ISBN 978-7-5024-9836-8

Ⅰ．①结… Ⅱ．①赵… Ⅲ．①工程仿生学—高等学校—教材 ②功能材料—高等学校—教材 Ⅳ．①TB17 ②TB34

中国国家版本馆 CIP 数据核字（2024）第 073549 号

结构仿生与功能材料

出版发行	冶金工业出版社	电　话	（010）64027926
地　址	北京市东城区嵩祝院北巷 39 号	邮　编	100009
网　址	www. mip1953. com	电子信箱	service@ mip1953. com

责任编辑　杨　敏　美术编辑　吕欣童　版式设计　郑小利
责任校对　王永欣　责任印制　禹　蕊
北京印刷集团有限责任公司印刷
2024 年 7 月第 1 版，2024 年 7 月第 1 次印刷
787mm×1092mm　1/16；12.5 印张；301 千字；191 页
定价 39.00 元

投稿电话　（010）64027932　投稿信箱　tougao@cnmip. com. cn
营销中心电话　（010）64044283
冶金工业出版社天猫旗舰店　yjgycbs. tmall. com
（本书如有印装质量问题，本社营销中心负责退换）

前　言

　　地球上的生命数十亿年来一直在进化，各种生物通过选择最简单的解决方案来解决其面临的问题，从而促进自身适应和存续。天然生物材料经历几十亿年进化，大都具有最合理、最优化的宏观、细观、微观复合完美的结构，并具有自适应性和自愈合能力，如竹、木、骨骼和贝壳等，其组成简单，通过复杂结构的精细组合，从而具有许多独有的特点和最佳的综合性能。

　　人类是地球上的智慧生物，除了自然进化之外，还形成了主动向自然学习的能力。人类文明的各种标志性成就，如工具、文字、音乐、艺术等，无一不是受自然启发而取得的。受天然生物材料生长合成的启发，人类模拟这些生物过程，不断开发新的制造技术，以生产先进的功能与工程材料，由此形成了一门新兴学科，即材料仿生。材料仿生是指对生物产生的物质和材料（如酶或丝）的形成、结构或功能以及生物机制和过程（如蛋白质合成或光合作用）的研究，并通过模仿自然机制的人工机制合成类似的产品。材料仿生是生物学、材料科学、化学和物理学等多个科学领域与现代纳米技术和信息技术相结合的产物。材料仿生研究领域广泛，从单个生物蛋白质组织到整个生物体运动体系等。

　　人类关于材料仿生的知识主要包括两部分：一是对天然生物材料的特异性能及其构效关系的认知；二是对天然生物材料的生长机制的认知。前者导致新型材料的开发，后者导致新型制备技术的开发。天然生物材料特异的性能归因于复杂的多材料、多层次的微纳组织结构，从而赋予天然生物材料特异的性能，例如超疏水性荷叶、坚韧的贝壳等。天然生物材料的生长通常是在常温、常压和不排放有毒有害物质的方式下进行的。本内容属于材料仿生领域。本书以近年来研究相对比较成熟的四种仿生材料，即超疏水性荷叶、动态黏附壁虎趾掌、高强超弹蜘蛛丝和高强韧贝壳等，从天然生物的性能、微观结构、仿生材料的制备与应用等几个方面详细介绍了这些仿生材料的研究现状，重点分析了这几种天然生物材料的构效关系和仿生材料制备的技术原理。

　　本书共分为5章。第1章为绪论，第2章~第5章分别为一种天然生物的材料仿生案例。本书的编写突出以下特色：

　　（1）每个案例的编写顺序都相同，即天然生物材料的性能、天然生物材料的微观组织结构、天然生物材料的构效关系、天然生物材料的结构模型、仿生材料的人工制备技术及仿生材料的应用等。

　　（2）每个案例的编写顺序都遵循从结构到功能、从现象到本质、从理论到应用的基本规律。

　　（3）每个案例都为学生展示"认识现象—总结规律—探究机理—创新发展"的完整科研活动过程。

　　作者希望这种案例编写方式不仅能够传授专业知识，而且能够向学生传授科学研究方法。

　　本书是北京科技大学素质教育核心课程"结构仿生与功能材料"的配套教材。本书的编写与出版得到了北京科技大学教材建设经费资助，并得到了北京科技大学教务处的全程支持。

　　哈尔滨工业大学高智勇、北京科技大学张波萍和周鑫等教授审阅了全书并提出了宝贵的建议，在此深表感谢！

　　本书在编写过程中参考了有关文献，在此向文献作者表示衷心感谢！

　　由于作者的水平有限以及该领域发展迅速，书中不足之处，敬请读者批评指正。

作　者

2024年1月

目　录

1　绪论 ……………………………………………………………………… 1
　1.1　神奇的大自然 ……………………………………………………… 1
　1.2　仿生现象与仿生学 ………………………………………………… 2
　　1.2.1　仿生现象 ……………………………………………………… 2
　　1.2.2　仿生学 ………………………………………………………… 5
　1.3　材料仿生概述 ……………………………………………………… 8
　　1.3.1　天然生物材料的特点 ………………………………………… 8
　　1.3.2　人造材料的特点 ……………………………………………… 14

2　荷叶仿生与特殊润湿表面材料 ………………………………………… 20
　2.1　莲荷与莲荷效应 …………………………………………………… 20
　　2.1.1　莲荷 …………………………………………………………… 20
　　2.1.2　莲荷效应 ……………………………………………………… 21
　2.2　莲荷效应的机理 …………………………………………………… 23
　　2.2.1　静态润湿 ……………………………………………………… 23
　　2.2.2　动态润湿 ……………………………………………………… 27
　　2.2.3　莲荷效应的构效关系 ………………………………………… 29
　2.3　材料表面微纳结构制备方法 ……………………………………… 32
　　2.3.1　刻蚀法 ………………………………………………………… 33
　　2.3.2　沉积法 ………………………………………………………… 41
　　2.3.3　模板法 ………………………………………………………… 44
　　2.3.4　其他方法 ……………………………………………………… 49
　2.4　荷叶仿生材料及其应用 …………………………………………… 53
　　2.4.1　荷叶仿生材料 ………………………………………………… 53
　　2.4.2　荷叶仿生的应用 ……………………………………………… 60
　知识点小结 ……………………………………………………………… 65
　复习思考题 ……………………………………………………………… 65

3　壁虎趾掌仿生与动态黏附材料 ………………………………………… 66
　3.1　壁虎及其他攀壁生物 ……………………………………………… 66
　　3.1.1　壁虎攀壁研究简史 …………………………………………… 66
　　3.1.2　壁虎的趾掌 …………………………………………………… 67

3.1.3 其他攀壁生物的趾掌 …………………………………………… 69

3.2 壁虎趾掌的黏附 …………………………………………………………… 70

3.2.1 壁虎脚掌的吸附机制假说 ………………………………………… 70

3.2.2 壁虎趾掌黏附力计算 ……………………………………………… 71

3.2.3 壁虎趾掌黏附力的实验测定 ……………………………………… 72

3.3 壁虎趾掌的脱附 …………………………………………………………… 74

3.3.1 壁虎趾掌脱附 ……………………………………………………… 74

3.3.2 壁虎脚掌黏附与脱附 ……………………………………………… 79

3.4 壁虎趾掌仿生材料 ………………………………………………………… 83

3.4.1 表面结构设计与材料选用 ………………………………………… 83

3.4.2 壁虎趾掌仿生材料制备方法 ……………………………………… 84

3.5 壁虎仿生材料的应用 ……………………………………………………… 87

3.5.1 黏附胶带 …………………………………………………………… 87

3.5.2 基于动态黏附仿生材料的攀壁器械 ……………………………… 90

知识点小结 ………………………………………………………………………… 92

复习思考题 ………………………………………………………………………… 92

4 蜘蛛丝仿生与柔韧材料 …………………………………………………………… 93

4.1 蜘蛛与蜘蛛网 ……………………………………………………………… 93

4.1.1 蜘蛛 ………………………………………………………………… 93

4.1.2 蜘蛛网 ……………………………………………………………… 95

4.2 蜘蛛丝 ……………………………………………………………………… 96

4.2.1 蜘蛛丝的种类 ……………………………………………………… 96

4.2.2 蜘蛛丝的性能 ……………………………………………………… 97

4.2.3 蜘蛛丝蛋白 ………………………………………………………… 99

4.3 蜘蛛丝的构效关系 ………………………………………………………… 106

4.3.1 高强度 ……………………………………………………………… 106

4.3.2 超弹性 ……………………………………………………………… 107

4.3.3 高韧性 ……………………………………………………………… 108

4.4 蜘蛛丝的合成 ……………………………………………………………… 109

4.4.1 生物产丝 …………………………………………………………… 109

4.4.2 蜘蛛丝蛋白原液 …………………………………………………… 112

4.4.3 仿蜘蛛丝材料的化学合成 ………………………………………… 120

4.5 蜘蛛丝及其仿生材料的应用 ……………………………………………… 122

知识点小结 ………………………………………………………………………… 124

复习思考题 ………………………………………………………………………… 124

5 贝壳仿生与刚韧材料 ……………………………………………………………… 125

5.1 贝壳概述 …………………………………………………………………… 125

5.1.1　贝壳的种类 ……………………………………………… 125
5.1.2　贝壳的作用与价值 ………………………………………… 127
5.2　贝壳的组织结构 ……………………………………………… 131
5.2.1　贝壳的宏观结构 …………………………………………… 131
5.2.2　贝壳的微观结构 …………………………………………… 133
5.2.3　贝壳的珍珠层 ……………………………………………… 136
5.3　贝壳的力学性能与构效关系 ………………………………… 140
5.3.1　力学性能 …………………………………………………… 141
5.3.2　增韧机制 …………………………………………………… 146
5.4　贝壳的天然生长 ……………………………………………… 154
5.4.1　海洋软体动物的生长周期 ………………………………… 154
5.4.2　贝壳的成长 ………………………………………………… 155
5.4.3　生物矿化机制 ……………………………………………… 157
5.5　贝壳珍珠层仿生材料的制备 ………………………………… 158
5.5.1　沉积法 ……………………………………………………… 159
5.5.2　相分离法 …………………………………………………… 169
5.5.3　机械组装 …………………………………………………… 174
5.5.4　仿生合成 …………………………………………………… 178
5.5.5　其他制造工艺 ……………………………………………… 180
知识点小结 ………………………………………………………… 185
复习思考题 ………………………………………………………… 186

科学术语 ………………………………………………………… 187

参考文献 ………………………………………………………… 189

1 绪　论

1.1　神奇的大自然

人类居住的地球形成于大约 46 亿年前。大约 8 亿年前地球海洋中出现了单细胞生命体，大约 5 亿年前地球上出现了陆地生物。经过漫长时间的物竞天择，目前地球上生活着数以亿计的生物物种，主要群体包括原生生物、真菌、植物和动物等，图 1.1 为地球上的生物进化树形图。人类出现的年代很晚，幸运的是人类的智力超群，使得人类能够不断从自然界中获取知识、灵感和创造力，并通过制造和使用工具拓广自身的能力，从而快速地脱颖而出，成为地球上的万物之灵。随着科学与技术的进步，人类认识自然更深入、利用自然更合理，人类与地球母亲的关系更和谐。

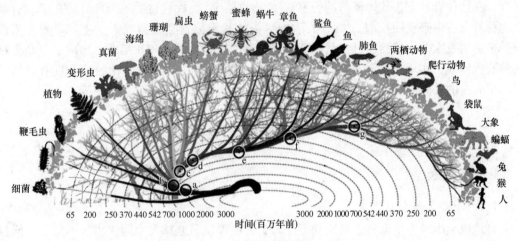

图 1.1　地球上的生物进化树形图

在生物进化过程中，各种生物体都获得了适应各种自然的独特能力。以腹足类动物（gastropods）为例，物种数量超过 5 万种，其生活环境广泛，包括从海洋深处、海岸线到内陆河流、湖泊，从热带润湿地区到阴冷山脉、干旱沙漠。对于生物体而言，深度 11022 m 的马里亚纳海沟（Marianas trench）的环境极度恶劣，温度低、静水压力大、缺乏光照，可以说是生命的禁区。因为每下潜 10 m，海水的静水压力约增加 0.1 MPa。海底深处的巨大压力即使是钢铁之躯的现代潜水器也难以承受；没有光（光线在约 1000 m 海水深度下完全消失），植物就不能生存，动物缺少必要的食物。然而在马里亚纳海沟竟然发现了一些腹足类动物。这些深海腹足类动物的食物也与浅海或陆地的腹足类动物不同，可获得的大部分食物都是碎屑形式，要么是大型生物的尸体，例如在海洋中死亡的鱼，要么是细小的海底"雪"，通常是浮游生物的残骸，它们从上方的水层落下并积聚在底部。

海洋的深处对科学家来说就像外太空一样神秘。研究人员估计，只有5%的海洋被人类探索过，尽管海洋覆盖了地球表面的71%。图1.2为生活于黑暗海洋深处的生物。

图1.2　一种深海生物

大自然充当着隐形之手，培育并塑造着地球上所有的生命。大自然提供了大量的生物材料，这些材料表现出迷人的多功能性和特性，如轻质、高韧性，具有自组织、自组装、自我修复等特点。这些生物材料的优异力学性能源于精心定制的硬和软建筑块的分层有序排列。在这种背景下，软体动物的壳是这种高性能天然生物材料的一个极好的例子，这种生物材料自古以来就吸引着人类。天然生物体的基本原料通常很简单，主要有糖、蛋白质、矿物质及水等，然而通过由微观到宏观不同层次的精细设计和组装，形成了复杂但精确的有机体系，实现了各种生物功能及其他功能。例如，荷叶与荷花的叶面具有自洁功能、甲壳虫的外壳质轻而坚硬、贝壳硬而坚韧、海鳗可以发出800 V的电等。

1.2　仿生现象与仿生学

1.2.1　仿生现象

1.2.1.1　天然仿生现象

自地球上出现生物以来，数以百万计的生物物种就在地球大家园里生生不息，共同构建了地球生物圈。每种生物都不能脱离地球生物圈而独立存在。为了趋利避害，很多生物体都在漫长的进化过程中获得了适应环境的能力。很多动植物具有模拟其他生物的本领（称为拟态或仿生）。例如，某些生物在进化过程中形成的外表形状或色泽斑纹等，同其他生物或非生物十分相似的现象。拟态具有保护和埋伏作用。尺蠖身体细长，行动时一屈一伸像个拱桥，休息时，身体能斜向伸直如枝状以躲避天敌，是天然拟态的典型代表，如图1.3所示。

章鱼是伏击猎物的高手，经常躲在石头后或空贝壳中等待猎物靠近，这时章鱼会改变自身的体色，将自己完全融入环境中，猎物在没有察觉到任何异样的情况下就被抓到了。更令人惊奇的是，这种变色是瞬间完成的，眨眼间它就消失在环境中了。图1.4为潜伏海底的章鱼，与周围几乎混为一体。

1.2.1.2　人类仿生现象

自然界中的生物大多都具有一定的仿生本领。而作为地球上的万物之灵的人类，仿生

图 1.3 酷似树枝的尺蠖

图 1.4 潜伏海底的章鱼

更是随处可见。人类自古以来,处处留有仿生痕迹。

A 人类住所

大自然中的鸟类和昆虫似乎比人类理解得更早更透彻一些,它们早早地就将纤维增强基体复合原理应用到自己筑巢的过程中,以此躲避天敌的攻击。人类使用茅草和黏土建造房屋(图 1.5),正是利用了植物纤维良好的韧性和黏土材料优异的成型能力,其复合思想无疑是受到燕雀筑巢行为的启发。

B 人造工具

古印度(公元前 600 年)经典著作《阿育吠陀》(*Shalya Tantra*)记载,苏什鲁塔(Maharishi Sushruta)是印度医学界的传奇学者和外科手术之父,做过各种复杂的手术,如剖腹产、假肢、白内障、泌尿系统结石、骨折,尤其是整形手术。他的器械设计基于各种动物的颌骨轮廓。据中国古代传说,锯是鲁班(公元前 507 年~公元前 444 年)受锯齿形边缘的草叶启发而发明的。

图1.5　人类早期居住的茅屋

C　文字与纹饰

人类的早期文字都是象形文字，是直接模拟天然形态而创造的，是以自然为模特的速写。不同文明古国的象形文字遵循相同的基本原则。例如，在古埃及和古中国，"太阳"这个词也都用一个中心有一个小圆圈的大圆圈表示；"吃"用手捂着嘴的手势表示。图1.6为古埃及纪念碑上使用的象形文字，由动植物图案和刻线符号构成。

图1.6　古埃及象形文字图例

D　音乐与体育

人类音乐的起源有不同的学说，如劳动起源说、异性求爱说、语音抑扬说、模仿自然说等。模仿自然说是音乐起源问题中最古老的理论。中国古书《吕氏春秋》（成书于公元前475年~前221年）记载"听凤凰之鸣以别十二律，效山林溪谷之音以歌，以糜鞍置缶而鼓之"。古希腊哲学家德谟克利特（Democritus）（公元前460年~前370年）写道："在许多事情上，我们是模仿禽兽，作禽兽的小学生的。从蜘蛛我们学会了织布和缝补，从燕子学会了造房子，从天鹅和黄莺等歌唱的鸟学会了唱歌。"他认为模仿是人类固有的本能，音乐乃至整个文学艺术均来自对自然界和社会生活的模仿。俄国作曲家科萨科夫（Korsakov）的《野蜂飞舞》（*Полет шмеля*）、法国作曲家圣桑斯（Saint-Saëns）的《动物狂欢节》（*The Carnival of the Animals*）、中国古曲《高山流水》、民乐曲《百鸟朝凤》、二胡曲《空山鸟语》等，都以自然音响为模仿对象，栩栩如生地再现了自然界的美妙声音。值得一提的是，从历史的角度看，很多吹奏乐器开始可能并不是用来演奏的，而是用来模仿某种动物叫声，以吸引猎物或驱赶猛兽。

"五禽戏"模拟飞禽走兽的动作用于强身健体，是中国传统导引养生的一个重要功法体操，由华佗（约145~208）在《庄子》"二禽戏"（"熊经鸟伸"）的基础上创编而成。其名称及功效据《后汉书·方术列传·华佗传》记载："吾有一术，名五禽之戏：一曰虎，二曰鹿，三曰熊，四曰猿，五曰鸟。亦以除疾，兼利蹄足，以当导引。体有不快，起作一禽之戏，怡而汗出，因以著粉，身体轻便而欲食。普施行之，年九十余，耳目聪明，齿牙完坚。"图1.7为"五禽戏"功法图例。

图1.7　模仿动物动作的"五禽戏"体操

1.2.2　仿生学

1.2.2.1　仿生学的内涵

人类模仿自然的历史很长、范围很广。然而，仿生学这个学术名词却出现得很晚。1960年美国斯蒂利（Steele）在第一次仿生学大会上首次用拉丁文"Bion"和"ics"的组合创造出"Bionics"这个英文科技词汇，定义为"研究生命系统功能的科学"或"研究生物系统和有机体以找到工程问题的解决方案"。1963年中国学者将"Bionics"译为"仿生学"。目前，仿生学比较确切的定义为：仿生学是研究生物系统的结构、特质、功能、能量转换、信息控制等各种优异的特征，并把它们应用到技术系统，改善已有的技术工程设备，并创造出新的工艺过程、建筑构型、自动化装置等技术系统的综合性科学。从生物学的角度来说，仿生学属于"应用生物学"的一个分支；从工程技术方面来看，仿生学根据对生物系统的研究，为设计和建造新的技术设备提供了新原理、新方法和新途径。

仿生学自诞生之日起就蓬勃发展，成为一个活跃的跨学科研究热点。由于天然生物的多样性，仿生学研究对象种类多、分布广，产生了各具特色的仿生学领域，以至于产生不同的仿生学内涵，例如：

（1）仿生学是对天然元素的产品、过程和政策进行建模的哲学；

（2）仿生学是构建具有生命系统某些特征的人工系统的科学；

（3）仿生学是涉及将有关生物系统功能的数据应用于解决工程问题的科学技术；

（4）仿生学是将天然界中发现的生物方法和系统应用于工程系统和现代技术的研究和设计的科学技术；等等。

通过仿生研究，人类可以得到不同用途的仿生成果。目前，人造器官是人类仿生的一个最为常见的应用领域。

（1）仿生感官。很多天然生物都拥有非常敏感的感觉器官。例如，响尾蛇在鼻孔和眼睛之间的颊坑具有热感应功能。这个器官对红外热辐射非常敏感，可以在几米远的地方检测到一只老鼠。又例如，蚕蛾对气味非常敏感，雄性蚕蛾可以检测到数量仅几个分子的雌性分泌的化学物质。通过研究这些生物的感官工作原理，有助于人们研制高性能仿生传感器。

（2）仿生肌肉。生物体在生活世界中，能量以化合物的形式储存，其使用总是伴随着化学反应。植物通过复杂的化学过程储存太阳能。肌肉运动的能量来源于化学变化。蘑菇、萤火虫和某些鱼类等生物体发出的光是化学变化产生的。在任何情况下，与热机相比，化学变化产生的能量转换更加有效。

（3）仿生大脑。天然生物的大脑能够高效处理环境信息，并快速下达动作指令。在处理信息过程中会在某种程度上使用之前经历过的情况（经验）。模仿生物大脑的运行模式，有助于人们设计制造具有模式识别特性的仿生大脑，提高机器的效能。

总之，仿生学的研究领域主要涉及模拟生物体的结构、功能、行为及其调控机制。仿生学不是一门专业科学，而是一门生命科学与机械、材料和信息等工程技术学科相结合的跨学科交叉学科。

1.2.2.2　仿生学的分类

仿生学有多种分类方法。按照被模仿的天然生物的种类，仿生学可以分为微生物仿生、植物仿生、动物仿生等。按照仿生的内容和功能，仿生学可以分为结构仿生、能量仿生、工程仿生、信息与控制仿生等。按照仿生产物的层次范围，仿生学可以分为组织仿生、器官仿生、生物体仿生和生物圈仿生。

（1）组织仿生。组织仿生指依据仿生学原理、模仿生物组织各种特点或特性而制备的人工材料，又可以称为材料仿生。组织仿生是从分子水平上研究生物材料的结构特点、构效关系，进而研发出类似或优于原生物材料的一门新兴学科。组织仿生是材料学、生物学、化学、物理学等学科的交叉。组织仿生研究天然生物产生的物质和材料（如酶或丝）的形成、结构或功能以及生物机制和过程（如蛋白质合成或光合作用），特别是为了通过模仿天然的人工机制合成类似产品的目的。例如，人们通过荷叶仿生，研制了具有表面自清洁功能的人造物质。

（2）器官仿生。器官仿生是指使用人造机器替代生物体原有器官功能。自 20 世纪 40 年代中期出现了透析机（人工肾）以来，人们已经研制出了多种人体器官。例如，1942 年，荷兰科尔夫（Koff）发明了转鼓人工肾；1962 年，英国查恩利（Charnley）开发了高密度聚乙烯人工髋关节，开创了现代全髋关节置换术；1978 年，澳大利亚克拉克（Clark）发明了多通道人工耳蜗让失聪者听到声音；1988 年，美国胡马云（Humayun）设计的人造硅视网膜植入人眼使失明者重见光明；等等。20 世纪 70 年代，基于美国科幻作家凯丁（Caidin）的小说《生化电子人》（*Cyborg*）制作的电视连续剧《六百万美元男人》（*The Six Million Dollar Man*）和《仿生女人》（*The Bionic Woman*）得到热播，讲述了人类可以通过人造的机电植入物获得各种超人的力量。尽管这属于科幻作品，但不妨将其用于理解器官仿生的概念。

（3）生物体仿生。生物体仿生的产物主要是具有特定功能的人造机器，统称为机器人（robot），例如，会飞的机器蜻蜓、会攀壁的机器壁虎、会跑路和叫唤的机器狗等。1999 年，日本索尼公司推出了第一只人工智能宠物。宠物可以走路、看东西、理解并响应口头指令。人形机器人是生物体仿生的终极产物，其历史远早于仿生学的概念。1818 年，英国作家雪莱（Shelley）的长篇小说《弗兰肯斯坦》（*Frankenstein*）奠定了早期科幻小说中机器人作为人类对立面的"恶魔化"性质。这部作品虽然重在描写人类和机器人之间的冲突，但它在结尾处还是涉及了一点机器人的情感问题。由于机器人无法生育，因此最后只剩下一男一女两个机器人。人类工程师威胁要解剖他们，他们却互相庇护，同时感受到人类的思想和情感，于是在某种程度上成了新的亚当和夏娃。1920 年，捷克作家恰佩克的《罗素姆万能机器人》（*Rossum's Universal Robots*）描写了一群被人类制造出来，用以为人类劳动和服务的机器人。这些机器人在被改进并拥有了思想后，便开始发动暴乱反抗人类，寻求自身的解放。2007 年，英国李维（Levy）出版了《与机器人做爱：人类与机器人关系的演变史》（*Love and Sex with Robots：The Evolution of Human-Robot Relationships*），在书中他大胆预测，最晚到 2050 年人类会把机器人当成恋人、性伴侣，甚至婚姻配偶，而且将成为社会常态。2019 年，日本最新研究推出了一款女性仿生机器人。这款仿生机器人通过人工智能和仿生技术相结合，由于采用特殊的硅胶材质制造，机器人皮肤的触感跟真人无异，而且内部采用了恒温系统，让这款女性仿生机器人不再是冷冰冰的机器，而是拥有了同人类一样的体温，几乎达到了以假乱真的程度。

（4）生物圈仿生。地球是一个神奇的星球，是各种动物、鸟类、植物和生物的家园，它们彼此和谐相处。各式各样的天然栖息地遍布各具特色的地球表层。南极洲被雪覆盖，而非洲则以其炎热的沙漠而闻名，南美洲以其潮湿的亚马孙热带雨林而闻名，而欧洲则以其古老的人类历史而闻名。全球所有生态系统的总和称为生物圈。在能源方面，生物圈是一个开放系统，光合作用以每年约 130TW 的速度捕获太阳能；然而在生物链方面，它则是一个接近能量平衡的自我调节系统。根据最一般的生物生理学定义，生物圈是整合所有生物及其关系的全球生态系统，包括它们与岩石圈、冰冻圈、水圈、根际和大气元素的相互作用。

仿生生物圈是指一个人工封闭的生态系统。截至目前最负盛名的仿生生物圈是 20 世纪 80 年代末建设在美国亚利桑那州的生物圈Ⅱ（Biosphere Ⅱ），见图 1.8。这是一座微型人工生态循环系统，为了与生物圈Ⅰ号（地球本身）区分而得此名。生物圈Ⅱ占地 1.2 万平方米，容积达 14 万立方米，由 8 万根白漆钢梁和六千块玻璃组成，耗资 1.5 亿美元，耗时 8 年。这是人类建造的最大的仿生生物圈，拥有珊瑚礁海洋、各种鱼类、树木繁茂的热带雨林、稀树草原、红树林、雾沙漠和农业的封闭系统，与真实天然世界相似。

由医学博士、生态学家和志愿者等组成的 8 名志愿者于 1991~1993 年间进入了生物圈Ⅱ，以测试人类是否可以在人造世界中生存。结果令人遗憾，尽管在建造这个自给自足的

图 1.8　建于美国亚利桑那州的生物圈Ⅱ（外景）

世界中尽了最大的努力，但随着时间延长，生物圈Ⅱ已经变得几乎不能居住，志愿者们拼命地想要到外面去。在最初几个月，生物圈Ⅱ中的氧气含量就开始急剧下降。尽管有森林、草原通过光合作用吸收二氧化碳释放氧气，但沼泽地土壤中的微生物代谢速度过快，消耗氧气速度高于氧气释放速度，导致二氧化碳大量释放，树木无法如此迅速地交换。后来不得不从外部泵入氧气，使生物圈Ⅱ已不再是一个微型自给自足的世界。几经波折之后，生物圈Ⅱ成为科技旅游景点，每年吸引数万名游客，至今仍然是人类创造的最大的人工饲养箱。

1.3　材料仿生概述

材料仿生学是指从分子水平上研究生物材料的结构特点、构效关系，进而研发出类似或优于原生物材料的一门新兴学科，是仿生学与材料学的交叉学科。由于天然界生物的多样性，各种生物都有其适应天然环境的特殊本领，因此，材料仿生学涉及广泛。

天然生物体可以视为由有机材料和无机材料组合而成的复杂结构。组成天然生物体的物质主要包括糖、蛋白质、矿物质、水等基本元素。天然进化使得这些基本元素组成最合理、最优化的宏观、细观、微观结构，从而表现出优异的力学性能和功能性能。早期人类直接使用这些天然材料做工具，如木材棍棒、石斧、骨针、贝壳等。随着人类知识积累和技术进步，开始制造人工材料。材料仿生学将生命科学与材料科学相融合，启迪人们从生命科学的柔性和广阔视角思考材料科学与工程问题。材料仿生学以天然生物体为研究对象，不仅模拟生物对象的结构，更要模拟其功能。换言之，材料仿生学是以阐明生物体的材料结构与形成过程为目标，用生物材料的观点来思考人工材料，从生物功能的角度来考虑材料的设计与制作。

1.3.1　天然生物材料的特点

1.3.1.1　天然生物材料的成分与组织

A　天然生物的化学成分

天然生物来源于自然，最后回归自然。尘归尘、土归土，天然生物的最后归属都是尘土。这些尘土在地球生态圈中循环利用。土壤中被循环利用的天然生物馏分主要包括干酪根和腐殖质物质。干酪根是沉积有机质的主体，约占总有机质的 80% ~ 90%，研究认为80%以上的石油烃是由干酪根转化而成的。

干酪根的成分和结构复杂，是一种高分子聚合物，没有固定的结构表达式。干酪根有固定的化学成分，主要由碳、氢、氧和少量氮、硫、磷等组成。对世界各地 440 个干酪根样品的元素分析结果表明，干酪根的主要元素的平均成分为：$w(C) = 76.4\%$，$w(H) = 6.3\%$，$w(O) = 11.1\%$，三者共占 93.8%。

腐殖质是有机物经微生物分解转化形成的胶体物质，是土壤有机质的主要组成部分（50% ~ 65%）。其主要种类有胡敏酸和富里酸（也称富丽酸）。腐殖质具有适度的黏结性，能够使黏土疏松，砂土黏结，是形成团粒结构的良好胶结剂。腐殖质物质来源于植物残体、根系及其分泌物，土壤微生物及其代谢产物。这些是不同分子大小和碳结构的多糖、单宁、蜡质、脂类、木质素和蛋白质等类群的有机物质。腐殖质主要由碳、氢、氧、氮、硫、磷等元素组成，还有少量的钙、镁、铁、硅等元素。各种腐殖质的元素组成不完全相同，其中，$w(C) = 55\% \sim 60\%$、$w(N) = 3\% \sim 6\%$，C/N 为 10 : 1 ~ 12 : 1。

总之，无论是动物还是植物，天然生物材料的化学成分主要包括碳、氢、氧、氮、磷、钙，以及少量钾、钠、铁、锌等元素。生物利用这些有限的化学元素，通过制造多层次的复杂结构，获得特有的、独特的性能。

几乎所有的天然材料都是某种形式的复合材料，包括相对少量的聚合物（例如蛋白质或多糖）和陶瓷（例如钙盐或二氧化硅），从而形成丰富多样的性能。木材、竹子和棕榈通过木质素-半纤维素基质中的纤维素纤维，形成不同壁厚的中空棱柱状细胞；毛发、指甲、角、羊毛、爬行动物鳞片和蹄是由角蛋白形成的，而昆虫的角质层是由蛋白质基质中的甲壳素（chitin）组成的。软体动物外壳（如贝壳）的主要成分是碳酸钙，与约 5% 的甲壳素结合而成的；牙釉质由羟基磷灰石组成，骨和鹿角由羟基磷灰石和胶原组成。胶原蛋白是动物软硬组织的基本结构元素，如肌腱、韧带、皮肤、鱼鳞、血管、牙齿、肌肉和软骨。事实上，动物的眼睛角膜也是通过纯拼贴组合的。

B 天然生物的组织结构

在各种动物分类群的材料中经常发现八种结构设计特征：纤维、螺旋、梯度、层、小管、细胞结构、缝合线和重叠结构。这些特征提供了优异的力学性能，如强度、耐磨性、柔韧性、断裂韧性和能量吸收。此外，结构设计特征促进了生物体内材料和结构的多功能性，如身体支撑、关节运动、冲击保护、移动性和重量减轻。所有这些性质和功能在各种工程应用中都很重要。

（1）纤维结构。纤维结构即一维材料，沿长度方向可以承受高的拉伸强度，但通常不能承受弯曲、压缩等外力。在一些材料（例如骨）中，显微纤维可以被矿化到不同程度，以适应需要硬度、强度或韧性的特殊骨骼功能。纤维结构存在于许多生物材料中，其尺寸范围覆盖纳米到微米。天然生物组织中纤维结构通常呈集束形式，存在于非矿化的软生物材料中，如肌肉、肌腱和毛发等。图 1.9 为肌原纤维结构示意图。

（2）螺旋结构。螺旋结构通常由许多纤维或原纤维的螺旋排列形成，这增强了上述纤维结构本身的性能。例如，骨骼中的胶原纤维在显微镜下以螺旋状排列，以提供更大的抗生理负荷引起的弯曲和扭转能力。在微观层面上，骨骼可以被认为是螺旋结构和纤维结构

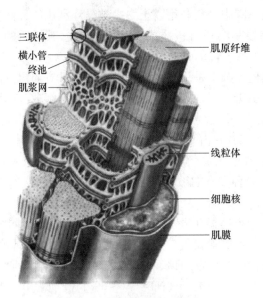

图 1.9　肌肉中的纤维结构

的组合。除了抗弯曲和扭转外，螺旋结构还在多个方向上提供高强度和韧性，并限制裂纹扩展。螺旋结构在生物材料的许多长度尺度上都有发现，从纳米级的蛋白质螺旋排列到大角羊角中观察到的宏观螺旋。螺旋结构主要出现在甲壳类外骨骼、哺乳动物骨骼、高度矿化的海绵外骨骼、昆虫骨骼和鱼鳞等。图 1.10 为竹竿截面的微观组织结构，可以看到呈螺旋状分布的竹纤维。

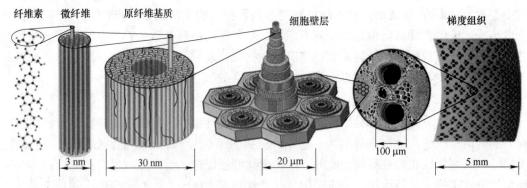

图 1.10　竹竿的截面组织结构

　　（3）梯度结构。梯度结构是不同材料的复合材料，其横截面或厚度具有不同的力学性能，从而导致性能或结构梯度。材料的性质有一个平滑的过渡，这导致不同材料界面处的应力消除。材料和界面之间的这种性能不匹配（例如弹性模量、强度）提供了高韧性、耐磨性，并阻止了裂纹增长。梯度结构可以发生在相对较小的距离上（如牙本质釉质接合处），或发生在宏观长度（如竹竿的径向厚度），梯度结构常见于真皮铠甲和牙齿，鱼鳞、蟹爪和牙齿中的牙齿/牙釉质连接。图 1.10 中可以看到竹纤维束在竹竿截面上呈外密内疏的梯度分布。

　　（4）层状结构。层状结构是由多层或界面组成的复杂复合材料，可提高脆性材料的韧性。增加这些生物材料韧性的两个主要机制是裂纹偏转和扭曲，这增加了裂纹弯曲度。从珍珠层中发现的纳米级生物聚合物层到鱼鳞的宏观尺度分层，在广泛的长度尺度上也发现了层状结构。层状结构在深海海绵、鲍鱼壳、鱼鳞和昆虫外骨骼中发现层状结构。图 1.11 为不同放大倍数下的鲍鱼壳微观组织。

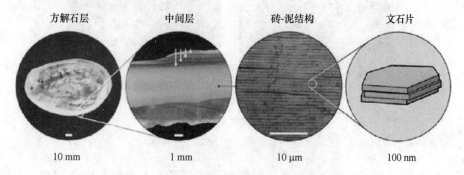

图 1.11　不同放大倍率下的鲍鱼壳的组织结构

（5）管状结构。管状结构由块状材料内的沿长度方向排列的细管/细孔阵列组成，并促进能量吸收。这是通过消除裂纹尖端的应力奇异性、促进裂纹弯曲或在压缩时使小管塌陷来阻止裂纹增长的。上述材料中的管状结构通常具有微观尺寸。管状结构常见于马蹄、羊角、螃蟹外骨骼、牙齿、皮质骨和一些鱼鳞等。草茎、竹竿、羊角等都是宏观尺度下的管状结构天然生物材料。水生植物的茎秆通常都是管状结构的，空气可以通过茎秆内孔输送到根部，以保证水下组织获得氧分。图 1.12 为河边的水生植物。

图 1.12　水生植物通常具有管状结构的茎秆

（6）多孔结构。多孔结构具有高的韧性与重量比，提高了结构抗屈曲、弯曲能力，并可以改善应力分布和增加能量吸收。蜂窝状泡沫结构多出现在豪猪羽毛、巨嘴鸟喙、龟壳、鸟骨、马蹄蟹壳和小梁骨等。图 1.13 为美洲豪猪羽毛的微观组织结构。

1.3.1.2　天然生物材料的性能

A　强韧兼容的力学性能

材料的力学性能有多种不同的指标，其中强度和韧性最为重要。图 1.14 为材料拉伸模式下的力学性能指标示意图，拉伸应力与变形量呈单调增加的曲线关系。在较小的应变

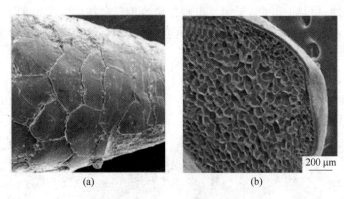

(a)　　　　　　　　　　　　(b)

图 1.13　美洲豪猪羽毛

（a）外部形貌；（b）截面多孔结构

情况下，应力与应变基本呈线性关系，此为弹性应变阶段；当应变继续增加时，应力-应变曲线斜率变缓，此时进入塑性变形阶段。弹性变形与塑性变形的分界点对应的应力为材料的屈服强度，最大塑性变形对应的应力为材料的极限抗拉强度，简称抗拉强度。弹性变形阶段的应力-应变曲线的斜率代表材料抵抗外力引发变形的能力，称为刚性；塑性阶段应力-应变曲线下包围的面积代表材料发生断裂前消耗的能量，称为断裂韧性，简称韧性。材料的力学性能取决于材料的成分以及微观组织结构。

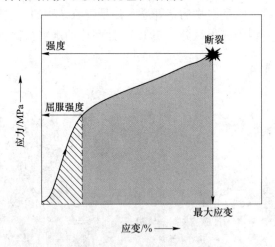

图 1.14　材料拉伸应力-应变曲线

天然生物材料具有复杂的微纳结构，并且通常为软、硬两种性质不同的复合材料，有助于解决材料力学性能中强度和韧性互斥的矛盾，从而产生高强韧材料，如图 1.15 为几种典型天然生物材料的力学性能。在这些天然生物复合材料中有利的重要结构元素是：

（1）厚度在纳米范围内的细长和刚性颗粒或纤维；

（2）连接软质和硬质基质的薄层，该薄层充当颗粒之间的黏合剂；

（3）元件和软矩阵之间的紧密界面。在天然材料中，坚硬的颗粒或纤维通常是矿化的实体，在木材中则是纤维素。软基质可以由不同的蛋白质和碳水化合物组成。

值得注意的是，软基质可能只占材料质量的百分之几，但对其性能仍然至关重要。

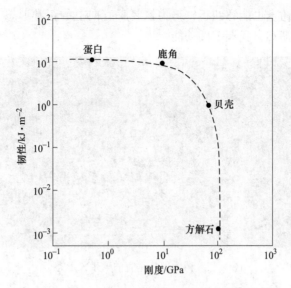

图 1.15 几种典型天然生物材料的力学性能

天然生物在长期的演化过程中创造了各种高性能材料。综合考虑材料的比刚度和比强度，竹子、密质骨、亚麻和蚕丝等生物材料都要远胜于大多数的人造材料，仅有一些功能陶瓷、芳纶纤维、碳纤维及其复合材料能够在综合性上与之相媲美，而它们正是航空制造业中必不可少的高精尖材料。此外，骨骼、鹿角和木细胞等生物组织在具有较大刚度的同时还兼顾了超高的韧性（断裂韧性超过 5000 kJ/m³），同样是绝大多数人工合成材料所无法企及的。图 1.16 给出了常见天然材料和人造材料的力学性能关系图。

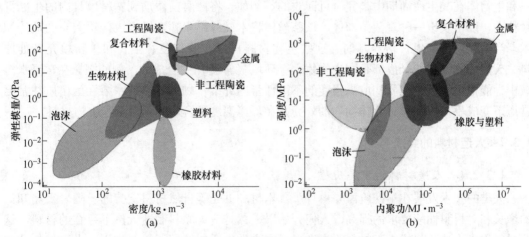

图 1.16 常见材料的力学性能关系图
（a）杨氏模量-密度；（b）强度-内聚功

B 自驱动环境适应性

许多生物组织能够集传感器和致动器于一体，在没有能量供给的情况下就能根据外部环境因素（湿度、温度和负载等）的改变，从而实现自驱动功能。天然生物材料的功能性不胜枚举。无论是生长在平地还是山坡上的树木其树干都是垂直向上生长的。一旦受外力作用导致树干倾倒，树木也能够纠正，努力恢复垂直向上的正常形态（见图1.17）。这说明树木具有感知、反馈和自我调节的功能。

图 1.17　树木保持垂直向上生长形态

感知和自驱动现象在天然生物中很常见。例如，落叶植物的秋季叶落与来年春天发芽；向日葵的花朵朝向阳光；捕蝇草的捕虫能力；松果的鳞片可以通过吸湿闭合来保护种子；小麦通过麦芒的可逆弯曲运动将种子推送入土壤中等。

C　代谢与修复性

天然生物材料都是能够自我修复的活的组织。以骨骼为例，动物骨骼不断更新，成骨细胞形成骨和破骨细胞吸收骨之间保持平衡。这种持续的骨吸收和骨形成过程称为骨重塑，来自同种异体移植物的死骨的破骨细胞再吸收，并将其替换为新的活骨。天然生物材料和生物体在其生命周期中是完全可回收的。例如，将白腐菌添加到塑料模具内的生麻群颗粒中，以生长出一种真菌菌丝体，该菌丝体将木质纤维素颗粒结合成砖块大小的活体积木。当辅以适当的生长培养基时，这些生物材料可以自我修复、生长和重新填充其他原料。天然生物材料的合成都是在生物体生存环境（常温）中合成的。例如蜘蛛在常温水溶液中，能把可溶性蛋白质变成高强度的不溶性蛋白纤维。蜘蛛吐出的水溶性蛋白质在常温常压下变成不可溶的丝；软体动物的外壳是在环境温度下合成的天然复合生物材料。

1.3.2　人造材料的特点

1.3.2.1　人造材料的发展历程

人类的技术发展在早期阶段是由骨头、木材和贝壳等自然材料支持的。随着人类知识的增长和对材料性能要求的提高，人们开始以天然材料为原料制造天然不存在的材料。这些材料称为人造材料或人工材料。人造材料在人类生活中发挥了重要作用，人造材料的水平也因此成为人类文明的重要标志之一。

从人类第一次拿起石头敲开坚果，或者磨尖棍子来刺鱼，或者用燧石制造火花来点火，就一直在使用工具。人类的进化与对材料和工具的使用密不可分。以至于人类文明的主要史前阶段并不是以我们的语言能力、社会交往或经济成就命名的，而是以这个时代的工程材料命名的，足见人造材料在社会发展中的重要性。虽然石器时代以数百万年计算，但随后的时代以数万年为单位计算，并且不断减少。英国工业革命之后，人类发展进入高速阶段。随着新设备、新工艺的引入，材料时代大大缩短。进入 21 世纪以来，开始进入硅、碳和仿生材料新时代。

A　石器时代（公元前 2500000～前 3200 年）

最早的人类是狩猎采集者，以能找到或捕获的东西为生，开始学会了用石头来制作狩猎工具、食物准备、自卫、建造居住建筑以及作为天文日历和精神中心的纪念碑。按照 19 世纪丹麦汤姆森（Thomsen）的提议，石器时代是人类史前三个文明阶段的第一个，其他两个分别是青铜时代和铁器时代。尽管这种把技术发展高于其他因素，如语言、农业和社会的发展的提议有些简单粗略，但仍受到普遍的认同。石器时代始于 250 万年前（已知最早的石器），最早结束于公元前 3200 年左右，当时青铜首次在西亚制造。虽然石头不是这个时代唯一的材料（譬如陶器、鹿角和骨头等有机材料也很常见），但这个时代以当时最耐磨的物质命名。青铜冶金作为工具和武器的新技术的出现，逐渐淘汰了石头的使用。图 1.18 显示了石器时代的人类生活场景。

图 1.18　石器时代的人类生活场景

B　青铜时代（公元前 3200～前 600 年）

青铜是铜和锡的合金，其名字来源于青铜时代。青铜时代占据了石器时代和铁器时代之间的空白，在欧洲被认为大约在公元前 3200～前 600 年。铁和铜冶炼都出现在非洲，尽管没有证据表明它是自发演变的或是引入的。青铜的制造是最早被认可的工业过程之一，制造加工过程包括铜、锡的单独开采和冶炼，然后将锡加入熔融铜中。由于铜和锡矿很少同时发现，出现了原材料的贸易。早在公元前 2000 年，英国就有高达 7000 万吨的铜矿，而萨默塞特郡发现了剑模的考古遗迹，可追溯到公元前 12 世纪。在此期间，铜锌合金（不精确地称为"黄铜"）被生产出来，这导致了今天对青铜和黄铜的首选术语"铜合金"。通过国际贸易，使青铜材料和青铜冶炼技术在古埃及、亚洲和欧洲等传播开来。青铜成分简单，比铜更硬，而且更具韧性和硬度。随着青铜用途的增加，金属铸造得到了发展，从而产生了更好的工具、武器、盔甲和材料。青铜文物窖藏的考古发现也表明，这种材料以储存价值和地位的形式代表着财富。图 1.19 为中国出土的部分青铜时代的青铜器皿。

图 1.19　中国出土的一些青铜文物

C　铁器时代（公元前 1200 年~公元 100 年）

铁器时代是迄今为止最短的，介于青铜时代的崩溃和有文字记录历史的开始之间。尽管这一时期得名于铁冶金的广泛应用以及工具和武器用碳钢的早期发展，但铁作为该时代杰出的工程材料的出现并不是因为材料加工方面的任何重大创新。它的崛起更多地反映了地中海的一系列事件（火山爆发、战争以及政府的失败）所创造的经济条件，导致了公元前 1300 年左右国际锡贸易的大规模中断。锡短缺造成的市场压力迫使金属工人寻找替代金属，大量的铁（青铜时代已知但被认为是劣质品）成为当时的材料。技术人员的主要目标是如何通过物理和化学过程使铁硬化来改善铁，同时也有证据表明金属工人正在回收青铜。随着廉价钢的改进，武器变得更坚固、更轻、更硬，结果是当锡重新进入市场时，作为一种大规模生产的金属，它不再具有价格竞争力。铁器时代的时间框架因地点而异，在西欧，起点是铁在武器制造中取代青铜的时间，终点是罗马征服（公元 43 年的英国）。尽管如此，直到工业革命（19 世纪），铁加工仍然是欧洲大部分地区的主流技术。除了武装民兵的剑、匕首、矛头和盾牌，铁器时代的黑色金属也被用于新兴的农业和建筑部门，如链条、犁、收割钩、镰刀、锤子和锯子。

D　玻璃时代（13 世纪至今）

自闪电第一次击中沙子，产生熔融石英的褐铁矿以来，自然形态的玻璃材料就一直为人类所熟知。玻璃可以追溯到公元前 3500 年，当时埃及人和美索不达米亚人开始生产珠子形式的珠宝。尽管我们从那时起就制作了装饰用玻璃，但到目前为止，它在日常使用中最重要的特点是可以生产出对光透明的玻璃。根据欧洲玻璃联盟（Glass Alliance Europe）的说法，"没有其他人造材料能在如此多的行业和学科中提供如此多的可能性"。就日常应用而言，"玻璃"这一通用术语往往是指熟悉的用途，如液体容器、建筑材料和消费电子产品，或者更简单地说是瓶子、窗户和镜片。当然，玻璃的使用还有数千种其他方式，比如从科学和医疗设备到光纤，从可再生能源到汽车。在材料科学界，关于什么物质实际上构成玻璃的激烈争论仍在继续。

尽管有许多不同类型的玻璃，但它们都是由相同的基本工艺生产的：在高温下熔化二氧化硅（砂），并将其与各种添加剂（如碳酸钠或"苏打"）混合，以产生不同的特性，如强度、化学耐久性和颜色，然后冷却形成新材料。虽然玻璃的工业生产可以追溯到 13 世纪，但它真正在 19 世纪中期开始，当时"浮法"工艺允许大规模生产。玻璃最重要的特性之一是它可以"无休止地回收，而不会损失纯度或质量"，用"碎玻璃"（回收玻璃）制造所需的能量比用原材料制造所需能量少。

E　钢时代（19 世纪至今）

全球每年生产超过 16 亿吨钢铁，钢铁是当今世界上最丰富的人造材料之一。作为一种合金，它几乎完全由铁（高达 99%）组成，而它的二级成分碳的重量比高达 2%。碳的加入是为了提高铁的抗拉强度，但它也有助于其他性能，如硬度，从而使金属变得如此通用，成为现代世界的重要组成部分之一。

尽管钢铁已经为全球文明所知长达 4000 年，由于它的硬度，以及能够产生持久锋利的边缘，它对武器工业至关重要。在史前时代，当钢铁非常稀有时，它的价值是如此之高，以至于当亚历山大大帝击败古印度国王波鲁斯时，他得到的奖赏不是黄金，而是钢铁。

但直到 19 世纪中叶贝塞麦工艺的到来，钢铁才得以大规模生产。贝塞麦的发明，通过氧化过程去除铁中的杂质以生产钢铁，是工业革命全面爆发所需的催化剂。美国卡内基（Carnegie）等新一代企业家开始利用这种新材料在各大洲铺设铁路网，以摩天大楼的形式建造垂直城市，并推出大量低成本的实用物品，如餐具。自现代钢铁材料出现以后，人类就使用钢铁材料建造了一些大型建筑，有的至今仍然是完好如初。例如，1883 年完工的纽约布鲁克林大桥和 1889 年完工的巴黎埃菲尔铁塔，已分别成为美国和法国的历史地标，如图 1.20 所示。近年来，随着中国和印度的经济繁荣，国际钢产量发生了变化。中国目前是最大的生产国，占据了一半以上的市场份额。

(a)　　　　　　　　　　　　　　　　(b)

图 1.20　历史地标钢铁建筑
（a）美国布鲁克林大桥；（b）法国埃菲尔铁塔

F　铝时代（19 世纪至今）

鉴于铝是地壳中最丰富的金属，铝一直是工程材料的主角。然而铝的化学性质活泼，很少以纯金属形式自然出现，而是以 270 种不同的矿物形式存在。尽管从含铝矿物中提炼铝金属非常困难，但铝及其合金已经成为当前应用量排名第二的金属，2021 年全球原铝产量为 5699 万吨（铁目前保持着 12320 万吨的纪录），其中中国原铝产量为 3299 万吨。

1886 年，美国霍尔（Hall）用电化学方法从氧化铝中提取铝。大约同一时间，法国赫鲁特（Héroult）也独立发现了同样的过程，解决了氧化铝因高熔点而难以熔炼制铝的难题。霍尔-赫鲁特（Hall-Héroult）工艺通过在冰晶石（Na_3AlF_6）中溶解氧化物来降低其熔点，然后通过混合物传递电流来还原氧化物。铝的生产成本降低了两个数量级。霍尔-赫鲁特工艺标志着铝冶炼的开始。1889 年奥地利拜耳（Bayer）发现了一种提纯铝土矿（铝最常见的矿石）以生产氧化铝的方法。拜耳法和霍尔-赫鲁特工艺至今仍是铝生产的基础。铝材料具有较低的密度，应用领域广泛，从"锡箔"到飞机、饮料罐到建筑、食品加工到机械部件等。

G 塑料时代（1907 年至今）

塑料是一类材料的统称，代表合成或半合成有机化合物，是相对分子质量和分子结构不同的石化衍生品。第一种人造塑料是由英国帕克斯（Parkes）发明的，他在 1862 年的伦敦世博会上展示了他的帕克辛（Parkesine）硝酸纤维素化合物（字面意思是象牙替代物），并在那里获得铜牌。第一种全合成塑料是 1907 年比利时贝克兰（Baekeland）在纽约发明的酚醛塑料，并首次提出"塑料"一词。从此，这种材料成为了几乎任何可以想象的工程材料（如金属、木材、陶瓷、石头或玻璃等）的方便和经济的替代品。塑料应用已经渗透到人们生活的各个领域，从圣诞饼干中找到的微不足道的玩具（"普通"塑料）到拯救生命的合成心脏瓣膜（"工程"塑料）。如果说有一种材料既是福也是祸，那就是塑料。塑料是实用的、廉价的和可回收的；同时塑料又是性能低劣的、易老化的和污染环境的。塑料可以刺激新兴国家的经济，也可以因环保问题导致经济崩溃。由于商品塑料价格低廉，它们在食品包装中无处不在，其中大部分都是历史上被丢弃的，而且由于它们的相对分子质量大，分解速度慢。这反过来导致了回收和生物塑料等行业的发展。图 1.21 为贝克兰和他的同事于 1907~1910 年间使用的最初的胶木机，在高温下，在压力下与苯酚和甲醛反应形成胶木。

图 1.21 比利时贝克兰于 1907~1910 年间使用的胶木机成型机

1.3.2.2 材料仿生发展现状与趋势

与天然生物材料相比，人造材料的发展主要是通过开发新种类的物质实现的，而不是使用简单、通用的化学元素通过改变微观组织结构实现的。因此，人造材料的性能往往比较单一。如上所述，人类早期使用的材料主要是提高强度、硬度等，以便满足工具和用具的建造使用。随着人类科技的进步，仿生材料（包括仿生制造工艺）逐渐进入人们的视野，预计将成为人造材料的新阶段。

仿生材料是指模仿生物的各种特点或特性而研制开发的材料，或者仿照生命系统的运行模式和生物材料的结构规律而设计制造的人工材料。仿生材料不同于以往的人造材料。仿生材料不是基于新的物质种类，而是模仿天然生物材料的微观组织开发的一类材料。由于天然生物材料通常是复合材料，仿生材料也几乎全部为复合材料。

材料的性能取决于化学成分和微观组织结构。近十年来，人们先后发明了叠层沉积法、溶液铸膜法、自组装法和薄膜沉积法等并制备了具有微纳复合结构贝壳仿生材料，以及使用冷冻铸造法、生物模板法等制备了仿木材的多孔结构材料等。这些仿生材料能够将强度和韧性结合在一起，获得了比单一组分原料优越的力学性能。

使用传统方法制造生物材料是一项挑战，因为生物材料由多种材料组成的许多长度尺度的复杂结构设计特征组成。随着最近的技术进步，允许纳米级制造，开发具有低相对密度和力学性能良好的生物激发材料的潜力越来越大。以前已经使用生物矿化、逐层沉积、自组装、生物模板、磁操纵、冷冻铸造、真空铸造、挤压和滚压、激光雕刻和涂层技术等。

仿生材料制造的一个有前途的途径来自增材制造（3D 打印）制造领域的最新发展。随着增材制造技术的分辨率和精度不断提高，为制造具有复杂纳米和微米结构特征的宏观复合材料打开了新的大门。然而，生物激发材料和结构的增材制造仍然存在许多限制和挑战。目前，多材料设计可以通过 3D 打印技术在宏观尺度上印刷成型；双光子聚合允许在纳米尺度上印刷单一材料，但这些技术不能结合起来生产具有纳米尺度的宏观复合材料。

另外，为了扩大生物启发设计制造方法，研究人员正在探索模拟生物材料制造方法的可行性。与人工制造技术相比，生物系统能够以生态友好的方式（在低温和压力下，不排放有毒物质）合成纳米级尺寸的磷灰石、碳酸钙和二氧化硅等无机材料。此外，生物材料表现出一些自组装能力，以产生分层材料结构。通过模拟这些过程，有可能开发出新的生物启发制造技术。

最后，与天然材料相比，目前仿生材料刚刚起步，制造方法主要还是传统的制造方法或加以改进，仿生材料的微观组织还不够精细，其远无法与天然材料媲美。但是，随着人类科技的发展，仿生材料和仿生制造方法都将更加科学合理，制备出更多、更好的人造材料。

2 荷叶仿生与特殊润湿表面材料

  莲荷是一种常见的多年生草本植物，以其出淤泥而不染的自清洁特性而闻名。这种自清洁行为称为莲荷效应。现代研究表明，莲荷效应源于表面的超疏水性。水滴在荷叶表面的接触角达到160°以上，并且极易滚动。当水滴从荷叶表面滚落时能够将荷叶表面的泥土等污物颗粒携带走。莲荷效应归因于其表面的疏水性物质及其特殊的微纳粗糙结构。其他的天然植物如水稻、法罗和印度美人蕉等以及一些昆虫如蜻蜓、蝴蝶等的翅膀的表面也具有自清洁作用，它们的表面结构与荷叶相似。受天然植物叶片这些特性的启发，人们开发了多种表面微纳结构制备方法，并在高分子、陶瓷、金属等不同的材料表面实现了莲荷效应。一些研究成果已在自清洁、防腐蚀、防结冰、抗菌等方面获得了应用。本章主要讨论荷叶自清洁的机制以及制备荷叶仿生材料技术。

2.1 莲荷与莲荷效应

2.1.1 莲荷

  莲荷（lotus）是一种多年生草本植物，属于莲属、莲科。莲荷通常生长在浅水池塘或潮湿淤泥中。然而莲荷的环境适应性很强。莲荷分布在世界各地，可以耐受高温烈日及寒冷冰冻。成年莲荷可以长到 1~2 m 的高度和 1~1.5 m 的蔓延区域。莲荷在六月到七月间开花，花色多为粉红色或白色，如图 2.1 所示。

扫码看彩图

图 2.1 莲花与荷叶

  莲荷的叶子（荷叶）是圆形的，向上呈杯状，漂浮在水面上。荷叶的边缘光滑且呈波浪状。荷叶中间凹陷，此时与叶柄相连。叶柄为中空管状，可保持叶柄直立并将荷叶表面的氧气输送到莲荷的根系（莲藕）。莲荷的花朵（莲花或荷花）生长在粗茎上的荷叶上方。每朵花由茎（花序梗）保持在水面以上 1~2 m 处。每朵花长为 10~25 cm，大约有 15 片花瓣；莲花中心的花托形状像一个倒置的圆锥体呈金黄色，周围环绕着一圈金黄色雄蕊。莲花的寿命较短，在花瓣凋落过程中，花托发育成直径约 5~12 cm 的种子荚（莲蓬）。莲蓬成熟时变成深褐色。在莲蓬的上表面分布数个小室，每个室内生长一粒种子（莲子）。莲子成熟后呈黑褐色，外表坚硬、致密。

莲花是世界上最早出现的被子植物。在冰河时代，北半球的大多数植物都灭绝了，但莲花却幸存了下来。这种强大的生命力使莲荷获得活化石美誉。在莲花精致的外表下，隐藏着几乎与时间一样古老的更深层次的宗教意义。莲花是东方文化突出象征之一，被视为纯洁、启蒙、自我更新和重生的象征。常见的印度教和佛教的艺术形式是使用莲花作为神像的基座。莲荷也是文人墨客喜欢的书写对象，周敦颐（1017~1073）在其著名的《爱莲说》盛赞莲花"出淤泥而不染、濯清涟而不妖"，高度概括了莲荷生于泥中，浮于水面，不湿不浑的特性。

2.1.2 莲荷效应

2.1.2.1 莲荷效应的提出

荷叶属半水生植物，其叶片的下表面长期浸泡在水中，无法正常通气，因此荷叶的气孔都被转移到了叶片的上表面。为了保护上表面的气孔不受雨水、波浪或其他污染源的影响，荷叶表面进化出了一种超疏水自清洁结构。莲荷效应（lotus effect），即荷叶表面的自清洁机制，是德国巴特洛特（Barthlott）于 2000 年最早提出的。自 1975 年开始他利用电子显微镜观察分析荷叶及其他类似植物叶面，经过二十多年的研究，最终揭示了荷叶自清洁的微观机制。巴特洛特发现荷叶的自清洁现象源于荷叶表面特殊的微、纳米乳突结构以及疏水蜡层。水滴在荷叶表面上的接触角达到 160°以上，并且轻易地自由滚落。水滴在滚落过程中能够吸附沿途的污染物颗粒，从而起到清洁的效果。图 2.2 为莲荷效应的提出者巴特洛特。

图 2.2 莲荷效应的提出者 Barthlott

除了荷叶之外，其他植物甚至动物也具有自清洁能力，植物包括水稻、芋头等的叶子，动物包括蜻蜓的翅膀、鸭子的羽毛等。自清洁效应对于这些天然生物而言，除了保持表面的清洁外，还具有防止病原体入侵、提供足够的水浮力等作用。

需要指出，超疏水性的表面并不都具有自清洁性。超疏水性是莲荷效应的必要条件而非充分条件。例如，水滴在玫瑰花瓣或蜘蛛丝上均呈现较高的接触角（图2.3），然而它们会牢固地悬挂在上面。由于这些水滴不能从玫瑰花瓣表面滚落，因此就不能起到清洁的效果。

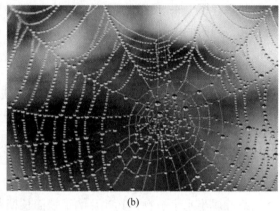

(a)   (b)

图2.3 带有水滴的玫瑰花瓣（a）和蜘蛛丝（b）

2.1.2.2 荷叶表面的微观结构

荷叶表面的宏观形貌为粗糙表面（图2.4）。经放大后可以看到荷叶表面分布着大量的笋状突起，直径和间距数微米。笋状突起表面覆盖一层绒毛。绒毛的直径约为 0.1 μm。

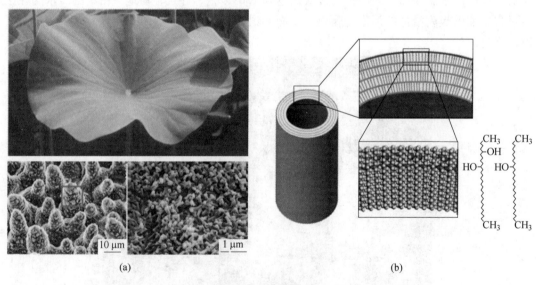

(a)   (b)

图2.4 荷叶的表面

（a）不同放大倍率下的表面形貌；（b）生物蜡绒毛管示意图

绒毛为中空结构。成分分析结果表明，笋状突起的成分为木纤维，而笋状突起表面的绒毛管为非极性的甲基（—CH₃）生物蜡。这种非极性甲基不利于与水（极性物质）相互作用，是一种强疏水性物质。

2.2 莲荷效应的机理

莲荷效应是水滴在荷叶表面的润湿作用的结果。润湿是固体的一种重要的表面性质，通常用液滴在固体表面上的接触角来表征。润湿分为静态润湿和动态润湿。前者用接触角值来衡量，而后者用滑动角或滚动角衡量。

2.2.1 静态润湿

2.2.1.1 液滴接触角

A 杨氏方程

水滴悬浮在自由空间时会形成一个球体，对于给定体积，球体的表面积最小，可以最小化其表面能（图 2.5）。当水滴与某固体表面接触时，可以通过在固体表面上铺展以降低表面能。水滴在固体表面铺展的现象称为润湿。

图 2.5　悬浮在空中的球形水滴

润湿性是固体材料表面的重要特征之一。水滴在固体表面的形状是由固体、液体和气体三相接触线的界面张力来决定的。液体表面张力越大就越容易聚集在一起，而不是在固体表面上铺展开；固体的表面张力（表面自由能）越大就越容易吸附表面自由能较低的液体，并在其表面铺展开来以降低其表面能；液-固界面的相互作用力越大，固体表面对液滴的吸附就越小，导致液滴在固体表面无法铺展开而形成较高的接触角。假设固体表面平整光滑，并水平放置，液滴达到平衡时，固、液、气三相表面张力也随之达到平衡（图2.6），固体表面接触角与三相表/界面张力之间的大小关系为：

$$\gamma_{lv} \cos\theta = \gamma_{sv} - \gamma_{sl} \tag{2.1}$$

或写成：

$$cos\theta = (\gamma_{sv} - \gamma_{sl})/\gamma_{lv} \tag{2.2}$$

式中，θ 为杨氏接触角，γ_{sv}、γ_{sl}、γ_{lv} 分别是固-气、固-液和液-气的界面张力。

式（2.2）是英国杨（Young）于 1805 年提出的，称为杨氏接触角方程，简称杨氏方程（Young's equation）。

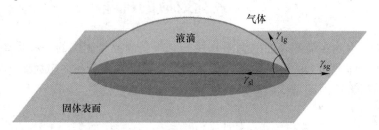

图 2.6　水滴在固体表面上的力学平衡示意图

给定体系下的固体表面张力、液体表面张力以及两者的界面张力都是确定的，给定体系下的杨氏接触角是恒定的。换言之，杨氏接触角仅仅与液体及固体的固有物质属性有关，为本征接触角。实际试验过程中存在误差，导致液滴在固体表面的接触角值往往会在一定范围波动，试验观察到的接触角值允许出现在这一范围内，称为测量接触角。

根据接触角 θ 的大小，固体表面分为亲水性和疏水性。当接触角 θ 小于 90° 时称为亲水材料，接触角 θ 大于 90° 时称为疏水材料（图 2.7）。极端情况下，当液滴与材料表面之间的接触角接近 0°，水可以在表面迅速散开并形成完全润湿表面的薄膜，这类表面称为超亲水表面，大于 150°，水滴在表面无法滑动铺展而保持球形滚动状，这类表面称为超疏水表面。

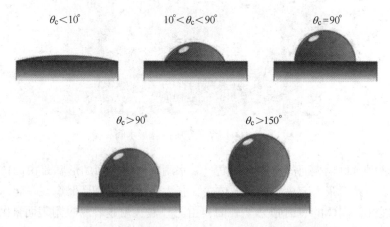

图 2.7　不同润湿情形下的液滴形态与对应的接触角

杨氏接触角由三种物质的界面张力决定，而界面张力与温度有关，固体物质的杨氏接触角因温度而发生改变。表 2.1 给出了常温下几种常见固体物质的杨氏接触角。水在无机物（金属与矿物质）表面的接触角普遍小于在有机物表面的接触角。水在石蜡表面的接触角最大，因此石蜡是典型的疏水物质。工业和生活中经常采用石蜡做防水材料，例如石蜡处理地板、石蜡密封等。

表 2.1　常温下水在一些物质光滑表面上的接触角

无机物	接触角/(°)	有机物	接触角/(°)
云母	约 0	CA	64
石英	0~4	CAB	74
金属	0~5	CAP	75
方解石	20	PES	77
厨卫陶瓷	10~30	PLA	80
黄铁矿	30	EVOH	82
莹石	41	PVDF	98
闪锌矿	46	PE	99
滑石	64	石蜡	105

B　温泽尔方程

杨氏接触角方程只有在相对均匀且各向同性的理想光滑表面上才适用。只有这样的表面才存在稳定平衡的接触角。而对于非理想固体表面，则需要对杨氏方程进行修正。对粗糙固体表面的液体接触角进行测定，会得到一个不同于杨氏接触角的表观接触角（用 θ_w 来表示）。根据杨氏方程无法解释 θ_w 与界面张力的关系，但可以用热力学关系式推导得到。

假设液滴滴在粗糙表面上，固体表面的凹坑全部被液体浸润所充满，当体系处于恒温恒压条件下时会达到平衡状态。此时，如果界面发生任何细微的改变，整个体系的自由能将会随之发生相应转变，变化值为：

$$dF = r(\gamma_{sv} - \gamma_{sl})dx + \gamma_{lv}dx\cos\theta_w \tag{2.3}$$

条件达到平衡时，$dF = 0$，结合杨氏方程式，可得：

$$\cos\theta_w = r\cos\theta \tag{2.4}$$

式中，dF 为接触线移动 dx 需要的总能量；r 为固体表面粗糙度；θ 为杨氏接触角；θ_w 为粗糙表面接触角。

式（2.4）是温泽尔（Wenzel）于 1936 年提出的，称为温泽尔方程（Wenzel equation）。上述 θ_w 被称为温泽尔接触角。

在温泽尔方程中，r 为固体表面粗糙度，其值为粗糙表面的实际面积与水平投影面积之比（图 2.8）。

由于 $r \geqslant 1$，通过温泽尔方程可知，当 $\theta <$ 90°时，θ_w 随着表面粗糙度的增加而减小，表面显露出更亲水的特性；当 $\theta > 90°$时，θ_w 随着表

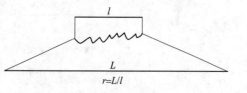

图 2.8　固体表面粗糙度 r 计算示意图

面粗糙度的增加而增加，表面显露出更疏水的特性。即：表面粗糙度可增强其表面润湿性（疏水性或亲水性）。

C　凯斯方程

实际固体并非单一纯净物质，即使是纯净物质，其表面也不可避免地会存在氧化膜、吸附物等异质成分。这些固体表面不均匀的组成物质分布对接触角也有影响。

假定固体表面是由两种化学成分不同的细小物质组成的，其中物质 1 的杨氏接触角为

θ_1、物质 2 的杨氏接触角为 θ_2，两种物质在固体表面的占比分别为 f_1 和 f_2，整个体系在置于恒温、恒压条件下达到平衡状态时的自由能变化值为：

$$dF = f_1(\gamma_{sl} - \gamma_{sv})_1 dx + f_2(\gamma_{sl} - \gamma_{sv})_2 dx + \gamma_{lv} dx \cos\theta_k \quad (2.5)$$

平衡时，$dF=0$，有：

$$f_1(\gamma_{sv} - \gamma_{sl})_1 dx + f_2(\gamma_{sv} - \gamma_{sl})_2 dx = \gamma_{lv} dx \cos\theta_k \quad (2.6)$$

根据杨氏方程式，式（2.6）可转化为

$$f_1\cos\theta_1 + f_2\cos\theta_2 = \cos\theta_k \quad (2.7)$$

式中，θ_1 为液体在物质 1 上的杨氏接触角，θ_2 为液体在物质 2 上的杨氏接触角；f_1、f_2 分别为物质 1 和物质 2 在表面的面积占比，且 $f_1+f_2=1$。

式（2.7）是凯斯（Cassie）于 1944 年提出的，称为凯斯方程（Cassie equation）。上述 θ_k 被称为凯斯接触角。当固体表面存在多相时，凯斯方程可写成如下通式：

$$\cos\theta_k = \sum f_i\cos\theta_i \quad (2.8)$$

式中，θ_i 为固体物质表面的 i 组成相的杨氏接触角；f_i 为固体物质表面的 i 组成相所占的面积分数，$\sum f_i = 1$。

2.2.1.2　润湿状态

A　微观粗糙表面的润湿行为

表面粗糙度能够增强物质的亲水性或疏水性，使亲水表面更亲水、疏水表面更疏水。如果固体表面的粗糙度达到细微程度时，固体表面可以视为由物质相和空气相（间隙、空气）两相组成的，因此，微观粗糙表面的润湿行为也可以用凯斯方程解释。为了达到表面能量最小，在微观粗糙表面上的液滴会选择进入间隙或者不进入间隙（图 2.9）。液滴是否进入间隙取决于固相的杨氏接触角以及间隙的大小。当固相的杨氏接触角较小、间隙较大时，液滴能够进入间隙；反之，当固相的杨氏接触角较大、间隙较小时，则液滴不能全部挤入间隙。

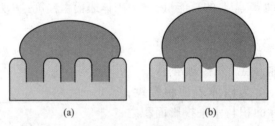

图 2.9　微观粗糙表面上液滴的两种润湿形态

（a）亲水粗糙表面；（b）疏水粗糙表面

对于液滴不能全部进入细微间隙的情形，粗糙表面可以视为由固体物质和空气（间隙）组成。假设与液滴接触的固体部分是光滑的理想表面，固体面积占比 f，液体与固体物质的杨氏接触角为 θ；空气面积占比 $1-f$，液体与气体的接触角为杨氏接触角，大小为 $180°(\cos180°=-1)$，则凯斯方程可以写为：

$$\cos\theta_f = f\cos\theta + (1 - f)(-1) = f(\cos\theta + 1) - 1 \quad (2.9)$$

式中，θ_f 为微观粗糙表面的表观接触角；f 为固体物质在微观粗糙表面的面积占比。

对于疏水材料，θ 越大、f 越小，则 $\cos\theta_f$ 越接近 -1，θ_f 越接近 $180°$。该结论与 Wenzel

公式一致。

B 疏水表面上液滴的润湿状态

温泽尔方程更适合处理固体表面杨氏接触角不高（亲水）的情况，而凯斯方程适合处理固体表面杨氏接触角较大（疏水）的情况。另外，当固体表面的粗糙度相同时，具有不同形貌的表面，其浸润性不尽相同。

无论是温泽尔方程还是凯斯方程，都使用了与杨氏方程相同的假设条件，即与液滴接触的固体部分是平整光滑的理想表面，因此这些方程都是在一定条件下的理论模型。实际中与液滴接触的固体部分并非是平整光滑表面，液体在固体表面上的浸润状态通常介于温泽尔润湿和凯斯润湿形态。图 2.10 列出了疏水材料表面上液滴的几种典型润湿状态。

在平整光滑的疏水材料表面，液滴的形态符合杨氏润湿状态。当固体表面存在不同的形貌因素时，水滴的润湿状态可以有五种情况，即温泽尔润湿状态、凯斯润湿状态、荷叶润湿状态、玫瑰花瓣润湿状态和壁虎掌趾润湿状态。当粗糙度较小或间隙较大时，液滴能够完全填充间隙，液体能够完全与固体表面接触，属于温泽尔润湿状态。当粗糙度较大、形成细微间隙时，液滴不能完全进入间隙，部分液体表面与固体表面接触，另一部分液体表面与空气接触，属于凯斯润湿。当与液体表面接触的固体非常细小时，液滴表面几乎完全与下面的气体接触，这种极端条件下的凯斯润湿状态就是荷叶润湿模式（接触角接近180°，几乎完全不润湿状态）。并且，荷叶将这个疏水性更进一步，因为其表面存在高度错落的微观突起，进一步降低了水对叶子表面的附着力，迫使水成为圆珠状并容易滚落。玫瑰花瓣润湿和壁虎掌趾润湿状态介于温泽尔润湿状态和凯斯润湿状态之间。

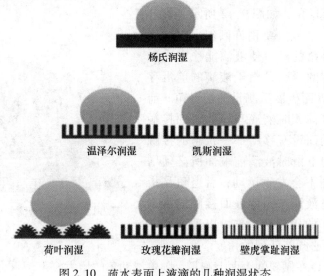

图 2.10 疏水表面上液滴的几种润湿状态

2.2.2 动态润湿

2.2.2.1 液滴的前进角与后退角

考虑一个在水平平面上具有稳定接触角的液滴。若表面是理想光滑和均匀的，往这液滴上加少量液体，则液滴周界的前沿向前拓展，仍保持原来的接触角。从液滴中抽去少量液体，则液滴的周界前沿向后收缩，但仍维持原来的接触角。反之，若表面是粗糙的或不均匀的，向液滴加入一点液体只会使液滴变高，从而使接触角变大。此时的接触角称为前进接触角（简称前进角，θ_a），如图 2.11（a）所示。若加入足够多的液体，液滴的周界会突然向前蠕动。此突然运动刚发生时的角度称为最大前进角。若从液滴中取出少量液体，液滴在周界不移动的情况下变得更扁平，接触角变小，此时的接触角称为后退接触角（简称后退角，θ_r），如图 2.11（b）所示。当抽走足够的液体时，液滴的周界前沿会突然向后收缩。此突然收缩刚要发生时的角度称为最小后退角。

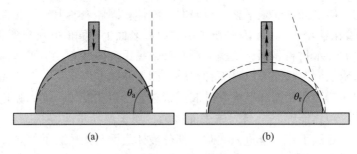

图 2.11　液滴动态润湿示意图
（a）前进角；（b）后退角

2.2.2.2　液滴的滚动角

液滴动态润湿时存在不同的测量值，前进角往往大于后退角，两者之间的差值叫作滚动角。滚动角的大小也代表了一个固体表面的接触角滞后现象。在倾斜面上，同时可看到液体的前进角和后退角，如图 2.12 所示。假若没有接触角滞后，平板只要稍许倾斜一点，液滴就会滚动。接触角的滞后使液滴能稳定在斜面上。接触角滞后的原因是由于液滴的前沿存在着能垒。固/液界面扩展后测量的接触角。前进角是在增加液滴体积时液滴与固体表面接触的三相线将要移动而没有移动那一状态的接触角，也可以理解为下滑时液滴前坡面所必须增加到的角度，否则不会发生运动；后退角是指在缩小液滴体积时液滴与固体表面接触的三相线将动而未动状态的接触角，也可以理解为下滑时液滴后坡面所必须降低到的角度。

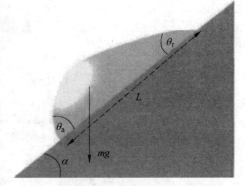

图 2.12　斜面上液滴的前进角和后退角

水的滚动角可以在倾斜的表面上测量。随着滑动角的增大，由于重力的作用液滴前部接触角增大，而液滴后部接触角减小。当达到临界接触角（即滑动角）时，液滴开始向下滑动，此时满足以下方程：

$$mg\sin\alpha = \gamma_{lg}w(\cos\theta_r - \cos\theta_a) \tag{2.10}$$

式中，α 为滑动角；m 为液滴质量；g 为重力加速度；γ_{lg} 为液滴的表面张力；w 为液滴接触圆宽度。\

式（2.10）是 Rosano 于 1951 年提出的，被称罗萨诺方程（Rosano equation）。当液滴

的滚动角小于其滑动角时，液滴可以在固体表面滚动，如水滴在荷叶上的运动情况；反之，当液滴的滚动角大于其滑动角时，液滴不会发生滚动，如水滴在汽车挡风玻璃上的流动现象。

2.2.3 莲荷效应的构效关系

在光滑的疏水性固体表面污染物颗粒与其表面间有足够大的接触面积，导致水滴只能以滑动的方式在固体表面运动。在液滴滑离的过程中，固体表面微小的灰尘颗粒仅发生短距离运动，但不能随液滴从固体表面移除，此时不具有自清洁功能（图 2.13（a））。当液滴在固体表面发生荷叶润湿时，液滴几乎不与固体表面接触，细小的灰尘颗粒因亲水性将黏附在液滴表面，随液滴滚动而被携带，从而产生了自清洁效果（图 2.13（b））。

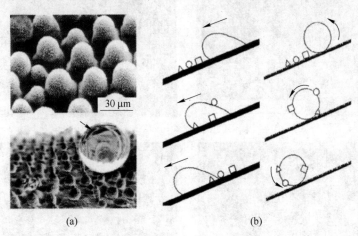

图 2.13　莲荷效应的原理示意图
（a）荷叶表面；（b）自清洁示意图

2.2.3.1　超疏水表面的结构特征

除了荷叶之外，还有很多天然生物的表面具有自清洁功能，例如金丝桃叶、红豆杉叶、唐菖蒲叶等。通过观察这些天然生物的表面，发现了与荷叶表面相似的微观结构特征，即表面都是微观粗糙的，且粗糙表面覆盖一层亚微米尺度的石蜡绒毛（如图 2.14 所示），因此可以推测，这些天然生物的自清洁性能源自莲荷效应。

2.2.3.2　莲荷效应的形成条件

A　表面形貌

材料的性能是由其组成和结构决定的。把降低表面张力和形成显微结构结合起来，才能取得很好的荷叶效应结果。根据表面物理化学中表面平整度对接触角的影响规律可知，当接触角小于 90° 时，表面粗糙度大些能使接触角进一步减小；而当接触角大于 90° 时，粗糙表面能使接触角进一步提高。

莲荷效应的天然植物表面总是表现出一层非常明显的疏水性表皮蜡晶体。单晶排列紧密，完全覆盖叶片表面。莲荷效应叶片的表皮表面显示出一些特殊的形貌特征，表面分布直径微米尺度的竹笋状突起，突起表面覆盖一层亚微米尺度的绒毛管。水滴在荷叶表面几乎完全与下面的气体接触（接触角接近 180°，几乎完全不润湿状态）。并且，竹笋状突起

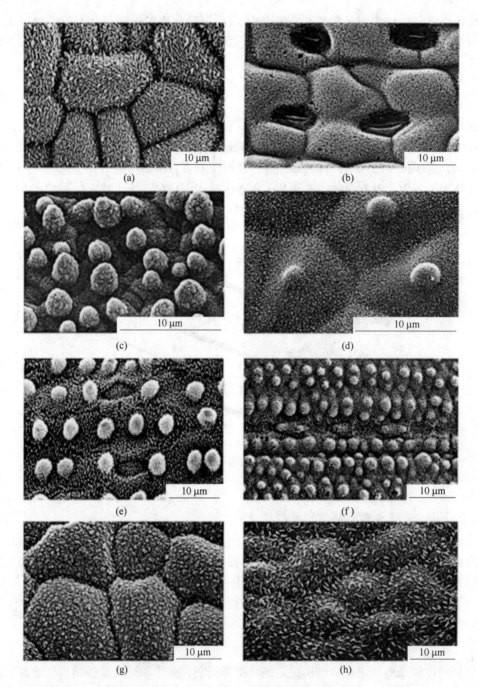

图 2.14 自清洁生物材料表面的微观形貌

（a）埃及金丝桃；（b）印度金丝桃；（c）莲荷；（d）多叶羽；（e）唐菖蒲；
（f）金鱼藻；（g）热带风兰；（h）金丝桃白千层

呈现不均匀的高度，这进一步降低了水对叶子表面的附着力，迫使水滴呈球形并容易滚落。总之，荷叶的结构具有巧妙的设计，通过蜡状非极性涂层和粗糙的结构来阻止表面润湿，这两者都降低了水珠与荷叶表面的相互作用，促使水珠呈球体并容易从荷叶表面滚落。这种复合结构和疏水性植物蜡的共同作用是其具有超疏水性的根本原因。图 2.15 为莲荷效应的表面模型。

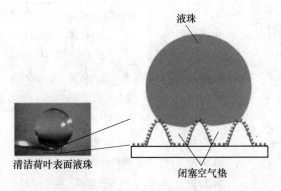

液珠

清洁荷叶表面液珠

闭塞空气垫

图 2.15 莲荷效应表面模型示意图

B 低表面张力物质

由前述内容可知，固体物质的表面张力越小，则水在其表面的本征接触角就越大。因此，制备超疏水荷叶材料仿生需要使用表面张力小的物质。固体表面自由能越低，附着力越小，固体表面液体的接触角就越大。硅氧烷、含氟材料是常见的低表面能材料；在共聚物中引入低表面能结构单元（主要是含氟、含硅结构）能得到低表面能的聚合物。采用最低表面能的氟硅烷单分子自组装修饰的光滑表面与水的接触角最大只能达到 120°。

物质的表面张力可以认为是去除单位面积内分子表面层所需的功或能量，因此表面张力又称为表面能。表面张力通常以牛/米（N/m）为单位测量，也可以用达因/厘米（dyn/cm）表示。液体物质的表面张力是液体表面膜的张力，是由表面层中的颗粒被大部分液体吸引而引起的，使液体表面积最小化。液体的表面张力可以直接试验测量，固体的表面张力不可以直接试验测量。

不论是液体还是固体，现实当中的物质表面外侧通常与周围空气密切接触，因此物质的表面张力实质上是物质与周围气氛的界面张力。物质的表面张力主要取决于给定液体中颗粒之间的吸引力，也取决于与其接触的气体、固体或液体。表面张力是由分子之间的强烈吸引力（内聚力）引起的，分为极性相互作用和非极性相互作用。极性相互作用主要包括永久偶极子之间以及永久偶极子和诱导偶极子之间的库仑相互作用（例如氢键），非极性作用主要为由原子/分子中电荷分布的暂时波动引起的相互作用，称为色散相互作用（范德华相互作用）。表 2.2 列出了常见低表面张力的高分子材料。

表 2.2 常温下常见固体高分子材料的表面张力

高分子材料	表面张力/N·m⁻¹	高分子材料	表面张力/N·m⁻¹
聚二甲基硅氧烷（PDMS）	19.8×10^{-3}	聚四氟乙烯（PTFE）	20.0×10^{-3}
聚甲基硅氧烷	21.7×10^{-3}	聚三氟乙烯（P3FEt/PTrFE）	23.9×10^{-3}
聚甲基丙烯酸己酯（PHMA）	30.0×10^{-3}	聚丙烯（PP）	30.1×10^{-3}
聚偏二氟乙烯（PVDF）	30.3×10^{-3}	聚甲基丙烯酸叔丁酯（PtBMA）	30.4×10^{-3}
聚 1,3-丁二烯（PBD）	30.4×10^{-3}	聚甲基乙烯基醚（PVME）	30.4×10^{-3}

高分子材料	表面张力/N·m^{-1}	高分子材料	表面张力/N·m^{-1}
聚三氟氯乙烯（PCTFE）	30.9×10^{-3}	聚甲基丙烯酸异丁酯（PIBMA）	30.9×10^{-3}
聚甲基丙烯酸丁酯（PBMA）	31.2×10^{-3}	聚丙二醇（PPG）	31.6×10^{-3}
聚四氢呋喃（PTME/PTHF）	31.9×10^{-3}	聚异戊二烯（PI）	32.0×10^{-3}
聚异丁烯（PIB）	33.6×10^{-3}	聚甲基丙烯酸乙酯（PEMA）	34.5×10^{-3}
聚碳酸酯（PC）	34.2×10^{-3}	聚四氢呋喃（PTMO/PTMEG）	35.1×10^{-3}
聚乙烯（PE）	35.7×10^{-3}	聚 ω-十二酰胺（尼龙12）	35.8×10^{-3}
聚甲基丙烯酸乙酯（PEMA）	35.9×10^{-3}	聚 α-甲基苯乙烯（PαMS）	36.0×10^{-3}
聚乙酸乙烯酯（PVA）	36.5×10^{-3}	聚醋酸乙烯酯（PVAc/PVA）	36.5×10^{-3}
聚氟乙烯（PVF）	36.7×10^{-3}	聚丙烯酸乙酯（PEA）	37.0×10^{-3}
聚乙烯醇（PVOH/PVA）	37.0×10^{-3}	聚乙烯基甲苯（PVT）	39.0×10^{-3}

　　硅烷及其聚合物具有优良的耐热性、耐候性、疏水性、脱模性，但其耐油、耐溶剂性较差，影响其应用范围的进一步扩展。

　　相比而言，由于氟原子的电负性是所有元素中最大的，而其范德华原子半径又是除氢以外最小的，且原子极化率又是最低的，因此，氟原子与其他元素形成的单键键能比碳原子与其他元素形成的单键键能都大，且键长较短；同时，由于空间屏障效应，氟类化合物的碳链受到周围氟原子的保护，其他原子不易侵入，碳碳键也就变得更牢固；从而使含氟化合物及其聚合物具有耐热性高、化学稳定性高、表面自由能低等优点。氟烷基硅烷由于其低表面张力和硅氧主链的柔顺卷曲性的氟硅表面活性剂具有类似于小分子表面活性剂的双亲结构，其中聚氧乙烯链段作为亲水基团，而硅链段和氟链段则作为憎水部分。氟烷基硅烷是众所周知的低表面自由能材料。

　　C　荷叶仿生材料的基本要求

　　对于前述固有表面能较低的有机固体材料可直接制备出特定的微纳结构以放大其疏水性，即可实现超疏水性能，而对于固有表面能比较高的无机固体材料，如硅、金属、玻璃等，则往往需要制备出特殊微纳结构之后，再通过后续的有机材料表面化学改性以降低表面自由能，从而实现超疏水性能。所使用的化学改性剂又称疏水剂，主要包括炭黑、烷烃及其各类衍生物（如含有硅、氯、氟的烷烃）等。值得一提的是，在一些亲水材料（如金属）用刻蚀法制备表面微纳结构时，会在刻蚀表面生成疏水性的刻蚀反应产物，使其在刻蚀完成后直接获得莲荷效应，而无需再进行附加的疏水化表面处理步骤。

2.3　材料表面微纳结构制备方法

　　制备荷叶仿生材料的关键是表面微纳结构的制备。目前已经有很多方法可以在材料表面获得微纳结构，从加工机制上分为刻蚀法、沉积法和模板法三大类别，即减材制造、增材制造和等材制造。不同材料的加工通常有合适的加工方法。刻蚀法主要用于金属材料，沉积法主要用于陶瓷材料，模板法通常用于高分子材料。有些制备技术实际上包含多种加工机制，例如，铝在阳极电解过程中，在金属铝溶解的同时，表面发生氧化反应，最终形成多孔形态的氧化铝表面。金属铝溶解是减铝的刻蚀过程，而氧化铝形成则是增氧的沉积过程。

2.3.1 刻蚀法

2.3.1.1 化学刻蚀

化学刻蚀法即采用酸性或碱性溶液对金属表面进行选择性腐蚀而生成粗糙结构表面的方法。化学刻蚀法分为干化学刻蚀和湿化学刻蚀，其中湿化学刻蚀应用较多，因为湿化学方法操作简单，可控性好，能够有效控制微-纳米材料的微观结构，如纳米颗粒、纳米线和介孔无机物。化学刻蚀法在刻蚀材料过程中，可以同时发生反应物沉积在刻蚀表面的情况，能够在制备微纳粗糙结构的同时改变被刻蚀材料的化学属性，从而一步实现表面形貌的制备与表面疏水性改性，直接将亲水性材料制备出荷叶效应表面。通过化学刻蚀法在铝箔表面构建了微-纳米复合结构，经过氟硅烷溶液修饰后获得了超疏水表面。

2.3.1.2 电化学刻蚀

A 铝

通过阳极氧化和湿化学蚀刻制备的纳米多孔阳极氧化铝基板，经聚 N-(三甲基硅基甲基)苄胺化学改性后，表面水接触角最大为 163.4°，如图 2.16 所示。该氧化层含有六边形孔隙。铝多孔氧化物层由两层组成，即厚的多孔外层和薄的氧化物内层，称为阻挡层。阻挡型氧化铝的外氧化层在很大程度上取决于电解质的类型、吸附阴离子的浓度和薄膜生长的法拉第效率。氧化物层可以通过各种尺寸和形状的孔来实现，这些孔对于粗糙度很重要，因为粗糙度取决于孔。通过优化阳极氧化工艺可以在铝表面形成超疏水涂层。

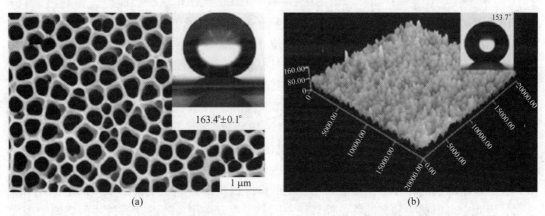

图 2.16 经聚 N-(三甲基硅基甲基)苄胺化学改性后的阳极氧化铝表面形貌和水接触角
(a) 扫描电镜形貌；(b) 原子力显微镜形貌

粗糙的铝表面在 0.5 mol/L 的酸性硫酸溶液中制造，电流密度为 10 mA/cm^2，阳极氧化时间为 3 h。阳极氧化是一种很好的铝表面粗糙化方法。阳极氧化电解液中的化学添加剂会影响表面形貌和孔径。孔和孔可以通过阳极多孔氧化铝的配置以两种类型的过程进行排序：自然发生的长程排序，以及使用假冒阳极氧化形成的理想排列的孔配置进行排序。在每次应用的阳极氧化过程中，可以控制孔径和距离。对于超疏水应用，获得具有微纳特性的合适粗糙表面是一个重要部分。通过增加每个介质中的电压，介孔的距离保持在 0~500 nm

之间。电解液的 pH 值和电导率导致较小的孔径。氯离子是一种高活性离子，与铝离子反应生成凹坑。点蚀的机理可以解释如下：氯化物配合物产生后，最终反应是酸的产生，这一过程是点蚀产生的主要原因。这种反应产生了腐蚀位置，在氧化膜中产生孔和凹坑，导致铝合金表面出现更大的多孔结构。因此，粗糙度进一步增加并导致良好的超疏水表面。电解质中甘油的存在可以使电解质的腐蚀作用最小化，并且还可以增加氧化膜的延展性。铬酸盐组分如重铬酸钾可以改善氧化膜的均匀性。铬酸盐在铝腐蚀和点蚀中起着抑制剂的作用，通过控制，膜点蚀可以提高均匀性。

铝在阳极氧化过程初期得到的孔隙是不均匀的。随着阳极氧化时间增加，氧化铝膜的形成变得均匀，孔径和形状变得适合具有足够粗糙度的超疏水表面。根据电解质组成，最佳时间可以从 10 min 改变到 60 min。通过阳极氧化和在铝合金表面沉积聚合物涂层来制备超疏水涂层。在阳极氧化后通过聚丙烯（PP）涂层制造了超疏水表面，并在铝上获得了接触角为 162°、滑动角为 2° 的超疏水表面。选择硫酸浓度约为 170 g/L 的恒定值，草酸和氯化钠浓度为可变值。草酸的最佳浓度为 10 g/L。氯化钠的最佳浓度达到约 1.2 g/L。这种电解液由硫酸、草酸和氯化钠溶液组成。氯离子浓度不能像含有重铬酸钾的电解液那样增加。需要注意的是，添加剂的量也同时受到彼此的存在的影响。阳极氧化工艺是通过控制孔径和形貌来形成合适的粗糙表面的一种好方法。用低表面能剂如丙烯对表面改性进行阳极氧化后，可获得超疏水涂层。表面改性是阳极氧化后制造超疏水表面的最终工序。在此过程中，可以使用各种低能剂，但应注意的是，这些剂应与氧化铝具有良好的结合特性，并且不会破坏粗糙模板。通过熔化吸附在阳极氧化铝上的肉豆蔻酸（$CH_3(CH_2)_{12}COOH$）来制造防腐超疏水表面。海水在表面的静态接触角约为 154°。预测反应可以表示为：

$$Al^{3+} + 3(CH_2)_{12}COOH \longrightarrow [3(CH_2)_{12}COO]_3Al + 3H^+ \qquad (2.11)$$

肉豆蔻酸是一种脂肪酸，其成分由金属离子在表面生成低能剂。在化学改性过程中，释放的铝离子可以通过与肉豆蔻酸分子的配位立即被捕获，形成羧酸铝。这是使阳极氧化铝表面超疏水的最终涂层。聚丙烯是另一种具有低表面能特性的廉价聚合物，用于在阳极氧化铝上制备超疏水表面。样品可以通过将其浸渍在聚合物溶液中进行涂覆。丙酮或二甲苯可用作溶剂，浓度约为 6~7 g/L。所有低表面能聚合物和试剂，通过在阳极氧化铝表面上的吸附能力，可用于表面改性，如甲基丙烯酸酯聚合物、硅烷偶联剂（BTESPT）等。铝的表面预处理或明显粗糙化可以通过其他化学蚀刻进行。重要的是，选择一种化学试剂，使其能够在这种环境中腐蚀铝，通过产生刻蚀孔获得粗糙表面。强无机酸溶液，如盐酸，在一些添加剂的存在下，是表面粗糙化的良好蚀刻剂。在正常条件下，铝是一种活性金属，因此它可以被酸和腐蚀性条件氧化。因此，可以使用各种方法通过表面腐蚀使表面粗糙化。铝离子与氯离子、氢离子和氢氧根离子形成配合物。浓度、温度、蚀刻时间和添加剂是化学蚀刻铝粗糙化的重要参数。氢氟酸是酸溶液的添加剂之一。酸性硝酸和氢氧化钠溶液是用作蚀刻剂以粗糙化铝表面的其他选择。将铝放入沸水中也会改变表面形态。在沸水中进行表面处理后，得到了莲花状结构。通过增加沸腾时间，形成更密集、更互联的网络结构。

　　B　钛

利用微弧氧化法在 TC4 钛合金表面首先制备了微米级结构，随后经植酸浸泡和水热处理得到纳米级结构，再经氟化处理后基体表面静态接触角达 160°。研究表明，为获得微纳复合结构，通常需要多步骤处理和较严苛的工艺条件。钛网及钛箔表面制备不同形貌的二氧化钛纳米管并进行低表面能溶液修饰后的超疏水性。不同形貌的微米管阵列的静态接触角均可高于150°，但其中只有分离式、低密度分布纳米管阵列（需要超长时间的高电压处理）的动态接触角满足接触角小于10°。

C、铜

室温下，苛性钠溶液可用作 3.0 mol/L 浓度的电解质，铜板充当阳极，电流密度 600 mA/dm^2，表面 CuO 膜将转化为 Cu(OH)$_2$ 膜。在这些条件下，氧化膜的形成由施加的电流控制。第一反应捕获释放的 Cu$^+$ 离子，然后捕获的自由基分解为氧化铜。经过一段时间后，薄膜在表面上生长，获得纳米微表面。在此过程之后，可以使用各种低表面能剂进行表面改性。通过快速一步电沉积工艺，从含有硝酸钴、肉豆蔻酸和乙醇的电解液中获得了铜板上的超疏水表面。

2.3.1.3 激光刻蚀

激光刻蚀利用超快（短脉冲）激光冲击材料表面，通过汽化、溅射等方式去除表层材料。超快激光是指脉冲宽度在几十飞秒到几十皮秒范围内的激光。由于脉冲宽度较短，能量注入较强，超快激光在与材料表面相互作用时，具有独特的优势：

（1）与连续或纳秒脉冲激光相比，超快激光脉冲可精确快速地将能量注入到处理区域，具有快速去除材料的优势，同时显著减少热影响区或裂缝的形成，使加工的结构边缘锋利平整，具有更高的精度和分辨率。

（2）与制造表面微纳结构的其他方法（光刻、电子束、离子束以及机械方法等）相比，超快激光器的峰值强度可超过数百千瓦，适用于半导体、金属、聚合物和陶瓷等非透明固体材料，还可对玻璃等透明材料进行加工。

（3）超快激光可控性较强，可以构建出各种各样的具有复杂几何形状的微纳结构，加工过程无接触，可在不同的环境介质（大气条件、真空、不同的气体或液体）中实现。

图 2.17 为激光刻蚀聚偏氟乙烯（PVDF）材料表面的加工设备和加工样品。首先，将 PVDF 液体滴在玻璃基底表面，烘干成膜后将 PVDF 薄膜放置在位移台上，控制位移台使激光在 PVDF 表面进行单向线扫描，激光功率为 1200 mW。PVDF 薄膜通过自身流动性摊开及烘干得到，烘干过程中，N,N-二甲基甲酰胺（DMF）挥发留下 PVDF 成膜，因此表面有一定的起伏感。激光加工过程将原来的表面破坏，激光沿着其扫描路径留下沟槽；同时由于激光的光热效应，使沟槽周围区域形貌也变得粗糙。

激光微纳加工技术被广泛应用于仿生制造。基于金属、氧化物、碳材料、聚合物、复合材料等系列功能材料实现了结构化仿生表面的构建。通过模仿自然界生物复杂的表面结构和化学组成，结合激光加工强大的微纳结构制造能力，已经成功制备了仿荷叶超疏水表面、仿鱼鳞水下超疏油表面、仿水稻叶各向异性疏水表面、仿玫瑰花黏附性超疏水表面等典型结构化仿生表面。同时展示了这些仿生表面在自清洁、抗结冰、抗雾、减阻、油水分离、液滴传输等领域的应用前景。

激光实现超疏水表面的方法主要包括两种：激光直接烧蚀诱导材料表面、激光加工模板转印法。两者均属于自上而下的方法。通过调控激光强度、偏振、光束轮廓、激光波长和处理气氛等加工条件，超快激光可在各种材料表面上进行多种微纳结构的加工。

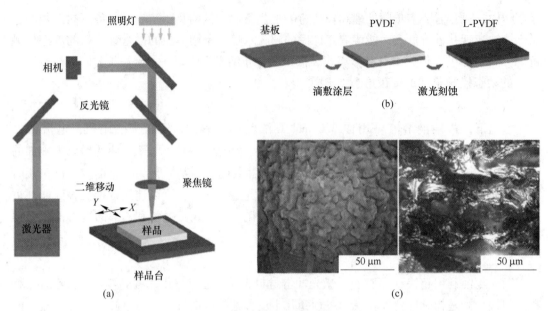

图 2.17　聚偏氟乙烯的激光表面刻蚀

（a）装置；（b）加工流程；（c）刻蚀样品

A　激光烧蚀诱导

激光烧蚀诱导可以生成周期性表面结构（表面结构）。当纳秒（更长脉宽）激光的能量密度接近材料的烧损阈值时，聚焦的激光束可以产生空间周期约为激光波长 λ 的表面结构，且由于表面结构是由入射激光束与在表面散射或反射后的光之间的干涉所形成的，所以形成的平行波纹的方向总是垂直于入射激光束的偏振方向。而对于超快激光，当激光的能量密度接近材料的烧损阈值时，产生的表面结构的空间周期要远小于入射激光的波长 λ，通常为 $(0.1\sim0.4)\lambda$，这类表面结构称为高空间频率表面结构。当激光的能量密度较高时，产生的表面结构的空间周期增大至 0.4λ 以上，但仍小于 λ，这类表面结构称为低空间频率表面结构。表面结构的演变和性质受到多种参数的影响，如激光的波长、功率、脉宽、脉冲数量、材料的光学性质和表面等。

利用超快激光对硅和聚二甲基硅氧烷（PDMS）材料进行加工，经加工后的硅表面形成了排列整齐的网孔结构，如图 2.18 所示，研究发现改性后的硅在空气中超疏水，放置水下则超厌气。PDMS 材料表面形貌则呈现出突起的肿块排列。与硅不同，PDMS 材料经加工后在空气中表现为超疏水，水下则超亲气，实现了材料各向异性的性能转化。

不同激光参数对材料表面疏水性能有显著的影响。通过调整激光的扫描速度和扫描间距可以控制激光刻蚀表面形貌的变化，从而改变了水的接触角和滑动角，如图 2.19 所示。工艺优化试验结果表明，当扫描速度为 100 mm/s 时，扫描间距在 10~200 μm，激光刻蚀 PDMS 表面的疏水性最好。

B　激光烧蚀出的周期性结构表面形貌

激光烧蚀出的周期性结构阵列，如微槽、微米锥、微米柱等，如图 2.20 所示。这类结构的尺寸和形状取决于激光的能量密度、波长、脉冲持续时间、扫描路径等激光参数。图 2.20（f）~（i）为超快激光在不同材料表面上加工出的几种典型微米阵列。由于激光与

图 2.18 激光刻蚀 PDMS 的表面形貌

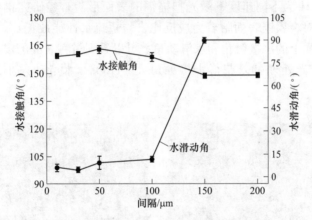

图 2.19 水滴在激光刻蚀 PDMS 表面上的接触角和滑动角

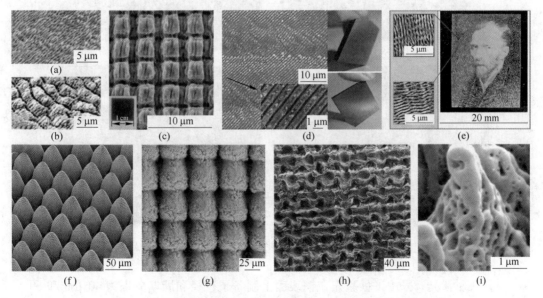

图 2.20 超快激光在不同材料表面上烧蚀和诱导出的微纳结构
(a),(b),(e) 不锈钢;(c) 硅;(d) 铜;(f),(g) 铝;(h) 钨;(i) 镍

材料表面相互作用时会产生由不同粒子组成的等离子体羽流，而等离子体羽流在沉积的过程中往往会在这类微米结构上形成一些特定形貌的自组织纳米结构，如纳米颗粒等。如果激光在大气环境中对金属材料表面进行加工，往往会在结构表面形成具有不同形态的金属氧化物，如纤维状纳米结构或菜花状结构等。这类纹理化的表面结构通常可以大幅降低材料表面对入射光的反射，如半导体硅和金属铜等，使材料表面呈现黑色或者暗色。将超快激光制备的表面结构与后续的化学改性相结合，或者在激光处理过程中通过控制环境气氛等方法对表面化学成分进行掺杂，可对材料表面的润湿特性进行调控，这也是采用超快激光制备仿生微纳结构表面的基本理念。

单一激光加工一般指加工的整个流程几乎不结合其他复杂工艺，主要通过激光的调节对材料表面进行加工处理。利用超快激光加工材料使表面产生不同形貌的微纳结构来实现水的附着力可调节。试验中保持其他参数不变，只在 $10 \sim 200$ mm/s 的范围内来改变激光的扫描速度。图 2.21 为不同速度下激光扫描铜的表面形貌。经研究得出结论，超快激光扫描的速度与水滴对金属铜表面附着力成反比，与超疏水性能成正比。图 2.22 为不同扫描速度激光处理表面上的水接触角和水滑动角。可以看到材料表面的浸润性受激光处理的影响很大，通过激光处理可以获得水接触角大于 $150°$、水滑动角小于 $10°$ 的荷叶仿生结构。

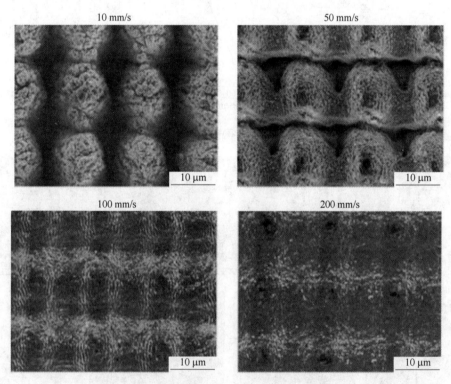

图 2.21 不同扫描速度下铜的表面形貌

（1）飞秒激光。采用飞秒激光在铜表面上制备了直径和周期分别为 40 μm 和 60 μm 的微米锥阵列结构，该结构表面由直径约 100 nm 的颗粒覆盖。经激光加工后的表面由于粗糙度的增加放大了其亲水性而呈现超亲水特性，但经氟硅烷化学改性降低其表面能后，

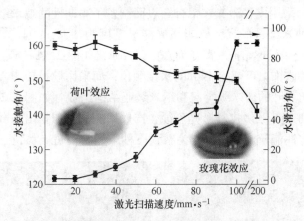

图 2.22 接触角与滑动角/扫描速度的关系

表面上水接触角高达 163°，滑动角度低至 2°，呈现超疏水性能，如图 2.23（a）、（b）所示。采用飞秒激光烧蚀硅晶片表面，当能量密度大于 4 kJ/m² 时，可在表面制备出周期性锥形尖峰结构，使水和十六烷在表面的接触角分别达到了 160° 和 129°，如图 2.23（c）、（d）所示。飞秒激光加工的优点是由于其光斑和激光脉宽都较小，因此能作用于非常微小的区域、加工精度极高、加工出的微结构稳定、表面质量好；其缺点是成本极高、加工效率低、对加工环境要求较高，难以运用于工厂的规模化生产。目前飞秒激光适用于实验室对超疏水表面浸润机理等方面的研究以及极少数高精度要求的微结构表面。

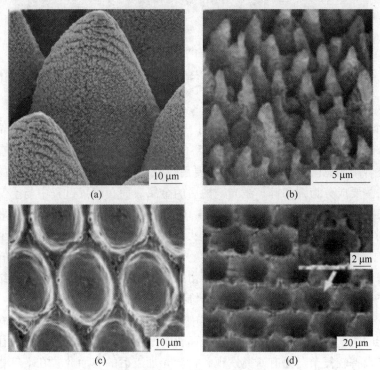

图 2.23 飞秒激光刻蚀后硅氧烷处理的超疏水金属表面

（a）铜；（b）硅；（c）铝；（d）钢

（2）皮秒激光。采用皮秒激光在铝合金表面制备了周期性的纳米结构。通过调整激光工艺参数可以调整纳米结构的尺寸。当激光能量密度为 2 J/cm^2 且单点脉冲数为 700 时，制备的凹坑阵列深度约为 18 μm，宽度为 20~23 μm，如图 2.24（a）所示。通过对激光加工表面进行氟硅烷修饰，可获得 140° 的水接触角；而采用模板转印方法制备了硅胶超疏水性表面，结构由仿荷叶的微米级突起和纳米级亚结构组成，如图 2.24（b）所示，水滴在其上的接触角达到 153.3°。皮秒激光刻蚀生产效率较高、加工出的微结构稳定、微结构形貌可控、表面疏水性能较好，可以作为替代飞秒激光制备超疏水表面。

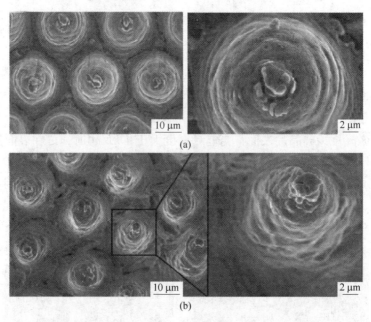

图 2.24　皮秒激光刻蚀后的铝合金模板表面及采用该模板转印制备的硅胶表面形貌
（a）铝合金表面；（b）模板转印制备的硅胶表面

（3）纳秒激光。采用纳秒红外激光作用于不锈钢表面，通过后续化学修饰，获得了具有微纳米复合结构的超疏水表面，如图 2.25（a）所示。采用纳秒紫外激光在黄铜表面制备的微纳米复合结构见图 2.25（b），不需要后续化学处理即可以获得良好的超疏水，这是由于黄铜的主要成分为铜和锌，激光刻蚀后的金属表面在静置过程中与空气中的氧气反应生成具有疏水性的金属氧化物，最终获得 161° 的接触角和 4° 的滚动角。采用脉宽紫外激光刻蚀纯铜，再采用无水乙醇进行低温退火，表面生成疏水性的氧化亚铜（Cu_2O），可以获得 165° 的接触角和 9° 的滚动角。纳米激光刻蚀成本低，但刻蚀过程中的热效应较明显，存在着材料的熔化和飞溅，加上受光学衍射极限影响，纳秒激光所制备结构的精度受到限制。另外，通常需要辅助特殊的化学修饰工艺来获得超疏水性。

此外，少数研究报道了在激光加工过程中通过控制环境气氛的方法在材料表面上掺杂可降低自由能的化学成分，将激光加工与表面化学改性一步实现，但该方法往往需要特殊的气体装置，设备较复杂。另有研究发现，将激光加工后的表面放置在空气中，由于表面会吸附空气中的有机物，一定时间以后，表面能也可大幅降低，从而实现超疏水性能，但该方法需要的时间周期较长，少则数周，多则数月。

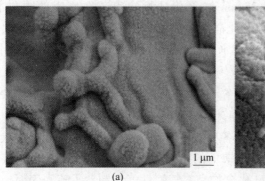

图 2.25 纳秒激光刻蚀金属面的形貌

（a）不锈钢表面；（b）黄铜表面

2.3.2 沉积法

2.3.2.1 气相沉积

A 物理气相沉积

图 2.26 为通过自组装方法制备仿生超疏水表面。由 300 nm 二氧化硅球体组装的微球阵列的扫描电镜图像，显示了超疏水性，水接触角约为 161°，刻度条分别为 50 μm 和 5 μm。在相对湿度为 73%的湿度室内，在模板上形成的硅胶柱的三维 AFM 图像和 SEM 图

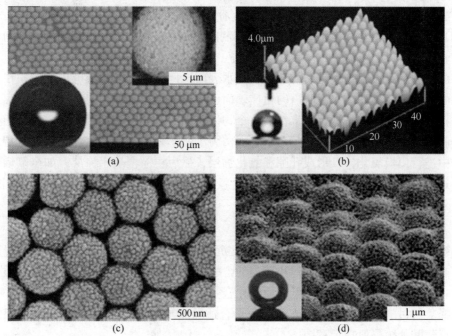

图 2.26 组装方法制备仿生超疏水表面

（a）由 300 nm 二氧化硅球体组装的微球阵列；（b）模板上形成的硅胶柱；
（c）沉积制备的树莓状二氧化硅颗粒膜；（d）逐层方法在平板玻璃基底上制备的超疏水涂层

像，树莓状颗粒表面膜是通过将一层 35 nm 二氧化硅颗粒组装在使用朗缪尔-博尔吉特（Langmuir-Boldgett）沉积制备的大二氧化硅颗粒膜上制成。通过逐层方法在水滴的接触角约为 168°的平板玻璃基底上制备的超疏水涂层的 SEM 图像见图 2.26（d）。

　　B　化学气相

　　以挥发性金属化合物或有机金属化合物等蒸气为原料，通过化学反应在不同基底上制备图案结构，是 CVD 法制备超疏水表面的原理。CVD 法制备工艺可控，过程连续。

　　通过采用不同材料的基板，可以制备出各种表面形貌的结构，如蜂窝状、柱状、岛状的阵列碳纳米管膜。结果表明，水在这些膜表面的接触角都大于 160°。通过微波等离子体增强化学气相沉积（CVD），使用有机硅化合物和氩气惰性气氛制备了疏水表面。通过引入 CO_2 作为添加气体，获得了超纯防水膜。使用完美排列的碳纳米管森林制作了超疏水表面。物理气相沉积技术也被用于生产正六烷的超疏水表面。

　　使用 CVD 制作了双层聚（二乙烯基苯）p（DVB）/聚（全氟癸基丙烯酸酯）（p-PFDA）薄膜。

2.3.2.2　液相沉积

　　将含有疏水配体和金属离子的配合物附着到金属基底的表面。通常，疏水配体是长链有机分子。固态沉积物将通过连续电解过程沉积在金属基底上。超疏水涂层润湿性的获得是由于沉积物的粗糙度。

　　电沉积是意大利沃尔塔（Volta）在 19 世纪发明的一种工艺。在该方法中，电流从外部源通过电化学电池以还原溶解的金属阳离子，从而它们在电极上形成连贯的金属涂层。这种方法具有许多优点，例如铸造成本低、容易、高效，并且通过简单地调整电沉积参数（如直流电压、电流和电解时间）容易控制。在这种方法中，各种金属和化合物可以涂覆在铜表面上。

　　电沉积被广泛用于在粗糙结构上形成疏水表面。例如，金簇已经电化学沉积在聚电解质多层的基质上。沉积疏水膜所需的粗糙表面已通过电沉积制备。聚合物可以很容易地电化学沉积，因为它们本身具有疏水性。整个物体可以通过电沉积进行涂覆。已经通过电化学方法制备了银、氧化锌和铜的超疏水表面。为了使铝表面具有疏水性，首先在特定电压下在酸中进行阳极氧化，以形成孔隙和氧化物层，然后再涂覆疏水涂层，如全氟烯丙基硅烷。通过电化学技术可以在铜上沉积银/七氟-1-癸硫醇（HDFT）超疏水膜，如图 2.27 所示。

　　A　肉豆蔻酸铜

　　铜被用作电解质中的阴极，以在表面上沉积涂层。可以使用各种类型的电解质，例如，镍或铈基电解质、铜基电解质和适当的含酸性介质的金属盐溶液可用作电解质。需要注意的一点是，在电解质中使用低表面能化合物，例如，肉豆蔻酸（$C_{14}H_{28}O_2$）是一种很好的选择。通过电沉积方法在铜表面制备了合适的超疏水涂层。图 2.28 为电沉积法制备金属肉豆蔻酸盐膜层原理示意图。

　　B　肉豆蔻酸镍

　　该法使用氯化镍和肉豆蔻酸与乙醇作为电解液，阳极和阴极都是铜板，使用 30 V 的直流电流。使用该方法，在铜表面沉积超疏水镍涂层。为了优化电沉积条件，氯化镍的浓度保持在 0.08 mol/L，肉豆蔻酸的浓度保持为 0.071 mol/L。超疏水表面显示出 160°的高水接触角。电沉积反应如下：

$$Ni^{2+} + 2e^- \Longrightarrow Ni \tag{2.12}$$

$$Ni^{2+} + 2CH_3(CH_2)_{12}COOH \Longrightarrow Ni[CH_3(CH_2)_{12}COO]_2 + 2H^+ \tag{2.13}$$

$$2H^+ + 2e^- \Longrightarrow H_2 \tag{2.14}$$

图 2.27　铜表面电沉积银/七氟-1-癸硫醇
（HDFT）膜的水接触角

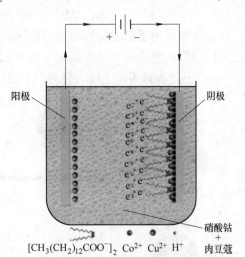

图 2.28　电沉积法制备金属肉豆蔻酸
盐膜层原理示意图

镍离子通过两个反应吸收电子并沉积在表面上。可以看出，沉积的镍有两种类型：镍和肉豆蔻酸镍。通过 15 min 的电流，水接触角上升到约 160°，但随着时间的进一步增加，超疏水性降低，因为失去了微纳米粗糙特性。时间越长，膜厚度越大。可以根据应用选择膜厚度。对于腐蚀性环境中的腐蚀防护，厚度必须很高。但是，重要的是涂层厚度不高于特定厚度，并且可以通过测试沉积时间和水接触角来优化涂层厚度。通过在表面生长涂层，新沉积的化合物和粗糙表面的微纳米孔隙率将被破坏。含有 0.038 mol/L 氯化铈和 0.1 mol/L 肉豆蔻酸的溶液也可以作为在铜表面电沉积超疏水涂层的良好电解质。这种沉积的超疏水性能是由肉豆蔻酸铈实现的，其将水接触角增加到 165°。

C　肉豆蔻酸钴

该法电化学沉积是在双电极条件下实现的。电化学沉积采用与阴极和阳极相同面积的两块铜板。将含有 0.05 mol/L 硝酸钴和 0.1 mol/L 肉豆蔻酸的混合溶液溶解在乙醇中。使用的是体积为 50 mL 的电解质。将肉豆蔻酸溶解在乙醇溶液中首先得到混合物，然后将无机盐进一步溶解到制备的溶液中，形成均匀的溶液。电沉积时两个电极之间约为 2 cm、沉积电源为 10V、沉积时间为 1200 s。电沉积过程结束后即从溶液中取出样品。然后，将其浸入乙醇中稍微洗涤。在此过程中，反复清洗材料可能最终导致涂层失效。之后，沉积物自然干燥。钴离子将移动到阴极电极，并在两个铜电极之间施加的直流电压下快速获得电子以产生钴肉豆蔻酸。新形成的钴离子有助于肉豆蔻酸钴的各向异性晶体生长。因此，肉豆蔻酸钴的出现是由于钴离子和肉豆蔻酸在直流电压下的反应，这导致在制备的超疏水表面上存在低表面能官能团（—CH₃ 和 —CH₂）。同时，阴极板周围的一些氢离子也在电镀过程中获得电子以产生氢。释放的气体导致获得的超疏水表面上的松散形态。一旦液滴放置在表面上，由于这种独特的表面结构，许多气穴将被困在液滴下方，从而产生超疏水性能。以下反应式解释了阴极电极上的整个反应过程：

$$Co^{2+} + 2e^- \longrightarrow Co \qquad\qquad (2.15)$$

$$Co^{2+} + 2CH_3(CH_2)_{12}COOH \longrightarrow Co[CH_3(CH_2)_{12}COO]_2 + 2H^+ \qquad (2.16)$$

$$2H^+ + 2e^- \longrightarrow H_2(g) \qquad\qquad (2.17)$$

接触角测量用于描述材料的润湿性。如图 2.29（a）所示，裸铜的接触角约为 55.3°，通过电沉积形成的阴极涂层的接触角约为 154.2°（图 2.29（b）），显示出超疏水性。在图 2.29（c）中，水滴的动态行为分为三个过程：扩散、收缩和离开表面。

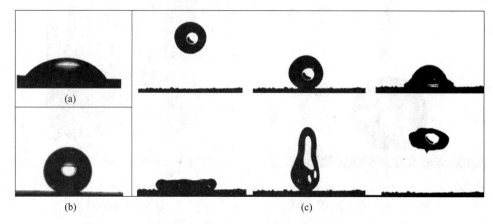

图 2.29　铜表面电沉积肉豆蔻酸钴膜的润湿性以及水滴的动态行为

（a）裸铜表面接触角；（b）自组装层表面接触角；（c）水滴的动态行为

2.3.2.3　自组装法

该法用硅烷偶联剂（BTESPT）和肉豆蔻酸制备混合薄膜。将适量的硅烷溶解在甲醇和去离子水的混合溶液中，各成分的比例为：硅烷/去离子水/甲醇 = 4/5.5/90.5（体积分数，%）。使用乙酸将溶液的 pH 值调节至 4.5~6.0。在使用前，将所得溶胶溶液在 25 ℃下预水解 1~3 天。使用氢氧化钾溶液对抛光铜试样进行脱脂，脱脂反应温度50 ℃、时间 10 min。将样品浸入水解硅烷溶液中 30 s，然后浸入肉豆蔻酸（0.05 mol/L）的乙醇溶液中 20 s。取出样品并用空气吹干以除去任何过量液体。最后，将样品在 120 ℃的烘箱中在空气气氛下固化 40 min，得到超疏水自组装肉豆蔻酸薄膜，水接触角约 152°，如图 2.30 所示。采用正交实验方法获得形成超疏水薄膜的最佳条件，随后将抛光铜片在 18 ℃（35 ℃、60 ℃）水浴中浸泡在肉豆蔻酸（0.01~0.06 mol/L）的乙醇溶液中 10 天。

2.3.3　模板法

模板法是以微纳结构表面为模板，将选定的材料与模板表面紧密接触后再剥离，从而在选定的材料表面获得与模板凸凹相反的微纳结构（印制负板）。如果将上述步骤获得印制负板为模板，可以进一步获得与印制负板凸凹相反的微纳结构（印制正板）。印制正板的表面图案与原始模板一致。这种借助中间印制负板，获得与原始模板图案一致的工艺称

400 μm

图 2.30 铜表面的自组装肉豆蔻酸膜的表面形貌和水接触角测试

为模板转印工艺,如图 2.31 所示。在模板转印法中,为了保证转印图案的分辨率和保真度,往往需要模板具有较高的机械刚性和熔点,同时,目标基材也多选择具有良好柔韧性和适当机械性能的材料,可较容易地从模板上剥落,如聚合物等。

制备微纳结构表面的模板法采用的是天然模板或人工模板,前者利用荷叶等某些自然生物表面的微纳结构,后者则利用前述刻蚀法、沉积法、自组装法等人工方法获得的人工微纳结构,分别见图 2.31 和图 2.32。

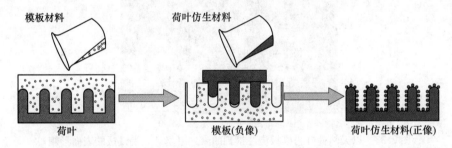

图 2.31 荷叶模板法转印工艺流程示意图

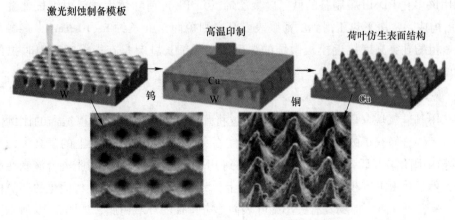

图 2.32 激光模板转印法工艺流程示意图

2.3.3.1　天然植物叶

A　荷叶

模板印刷法是指使用超疏水植物叶表作为原始模板得到凹模板，再使用该凹模板得到凸模板，该凸模板是超疏水植物叶表的复制品，它与超疏水植物叶表有同样的表面结构。

将采摘的新鲜荷叶剪成培养皿大小的圆形，用去离子水将荷叶表面的灰尘冲洗掉，用氮气枪吹干备用。将处理好的荷叶背面贴上双面胶，将其固定在培养皿底部，并用平板压实使其保持平整，使荷叶边缘没有翘曲。将聚二甲基硅氧烷（PDMS）预聚物与交联剂按质量比 10：1 搅拌配制，搅拌均匀后放入真空箱中抽真空。将抽完真空的 PDMS 浇注在新鲜荷叶表面，在室温下固化，固化时间为 24 h。将固化完成的 PDMS 膜从荷叶上轻轻揭下，即可得到具有荷叶微结构的 PDMS 膜，如图 2.33 所示。模具表面具有排列非常密集、深度不一的微纳米级孔洞，模具有效地复制了荷叶表面的微结构。

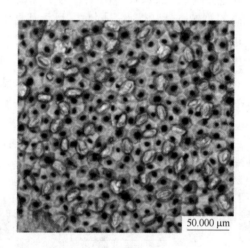

50.000 μm

图 2.33　以天然荷叶为模板浇注得到的聚二甲基硅氧烷模板的表面形貌

利用该多孔 PDMS 膜制备的低密度聚乙烯（LDPE）荷叶仿生材料由细长乳突（长约 30 μm）构成。常压下热压得到的薄膜表面乳突则短而粗（长约 8~10 μm），接触角仅约 137°。短粗的乳突高度接近模板微坑的深度，说明细长乳突是在微模塑脱模时拉伸形成的，如图 2.34 所示。

B　矢车菊叶

聚二甲基硅氧烷（PDMS）预聚物是通过将弹性体基体和固化剂以适当的比例体积分数比 10：1 混合而获得的。将预聚物倒入固定在一片新鲜的矢车菊叶上的模具中，然后在 50 ℃烘箱中固化 4 h 后，除去矢车菊叶，得到 PDMS 模具。将环氧树脂混合液滴在平整的钢表面，然后将 PDMS 模板压在混合物表面上，50 ℃热固化 1 h 后，将固化的环氧树脂从 PMDS 模板表面分离，得到具有矢车菊叶表面形态特征的环氧树脂，如图 2.35 所示。所获得的环氧树脂表面的水接触角达到 155°。

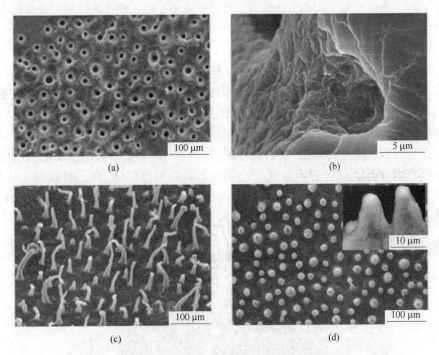

图 2.34 以 PDMS 多孔膜制备的 LDPE 荷叶仿生膜的表面结构

（a）聚二甲基硅氧烷负板模；（b）模孔局部放大；（c）模板法制备的低密度聚乙烯膜；
（d）修饰后的低密度聚乙烯膜

图 2.35 以矢车菊叶为模板制备荷叶仿生材料

（a）新鲜的矢车菊叶；（b）矢车菊叶表面的微观形貌；（c）聚二甲基硅氧烷表面的微观形貌；
（d）环氧树脂表面的微观形貌

2.3.3.2　人工材料模板

A　阳极氧化铝模板

除了采用天然疏水植物作模板外，还可以采用具有纳米形貌的物质，使疏水性材料在其表面成形，从而调制出超疏水所需的微纳结构表面。阳极氧化铝是常用的纳米结构材料成型模板。将高纯铝板（99.999%）在氧化性酸水溶液中电解，铝板接正极、石墨接负极。电解后铝板表面生成一层透明的阳极氧化铝膜（AAO），在磷酸溶液中得到的 AAO 呈淡蓝色、在草酸或硫酸中得到的 AAO 无色透明。AAO 膜上孔的形态主要取决于电解液的种类、浓度、电解电压和电解液温度。通常地，磷酸液电解 AAO 孔径较大、草酸次之、硫酸最小。图 2.36 为 0.3 mol/L 磷酸液电解 AAO 的表面形貌。将特氟龙（Teflon）溶液在 AAO 模板表面固化成型，得到微观粗糙的特氟龙膜表面结构，水滴在上面的接触角为 152°，如图 2.37 所示。

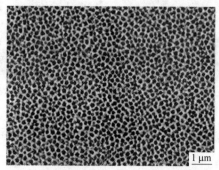

图 2.36　0.3 mol/L 磷酸电解得到的阳极氧化铝膜的表面形貌

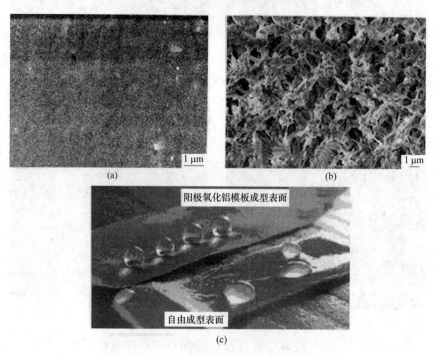

图 2.37　不同成型条件下的特氟龙膜表面

（a）自由成型；（b）阳极氧化铝模板；（c）水滴形态

B　金属模板

用金属镍来代替聚二甲基硅氧烷，获得竹叶的凹模板，再在金属镍凹模板上使用紫外光固化的高分子材料复制，得到类似竹叶的复制品，该复制品具有超疏水能力。金属镍模板更耐磨、刚性更好、更易准确复制。

通过飞秒激光纹理化制备出了具有不同颜色的铝模，并在聚二甲硅氧烷表面上成功转印出了微/纳米结构，脱模后的 PDMS 如图 2.38 所示。选取不同颜色的铝片为模板，用超快激光进行表面扫描加工，随后运用转印脱模技术将其复制到 PDMS 材料表面上，放置在65 ℃的烤箱处理 2 h 待聚合物固化，转印后的 PDMS 膜可以很容易地从铝模板上剥离，得到理想的表面结构。转印后的表面结构仍对水滴具有不同程度的附着能力。

图 2.38　金属模板制备的聚二甲硅氧烷的表面形貌及其水接触角

采用皮秒激光在高强度钢基板上制备出伴有亚微米结构形成的微孔阵列，并通过热压工艺（130 ℃、55~85 MPa、2~15 min）在聚四氟乙烯（PTFE）薄膜表面成功转印出直径和高度分别为 24 μm 和 30 μm 的微突起阵列结构。微突起结构表面由直径约为 300 nm 的亚微米纤维结构覆盖。制备的 PTFE 表面具有良好的超疏水和自清洁性能。

2.3.4　其他方法

2.3.4.1　纺丝与编织法

通过静电纺丝技术制备出基于聚酰亚胺硅氧烷复合材料的电纺薄膜，薄膜表面显示出与荷叶相似的超疏水性，可作为自清洁薄膜。通过一种简单的电纺技术，将硅氧烷溶于二甲基甲酰胺（DMF）溶剂中制成具有多孔微球与纳米纤维复合结构的超疏水薄膜。其中多孔微球对超疏水性能起主要作用，纳米纤维起固定多孔微球的作用，该膜的水接触角可达到 160.4°。通过电纺法制备了具有超疏水性的纳米纤维结构氧化锌薄膜，其水接触角达到了 165°。通过拉伸聚四氟乙烯膜得到表面带有大量孔洞的纤维，从而获得超疏水膜。另外，在拉伸尼龙膜时证实，微观结构为三角形网状结构的尼龙膜具有超疏水特性，但双向拉伸后，尼龙膜由超疏水转变为超亲水，与水的接触角从 151.2° 变为 0°。利用静电力在基材上拉制具有黏性聚合物液体的薄纤维。为此，聚合物溶液、液晶、固体颗粒悬浮液和乳液在 1 kV 的电场中进行电纺。射流从液滴沿直线流动后，弯曲成一条复杂的路径，从而导致形状变化，在此过程中，电场力使其变薄。溶剂蒸发，留下裸露的边缘纳米纤维。纺丝可以从包括碳纤维和碳纳米管在内的各种材料中生产微米和纳米尺寸的纤维，无需任何修饰即可获得超疏水性。棉纤维被碳纳米纤维包覆，并显示出良好的抗热水性能。

纤维编织法也可以获得超疏水材料。编织的金属丝网与天然蝴蝶翅的结构相似，如图2.39所示。金属丝的直径和编织工艺决定了金属丝网的微观结构。合适的金属丝直径25μm左右，丝间空隙略大于金属丝直径。

图 2.39　超疏水网格
（a）蝴蝶翅表面；（b）金属丝编织网

金属是亲水材料，为了获得超疏水性能的金属网，需要在金属丝表面涂敷疏水材料。随着疏水涂层厚度增加，丝网润湿角先升后降，其原因为镀层增大会降低金属丝网表面粗糙度。

2.3.4.2　溶胶-凝胶法

溶胶-凝胶法（sol-gel 法）是指用含有高化学活性组分的化合物作前驱体进行水解得到溶胶后使其发生缩合反应，在溶液中形成稳定的凝胶，最后干燥凝胶。溶胶-凝胶法可以较好地控制表面构造，从而有效地提高表面粗糙度。溶胶-凝胶法对无机超疏水材料的制备具有一定的优势，但工艺路线较长，溶剂有污染，且成本较高。

溶胶-凝胶过程包括通过形成胶体悬浮液（溶胶）和溶胶凝胶化形成连续网络来形成无机网络。这些胶体的前驱体由一种被反应性配体包围的金属或类金属元素组成。最广泛使用的氢氧化物和异氧硅烷，例如四甲氧基硅烷、金属氧基聚合物是通过金属醇盐 $M(OR)_2$，$M=Si$、Ti、Zr、Al、Au、Ce 的水解和缩合的聚合反应获得的。

超疏水表面是由硅颗粒、聚合物黏合剂和疏水剂组合而成的。二氧化硅以硅溶胶的形式使用。硅溶胶用于溶胶-凝胶反应，其中发生氧化物结构的水解和缩合反应的组合，反应如下：

$$(RO)_3Si\text{-}OR \longrightarrow H_2O\ (RO)_3Si\text{-}OH \longrightarrow ROH\ (Hydrolysis) \qquad (2.18)$$

$$(RO)_3Si\text{-}OH + RO \longrightarrow Si(OR)_3 \longrightarrow (RO)_3Si\text{-}O\text{-}Si(OR)_3 + HOH \qquad (2.19)$$

$$(RO)_3Si\text{-}OH + HO \longrightarrow Si(OR)_3 \longrightarrow (RO)_3Si\text{-}O\text{-}Si(OR)_3 + H_2O \qquad (2.20)$$

反应（2.19）和反应（2.20）是缩合反应。通过用不同的硅烷处理，可以使二氧化硅具有疏水性。表面改性通过二氧化硅表面的硅烷醇基团与硅烷之间的反应进行，如图2.40所示。氟烷基硅烷等化合物由于其表面能低，是优异的疏水剂。溶胶-凝胶技术为制备超疏水表面提供了一种简单而经济的方法。大多数含硅烷的二氧化钛涂层都是通过溶胶-凝胶技术制备的。光催化反应器中的二氧化硅涂层已大量使用该技术。

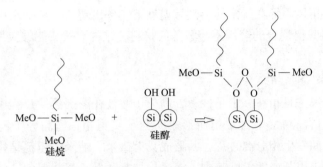

图 2.40 硅烷醇与二氧化硅表面的化学反应

在纺织纤维上制备了防水、防紫外线和抗菌涂层。使用氟化化合物通过溶胶-凝胶技术在玻璃上制备了疏水涂层。氟化二氧化硅纳米颗粒已通过溶胶-凝胶工艺生产，氟烷基硅烷用于在玻璃上生产超疏水膜。使用甲基三甲氧基硅烷（MTMS）通过超临界干燥法制备了柔韧的硅气凝胶，水接触角可以高达 164°。该硅气凝胶表面有丰富的—CH$_3$ 基团和数量巨大的纳米级孔洞，具有超疏水功能，调整工艺，水接触角甚至可以高达 173°，如图 2.41 所示。

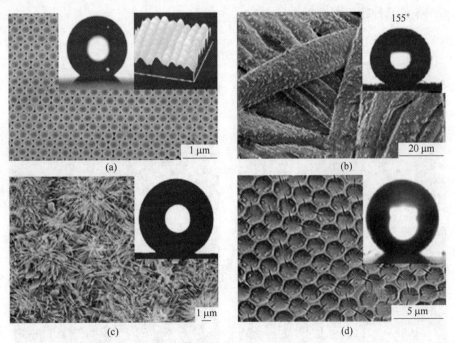

图 2.41 通过溶胶-凝胶方法构建的超疏水表面
（a）乳胶球制成；（b）经 PDMS 改性的颗粒覆盖棉纺织物；（c）铜铁氧体纳米棒薄膜；
（d）基于溶胶浸渍法的胶体单层模板

利用溶胶-凝胶过程中的相分离方法制备了四乙基正硅酸盐透明膜，进行氟硅烷修饰后，得到超疏水性的弹坑状结构表面，水接触角大于 150°。在室温条件下，通过在溶胶-凝胶过程中使用带有 4 个氢键的超大分子有机硅构造出超疏水性表面，这种方法简单，可以大面积生产。使用聚丙烯在一定的溶剂和温度下制备出超疏水性的聚丙烯薄膜，水接触角大于 160°，而且只要混合的溶剂不溶解基底材料，这种方法就能够应用于各种各样的表面上。

2.3.4.3　蒸发诱导相分离

蒸发诱导相分离法是指在一定条件下，高分子溶液在溶剂蒸发过程中其溶液热力学状态不稳定，高分子链间易发生自聚集而形成高分子聚集相，当高分子链聚集到一定程度时，高分子聚集相间发生相分离过程，并形成具有微米、纳米级粗糙结构的表面。将聚苯乙烯粒料直接溶于二甲苯或四氢呋喃中，溶解后加入适量乙醇并混匀，将溶液涂于清洁的载玻片上得到超疏水性能良好的涂层，该方法简洁、高效、可重复性好。使用带有氟化丙烯酸酯和甲基丙烯酸甲酯结构的共聚物溶解于混合的氟化溶剂中，将载玻片浸润在氟硅烷溶液中做氟化处理，然后在潮湿的环境下涂布并干燥，得到一种孔径低至 100 nm 的蜂窝状结构涂膜，该涂膜的水接触角可达到 160°。此法原料来源广泛、工艺简洁、成本低、所制备表面大小不受限制，但膜强度不够好。由于涂层或压力变化，相分离开始，形成双连续网络；如果其中一个相变成固体，剩余的液体可以被去除，形成一个双连续的三维网络。如果没有获得所需的湿接触角，可以施加额外的超疏水涂层。图 2.42 所示为蒸发诱导相分离制备的几种超疏水表面及其性能。

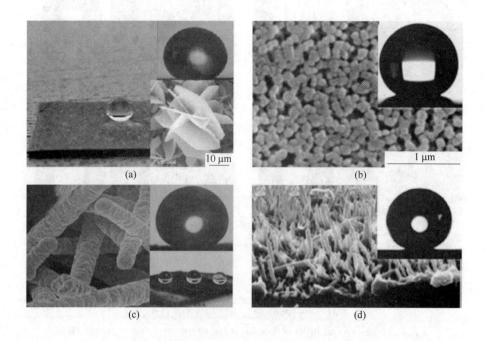

图 2.42　水热反应构建的仿生超疏水表面

（a）钛衬底原位水热合成纳米层状结构；（b）经正十八酸化学修饰后显示超疏水；

（c）玻片衬底上的螺旋状纳米棒阵列；（d）锌衬底上制备的 ZnO 纳米线

2.4 荷叶仿生材料及其应用

2.4.1 荷叶仿生材料

2.4.1.1 高分子材料

A 聚二甲基硅氧烷

利用激光、等离子体处理含氟的低表面能物质或对普通材料进行粗糙化处理表面，现已广泛应用于制备超疏水表面。在室温环境下用 CO_2 脉冲激光处理聚二甲基硅氧烷，其表面的水接触角高达 175°。在氧气氛围下用等离子处理聚二甲基硅氧烷膜，然后再在 CF_4 气氛下用等离子处理，获得透明度高的超疏水聚二甲基硅氧烷膜。

采用了典型的逐行串行扫描方式利用功率为 40 MW，扫描速度为 5 mm/s，扫描线移动为 5 μm 的超快激光烧蚀聚二甲基硅氧烷表面，图 2.43 为激光烧蚀后的表面形貌，随后用丙酮、酒精和去离子水加上超声波辅助来清洗样品。此时 PDMS 表面放置在空气中呈现出超疏水性，在水中则表现为超亲油和超亲气。再进一步受氧照射后，PDMS 表面转变为超亲水特性，再将 PDMS 浸入水中时，又可表现出水下的超亲油性和超厌气性，成功做到超疏水-超亲水、水下超亲油的混合模式。此次试验对材料超疏水、超亲油、超厌气等杂合转化的研究十分细致完整，具有混合模式的材料对控制水滴、油滴和气泡在材料表面的行为。

通过飞秒激光纹理化制备出了具有不同颜色的铝模，并在聚二甲硅氧烷（PDMS）表面上成功转印出了微-纳结构，脱模后的 PDMS 如图 2.43 所示。选取不同颜色的铝片为模板用超快激光进行表面扫描加工，随后运用转印脱模技术将其复制到 PDMS 材料表面上，放置在 65 ℃的烤箱处理 2 h 待聚合物固化，转印后的 PDMS 膜可以很容易地从铝模板上剥离，得到理想的表面结构。

图 2.43 激光烧蚀后聚二甲基硅氧烷表面的微观形貌

B 聚偏氟乙烯

聚偏氟乙烯（PVDF）是一种常见的有机高分子共聚物，具有良好的柔性、耐腐蚀性、压电性等优点。迄今为止，共混改性、表面处理改性等方式已被用于制备基于 PVDF 的超疏水表面，但通常需要特殊的化学试剂或复杂的工艺设备。以激光处理 PVDF 材料表面为例。首先，将 PVDF 液体滴在玻璃基底表面，烘干成膜后将 PVDF 薄膜放置在位移台上，控制位移台使激光在 PVDF 表面进行单向线扫描，激光功率为 1200 mW。PVDF 薄膜通过自身流动性摊开及烘干得到，烘干过程中，DMF 挥发留下 PVDF 成膜，因此表面有一定的粗糙度。激光加工过程将原来的表面破坏，激光沿着其扫描路径留下沟槽；同时由于激光的光热效应，使沟槽周围区域形貌也变得粗糙，如图 2.44 所示。在微纳结构方面，激光处理聚偏氟乙烯薄膜具有类似荷叶表面的结构，使之具有与荷叶类似的疏水性质。

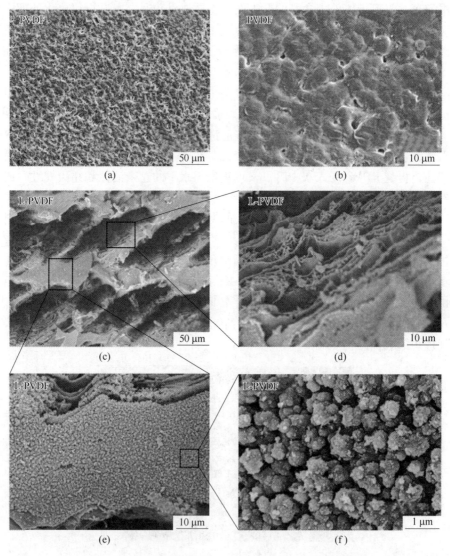

图 2.44 激光表面处理前后聚偏氟乙烯薄膜的表面形貌

当激光功率小于 1200 mW 时，激光并未对 PVDF 薄膜产生作用；当激光功率大于 1200 mW 时，激光在 PVDF 薄膜的水滴静态接触角约为 150°，如图 2.45 所示。可以认为疏水性能基本一致。L-PVDF 的生成需要一定的能量值，且在能量大于 L-PVDF 发生改性的激光功率阈值后生成的 L-PVDF 薄膜具有相似的结构，导致不同加工功率下形成的

L-PVDF 薄膜具有大致相同的水滴静态接触角。从加工完整性方面考虑，较强的能量有可能破坏 L-PVDF 薄膜表面的类荷叶表面结构。因此，在疏水性能基本一致的情况下，选择功率为 1200 mW 的激光制备的 L-PVDF 薄膜，10 次水滴静态接触角的测量结果表明，L-PVDF 薄膜表面的水滴静态接触角基本没有变化，稳定在 150° 附近，这表明激光加工 L-PVDF 薄膜可以形成具有稳定微纳结构的超疏水表面。

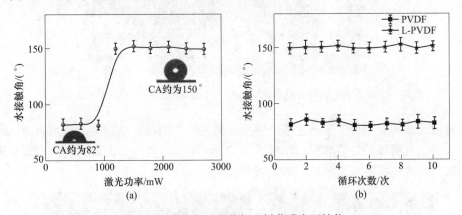

图 2.45　激光加工聚偏氟乙烯薄膜表面性能
（a）接触角与激光功率的关系；（b）接触角与测量次数的关系

C　聚四氟乙烯

采用飞秒激光直写技术制备了具有出色减阻和承载能力的超双疏聚四氟乙烯（PTFE），激光纹理化的微型舟表面由大量尺寸为几十到几百纳米不等的不规则珊瑚状微腔和纳米纹组成，水和油在表面的接触角均大于 150°。与未处理的微型舟相比，激光纹理化微型舟的滑动距离增加了 52%，负载能力增加了 27%，这主要是由于纹理化的表面结构大大减少了船体与液体的接触面积，使水与接触面的摩擦大幅降低；且纹理结构中捕获的空气有效地阻止了水或油的浸入，使油滴可以沿着表面滚落，而在未纹理化的表面上，油滴会黏附在表面上，大大增加了船体的重量。

2.4.1.2　陶瓷材料

A　硅材料

通过光学光刻或纳米压印光刻在硅片上制作出纳米结构。由于硅片对于水的本征接触角约为 50°，本身并不具有疏水性，为更好地发挥其表面的纳米结构的防黏减摩作用，需进一步进行硅烷化疏水处理。处理工艺为：将甲苯-三甲基氯硅烷（AKD）按 4∶1 配置溶液，将硅片浸泡其中约 30 min，取出后在甲苯中清洗 1~2 min，用氮气吹干。上述具有纳米结构并经硅烷化疏水处理后的硅片表面的接触角为 120°，具有较好的防黏减摩作用。

通过光刻、微压印等方法在硅基片表面加工微米级的结构。用烷基烯酮二聚体对硅片进行处理。具体方法为：将 AKD 加热至 90 ℃以上使其熔化，将需要疏水化的硅片浸入其中约 10 min，取出后用氮气快速冷却。微线条阵列结合 AKD 化制作的硅基仿生功能表面及其表面接触角测试结果如图 2.46 所示。

利用超快激光对硅材料进行加工，经加工后的硅表面形成了排列整齐的网孔结构，如图 2.47（a）所示，改性后的硅在空气中超疏水。通过将超快激光置于六氟化硫（SF_6）

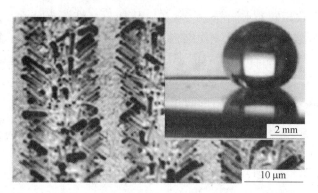

图 2.46　硅岛上生长的硅纳米线经等离子体蚀刻处理后的表面形貌及润湿角

气体环境中，成功加工出了表面色泽呈现接近黑色的"黑硅"微结构超疏水表面，经加工后的硅表面呈现明显的尖锥形貌，如图 2.47（b）所示，且每个尖锥的表面也附着许多纳米突出物，水滴在材料表面时呈 154°的接触角。

图 2.47　超快激光在硅表面制备的纳米结构
(a) 网孔结构；(b) 尖锥结构

通过对比在不同环境中制备出的微纳结构可明显看出，同一材料除去激光参数影响以外，表面微纳结构的形成受环境的影响也很大，且加工得出的不同表面形貌对材料性能也有一定的影响，同时，观察多数硅材料的试验可看出，几何形貌对于增强光的吸收率和疏水性的制备是至关重要的因素。

B　碳材料

利用激光技术对金刚石刀具的摩擦性能进行了研究。激光参数如下：脉冲能量 0.25 mJ，扫描速度 80 mm/s，激光扫描次数为 2，线间距 30 μm。表面呈不规则突起的表面微纳织构。将材料放置在 0.8%氟烷基硅烷溶液中浸泡 24 h，在 140 ℃烘箱中固化 120 min，材料表面表现出了明显的超疏水性能。超疏水性能可实现材料的减摩减阻、自清洁效果等，表面织构具备浸润性，对于刀具抗磨有明显提高，且在切削过程中对于切削屑和切削液都能够进行良好的排除，使其不易粘壁，进而提高了加工精度。

在氧化石墨烯表面上利用超快激光制备出了规则的周期性结构表面，经改性后的石墨烯表面不仅具有绚丽的颜色同时还具备良好的超疏水特点，如图 2.48 所示。超疏水功能性表面可以改善金属材料的耐腐蚀性、减少摩擦阻力、抗生物淤泥、实现材料的自清洁等。目前利用超快激光制备材料表面织构主要以微坑、微凸点、微沟槽和混合织构为主，其中，微沟槽织构应用得较为广泛。

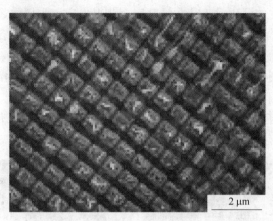

2 μm

图 2.48　激光作用在石墨烯表面形成的周期性结构

2.4.1.3　金属材料

A　钢铁材料

使用氢氟酸在 304 和 316 不锈钢上形成粗糙表面，随后沉积碳氟膜，这样制备的不锈钢表面具有超疏水性，水接触角分别为 159° 和 146.6°。为了提高钢材表面的抗结霜性能，采用喷砂加工及氟化处理后获得了超疏水钢表面。

B　铜及其合金材料

在铜上形成超疏水表面可以采用两种方法：第一种方法是通过在合适的酸中蚀刻铜来形成粗糙表面，然后用低表面能物质（如肉豆蔻酸、硅氧烷等）涂覆表面；第二种方法是利用铜与酸（如脂肪酸）的离子反应在表面生成组装化合物。

铜放入稀硝酸中后对铜表面脱脂，以去除表面的铜氧化物。随后，将其在室温下浸入 2 mol/L 氢氧化钠水溶液中 24 h，用去离子水充分洗涤，并在氮气流中干燥。通过简单的浸渍方法可以形成良好的微纳米粗糙表面，为低表面张力物质涂层的制备准备条件。

肉豆蔻酸具有低的表面张力，采用肉豆蔻酸溶液将铜化学蚀刻一周后，无需任何进一步修改，即可获得良好的超疏水性。这种自组装法制备肉豆蔻酸薄膜的方法耗时较长。例如，制备超疏水的铜片需要将抛光铜片放在肉豆蔻酸（0.01～0.06 mol/L）的乙醇溶液中浸泡 3 天。

肉豆蔻酸处理在铜表面产生超疏水涂层的化学反应式如下：

$$2Cu + O_2 + 4H^+ \longrightarrow 2Cu^{2+} + 2H_2O \tag{2.21}$$

$$2CH_3(CH_2)_{12}COOH + Cu^{2+} \longrightarrow Cu[CH_3(CH_2)_{12}COO]_2 + 2H^+ \tag{2.22}$$

N-链烷酸分子在瞬间释放后捕获铜离子。通过铜与上述酸的反应，反应转化为羧酸铜，并表现为自组装的花状结构。浸没时间是这个过程的一个重要因素。

在室温下将铜以 0.5%（质量分数）的浓度浸入草酸水溶液中约 5～7 天，获得微纳结构粗糙表面，然后使用聚二甲基硅氧烷（PDMS）作为表面改性剂，通过旋涂法涂敷，并在 120 ℃ 下固化 2 h，可以使铜表面的水接触角达到 154°。

　　通过酸性或碱性溶液对多晶金属进行化学蚀刻是表面粗糙度生成的简单方法。经氟烷基硅烷处理后，蚀刻金属表面表现出超疏水性，如图 2.49 所示。类似地，通过使用单烷基膦酸，也可通过方便的湿化学工艺在镍基底上获得稳定、耐用的超疏水表面，由于镍和单烷基膦酸之间的化学反应，在该表面上逐渐形成了绚丽的微观结构，构成了连续的滑面。通过使用草酸作为反应试剂，然后使用端乙烯基聚二甲基氧烷（PDMSVT）进行化学改性，也在铜衬底上制备了稳定的超疏水表面。将氢氧化铜纳米线浸入氢氧化钠和高硫酸钾的混合溶液中，在铜板上形成一层互连的氢氧化铜纳米线。经十二酸化学改性后，所得表面显示出良好的超疏水性能。通过微弧氧化预处理，然后用带有旋涂层的 PDMSVT 进行化学改性，事实上，烷硫醇含有较低的表面自由能长链烷基。

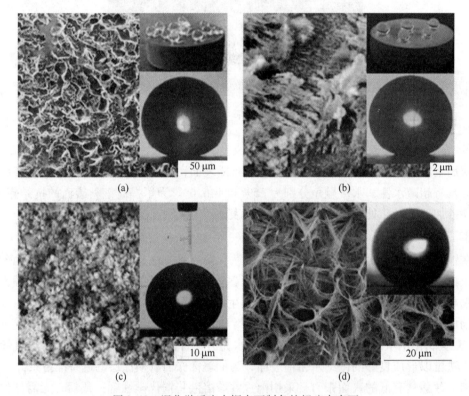

图 2.49　湿化学反应在铜表面制备的超疏水表面

（a）氟烷基硅烷处理钢表面；（b）氟烷基硅烷处理铜表面；（c）PDMSVT 处理铜表面；（d）十二酸改性铜表面

　　室温下，苛性钠溶液可用作 3.0 mol/L 浓度的电解质，铜板充当阳极，电流密度 600 mA/dm^2，表面氧化铜膜将转化为氢氧化铜膜。在这些条件下，氧化膜的形成由施加的电流控制。第一反应捕获释放的铜离子，然后捕获的自由基分解为氧化铜。经过一段时间后，薄膜在表面上生长，获得纳米微表面。在此过程之后，可以使用各种低表面能剂进行表面改性。通过快速一步电沉积工艺，从含有硝酸钴、肉豆蔻酸和乙醇的电解液中获得铜板上的超疏水表面。

　　将铜衬底浸入 13%（质量分数）硝酸中 15 s 以去除表面氧化物，将其浸入利文斯顿溶液（Livingston solution）（0.06 mL-37%（质量分数）HCl、0.02 mL CH$_3$COOH、54 mL

H_2O）中 12 h 以使表面粗糙，然后在氮气流中干燥。随后在 37 ℃ 将它们浸入肉豆蔻酸（0.1 mol/L）的乙醇溶液中 10 天，获得接触角大于 150° 的超疏水薄膜。

采用激光加工与化学处理相结合的方法在铜表面制备了由丰富氧化铜纳米带状结构（宽度和厚度分别为 40~80 nm 和 10 nm）均匀覆盖的周期性微米锥结构（锥的宽度和高度分别为 40 μm 和 50 μm），对其进行氟硅烷改性后，这种复杂的三维微纳结构具有良好的超双疏性能，可在空气中使低表面张力的液体（十二烷）的接触角和滚动角分别达到 154.7° 和 9.7°，且该结构在海水环境中放置 10 天后，水的接触角和滚动角依然保持在 160° 和 5°，具有出色的长期工作稳定性。此外，该结构在 200 ℃ 回火、70 次胶带剥离循环、5 次磨损循环、9 min 固体颗粒冲击和 20 min 喷水冲击后，依然可以使水和十六烷的接触角大于 150°，滑动角小于 20°，具有优异的高温耐久性以及综合机械耐久性，在海上油水分离等方面具有潜在的应用价值。

单一激光加工一般指加工的整个流程几乎不结合其他复杂工艺，主要通过激光的调节对材料表面进行加工处理。利用超快激光加工使材料表面产生不同形貌的微纳结构来实现水的附着力可调节。试验中保持其他参数不变，只在 10~200 mm/s 的范围内来改变激光的扫描速度（参见图 2.21、图 2.22）。

C　铝及其合金材料

在沸水中处理铝合金表面，并将其浸入硬脂酸(STA)-乙醇-H_2O 溶液中，制造了多孔且粗糙的结构表面，水接触角为 155°，滚动角为 5°。

通过沸水处理和硬脂酸改性在铝合金上制备了防腐超疏水涂层。当铝合金在沸水中处理 30 s 并在室温下用 5 mmol/L 硬脂酸改性 24 h，可以获得接触角为 154.1° 的超疏水表面。超疏水耐久性受制备条件的显著影响，即使表面最初表现出几乎相同的超疏水性。对于蚀刻 2 h 的 Al 衬底和在甲苯中浓度为 0.09%（质量分数）的十八烷基三氯硅烷（OTS）涂层，观察到最佳结果。通过机械喷砂和沸水处理这两种简单且环保的技术，以及通过全氟十二烷基三乙氧基硅烷剂降低表面能，改进了该方法。水、乙二醇和花生油的最高接触角分别为 158°、156° 和 154°。

通过将铝及其合金表面浸入氢氧化钠中数小时，然后旋涂一层全氟烷或聚（二甲基硅氧烷）乙烯基封端（PDMSVT），使其表面超疏水。这种处理将水接触角从约 67° 增加到 160° 以上。分别用交联硅酮弹性体、全氟烷（C9F20）和全氟聚醚（PFPE）改性后，通过湿化学蚀刻在铝合金上获得了稳定的仿生超疏水表面，水接触角约为 163°。

通过使用中性硝酸钠水溶液或含氟烷基硅烷的氯化钠水溶液作为电解质进行电化学加工，然后氟化，在铝基板上制造了超疏水表面，其水接触角为 166°，滑动角约 10°。通过将铝合金基底浸入含有氢氧化钠和氟烷基硅烷（FAS-17）分子的溶液中，使铝合金表面超疏水，水接触角约 162°，滑动角最低至 4°。

在传统两步工艺的情况下，可以轻松有效地制造超疏水铝表面。首先将铝箔浸入含有水溶液（溶解在去离子水中的氯化铝和三乙醇胺（TEA，0.75 mol/L））的密封高压釜中；然后在 100 ℃ 的烘箱中加热 5 h，用去离子水洗涤几次获得的铝箔，并在环境温度下干燥；最后通过将基底浸入 5 mmol/L 硬脂酸（STA）的乙醇溶液中 10 h，然后在无水乙醇中漂洗样品，对膜进行改性。经硬脂酸改性后，所得表面表现出超疏水性，水接触角为 169°，滑动角约为 4°。氯离子是一种高活性离子，与铝离子反应生成凹坑。点蚀的机理可以解释如下：氯化物配合物产生后，最终反应是酸的产生，这一过程是点蚀产生的主要原因。

通过阳极氧化和随后的改性，在工业铝箔上简单地涂覆具有二维紧密排列的纳米球的超疏水氧化铝膜，所得表面的水接触角约为 154.6°，水滴的黏附力非常弱。表面具有阳极氧化的多孔结构和聚丙烯（PP）涂层。在阳极氧化过程的前 5 min，孔隙是不均匀的。随着阳极氧化时间增加，阳极氧化铝膜的形成变得均匀，孔径和表面形貌变得均匀。经过优化工艺制备的阳极氧化铝表面的水接触角可以达到 162°，滑动角最低至 2°。在阳极氧化后通过聚丙烯涂层制造了超疏水表面，在铝合金上获得的最佳超疏水表面是接触角（CA）为 162°，滑动角为 2°。通过熔化吸附在阳极氧化铝上的肉豆蔻酸来制造水下防腐超疏水表面。海水在表面的静态接触角约为 154°。超疏水表面显著提高了铝在无菌海水中的耐腐蚀性。超疏水表面能够显著降低铝在海水中的腐蚀速率，提高铝合金的耐腐蚀性。

D　钛及其合金材料

利用微弧氧化法在 TC4 钛合金表面首先制备了微米级结构，如图 2.50 所示。再经氟化处理后，材料表面的水接触角可以达到 160°。

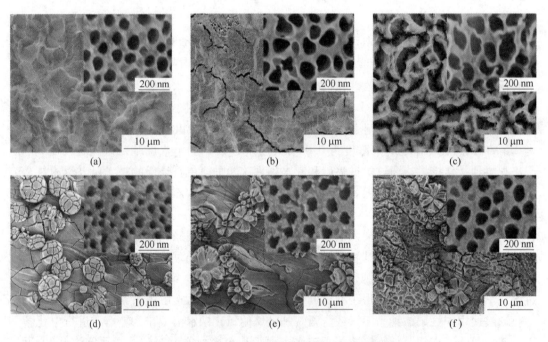

图 2.50　钛经不同电压微弧氧化得到的表面形貌

2.4.2　荷叶仿生的应用

荷叶仿生材料具有特殊润湿性能，在自清洁、抗腐蚀、微滴操控、油水分离、抗结冰、减阻、水收集、水下疏油以及细胞工程等方面具有潜在的应用价值。

2.4.2.1　自清洁与易清洁

当材料表面暴露在户外时，因静电作用，往往容易吸附上无机污渍，如灰尘等。对于普通材料表面，液体在表面滑落时可以把部分污渍和灰尘颗粒卷入液体内部，但由于表面的疏水性较差，液体和材料表面具有较大的接触面，使得大部分污渍和灰尘颗粒重新沉积在材料表面。而超疏水表面的自清洁效应主要是由超疏水性能和低表面黏滞性能共同作用，使得液体在材料表面具有很大的接触角和很小的接触面，液体从表面快速滚落时会将表面的污渍和灰尘颗粒快速带离表面，从而实现材料表面的自清洁。荷叶仿生材料具有自清洁作用，可应用在石材、纺织品、玻璃、水泥、金属等不同的材质表面，使基材达到超疏水、疏油、不易污染、易清洁的效果。

A　建筑抗污涂料

高层建筑大多采用玻璃幕墙装饰。然而污浊空气、雨水等污染物会使其很快失去光彩，并导致玻璃透光率大大下降，这就面临着玻璃幕墙大规模使用带来的难清洗问题。如果采用常规的清洗方法，则存在安全隐患，且清洗费用高、不利于环保。荷叶仿生涂料利用物理和化学相结合的复合方法将纳米防护剂与玻璃牢固地结合在一起，使玻璃表面具有了天然荷叶一般的超强疏水自洁功能。在玻璃幕墙表面镀上一层厚度只有几个到十几个纳米的看不见的防护膜，使玻璃表面具有强烈的疏水特征，使含有尘土、无机盐的雨水迅速从玻璃表面滑落，不会形成大面积的残留水膜，同时雨水落在玻璃表面将灰尘带走。

德国 ISPO 公司经过数年研究工作，研制了超疏水性能的外墙乳胶漆，水接触角达到142°，见表 2.3。图 2.51 为该荷叶仿生涂料的实物照片。

表 2.3　几种材料的表面张力及水接触角

材料	表面张力/mN·m⁻¹	色散分量/mN·m⁻¹	极性分量/mN·m⁻¹	水接触角/(°)
水	73	19	54	—
炭黑	30	30	0	—
硅树脂	20	15	5	93
特氟龙	18	18	0	111
荷叶仿生涂料	8	8	0	142
荷叶	7.5	7.5	0	145

图 2.51　用于建筑外墙的荷叶仿生涂料

B　织物抗污涂料

天然棉织物表面非常亲水，水滴在其表面可很快被吸收，故其接触角为 0°。而经过荷叶仿生涂料处理之后可以变为超疏水性质，具有荷叶的自清洁功能，如图 2.52 所示，大大提高织物及其制品的抗污能力。

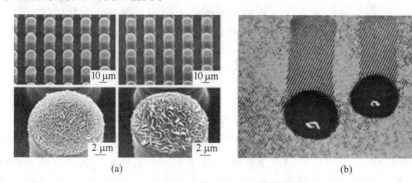

图 2.52　织物表面的自清洁涂层
（a）涂层表面微观形貌；（b）自清洁效果

2.4.2.2　防水凝结

A　玻璃防雾

高透明度在汽车的后视镜、挡风玻璃、防污镜、护目镜、窗户、微流体装置、安全玻璃和太阳能电池板等方面很重要。表面结霜会降低这些物品的透明度，带来安全隐患和事故。荷叶仿生材料能够使水滴滚落，从而有防雾的作用。然而，制备在空气中具有高透明度的超疏水表面需要更严格的结构和尺寸，材料表面的超疏水性和高透明性对表面粗糙度的要求是相互矛盾的。这是因为荷叶效应需要微纳粗糙结构表面，但根据米-瑞利散射（Raleigh and Mie scattering）理论，当表面的粗糙度大于入射光波长或与其相当时，光散射随结构尺寸的增大呈指数增加，即微米/亚微米粗糙度的增加将会增大表面的散射并降低表面的透明度。当纳米结构的粗糙度小于 100 nm 时，在硅材料中的瑞利散射可忽略不计。因此，为了提高材料表面透明度，应尽量制备出具有极小纳米尺寸的表面结构。目前已报道的透明超疏水材料多是关于透明超疏水涂层的研究，且多采用溶胶-凝胶以及纳米结构的自组装等方法制备，但这些方法不可避免地面临涂层与基体之间的界面黏附性问题。超快激光直写技术不仅可以在材料表面上烧蚀和诱导出纳米结构尺寸，还可以避免微纳结构与基体之间的界面问题，是制备透明超疏水表面的有效途径之一。

采用飞秒激光直写技术在石英玻璃上加工出分散的微坑阵列结构，且微坑表面由纳米颗粒和纳米波纹覆盖。经氟硅烷化学改性后，得到了接触角约为 172°、透明度约 87.3% 的超疏水表面，如图 2.53 所示。这种透明超疏水玻璃表面具有优异的抗水冲击性、耐砂磨性和热稳定性等，经过银涂覆后，可应用在汽车的挡风玻璃和后视镜中。

B　防结霜结冰

固体表面结冰是冬季常见的现象，会给航空、船舶和一些能源设备带来严重的问题。冰箱、冷柜等制冷设备内表面凝聚水、结霜、结冰现象；高压电缆、铁塔、通信线路、风力发电的桨叶、飞机和船舶等都有冬季结冰现象，引发冰灾。防覆冰超疏水涂料可用于高

图 2.53　超快激光制备的透明超疏水玻璃表面

压电缆、铁塔、通信线路、风力发电的桨叶、飞机和船舶等领域，具有良好的应用前景。图 2.54 为飞机外壳的结冰现象。波音公司的超疏水表面结构是表现出超疏水状态和普通状态的主动控制的表面结构。它们使用 MEMS（微机电系统）致动器来激活超疏水表面。

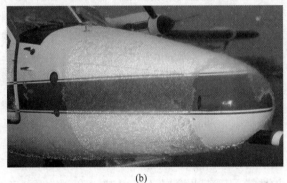

(a)　　　　　　　　　　　　　　　　　　　　　　　(b)

图 2.54　飞机结冰现象

（a）未采用超疏水表面层；（b）采用了超疏水表面层

2.4.2.3　减阻

A　船舶

超疏水材料由于其表面具有强疏水性能，在液相和固相接触面上生成一薄层气泡层，从而极大地降低材料表面的固/液相界面作用力。超疏水材料用在轮船的外壳上，减少水对船体的阻力、提高航速和节约能源，对于水下航行体如潜艇等甚至可达到 80%。同时，超疏水材料还可以减少微生物附着、减轻船体金属的生物腐蚀和海水腐蚀。

B　输水管道

管道如输水（油）管道，其能量几乎全部被用来克服流固表面的摩擦阻力。液滴在超疏水管道内的流动速度显著大于非疏水管道，在恒定流速下具有疏水涂层表面光洁度的超疏水纳米带在低压差下允许更大的流动，表明液滴在超疏水表面上受到的阻力较低。随着管道入口压力的增加，疏水涂层管道与非疏水涂层管道流动阻力的差异变小。

C　泥土工程

铧犁表面与土壤之间的摩擦阻力占总工作阻力的 30%～50%，在摩擦阻力中，其表面与土壤之间的黏滞力是最主要的部分。通过表面仿生非光滑效应有助于降低黏滞阻力。

2.4.2.4　其他应用

A　防腐蚀

在大多数大气条件下，所有金属都有腐蚀的倾向。金属腐蚀是由于水和金属基体之间的相互作用而产生的。在一定的相对湿度下，可溶性盐颗粒的分解会在大多数时间加速腐蚀速率。超疏水表面与水膜之间有一层类似空气垫的效应，可以有效避免或减少海水及以水为溶剂的化工原料的腐蚀作用。首先，当空气被困在超疏水膜的凹槽中时，疏水性防止了表面吸水，通过超疏水膜，水滴通过空气和固体的复合界面与膜接触。其次，超疏水涂层作为防腐蚀保护涂层。超疏水涂层的自清洁性能可防止腐蚀性盐水滴的沉积，使其滚落并带走附着在表面上的盐颗粒。大气的相对湿度是在表面产生水滴并被固体盐颗粒吸收的重要因素。表面上的盐沉积和吸水为腐蚀创造了合适的条件。当被盐颗粒表面吸收的水分子形成盐溶液膜直到盐颗粒完全溶解时，潮解发生。该过程是导致大气腐蚀的重要因素。重要的是，在超疏水表面上存在的盐颗粒转化为盐滴后将其清除，作为预防措施。超疏水表面通过减少两个固体颗粒之间的摩擦而起到润滑剂的作用，并导致盐的吸水及冷凝。与亲水表面相比，盐水没有扩散到表面，而是呈球形水滴状与物体小面积接触。

研究结果表明，在潮湿环境中，超疏水涂层显著提高了铜合金的耐蚀性，而潮湿环境比干燥环境更具腐蚀性。截留的空气在形成超疏水表面方面发挥了重要作用，因为截留的气体减少了水滴与固体表面的连接。膜中捕获的空气是超疏水膜的阻隔性能和稳定性的主要贡献者。捕获的空气抑制了基底和腐蚀介质之间的电化学反应。此外，空气可以作为腐蚀介质和铜衬底之间的隔离膜。超疏水涂层也是提高铝合金耐腐蚀性的最佳选择。超疏水涂层可以改善铝在模拟海洋环境中的腐蚀性能。超疏水涂层对海水中的铝腐蚀具有高度保护性能。超疏水涂层还可以减少金属表面上的生物膜形成，提高金属对生物腐蚀的抵抗力。

B　防霉变

木材是大自然赋予人类最宝贵的木质基材料，但多孔性、各向异性以及大量亲水基团的存在，使木材在工程和工业领域的实际应用中容易发生腐朽、霉变、开裂变形以及虫蛀等，同时，还具有在特定条件下易燃等天然缺陷。木材的主要成分为纤维素、半纤维和木质素，具有很强的吸水性和干缩湿胀特性，即水分对木材的稳定性影响很大。木材吸收水分后易导致木材或者木制品发生变形，从而产生开裂等严重缺陷。因此，对木材进行疏水改性很有必要。

目前制备超疏水木材的方法主要有气相辅助迁移、低温水热沉积、溶胶-凝胶、硅烷化改性、层层自组装、乙酰化处理、涂覆、等离子体处理以及模板软印刷技术等。其中，用模板软印刷技术得到超疏水木材主要是模仿自然界遗态生物体的结构和形貌，在木材表面制备出类似的微观形貌，从而实现超疏水特性。白蜡木表面仿生涂层处理前后的润湿效果见图2.55。天然木材表面的水接触角为17°，具有一定的亲水性；经荷叶仿生处理后水接触角为151°，滚动角为6°，表现出超疏水性。在实际应用中可以通过微/纳米仿生结构来制备遗态仿生自清洁超疏水木材，从而避免水的侵蚀以及表面受污染。

C　抗菌

材料表面的生物黏附是一个复杂的现象，它包括在有机质和界面之间多种不同的相互

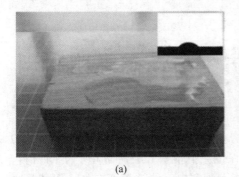 

(a)　　　　　　　　　　　　　　(b)

图 2.55　白蜡木表面的润湿性
(a) 原始木材表面；(b) 涂层处理表面

作用。超疏水的表面浸入蛋白质溶液中时，在超疏水部分形成空气层，能够阻止细胞与表面的接触，形成了分离区域。而活细胞可以在亲水性表面自由生长。在临床治疗方面，超疏水表面表现出抗细胞黏附的特性。相比于普通聚氨基甲酸乙酯表面对碳酸钙片强烈的黏附作用，部分氟化的且具有生物兼容性的聚氨基甲酸乙酯表面具有超疏水性能的表面对碳酸钙片几乎没有任何黏附作用。总之，超疏水表面能有效改善物体的抗菌性、防污及自清洁能力。

知识点小结

　　荷叶的自清洁现象源于荷叶表面特殊的微/纳米乳突结构以及疏水蜡层。水滴在荷叶表面上的接触角达到160°以上，并且轻易地自由滚落。水滴在滚落过程中能够吸附沿途的污染物颗粒，从而起到清洁的效果。其他具有自清洁能力的植物或动物材料表面，如水稻叶、蝴蝶翅等，也是由微/纳结构的疏水材料构成的。

　　微观粗糙度和疏水性是自清洁表面的两个要素。荷叶表面仿生材料的开发就是制备具有微观粗糙的疏水材料层。对于疏水材料而言，可以采用表面刻蚀、沉积和模板等方式制备出微纳结构表面而获得自清洁性能；对于非疏水材料，首先制备粗糙表面，再用疏水材料修饰表面也可以获得自清洁性能。

　　荷叶表面仿生材料能够实现自清洁/易清洁、降低流体阻力、防雾防冰、抗腐蚀、防霉变、抗菌等功能，应用领域十分广泛。

复习思考题

1. 什么是莲荷效应、玫瑰花效应？
2. 什么是杨氏润湿、温泽尔润湿、凯斯润湿？
3. 低表面张力物质有哪些？
4. 在金属表面制备超疏水层的方法有哪些？

3 壁虎趾掌仿生与动态黏附材料

在上百万年的生物进化过程中，一些动物（如壁虎、苍蝇、蜜蜂、蝗虫等）的足掌获得了最佳的几何设计和生物材料特性，从而保证它们能够在各种环境、不同材料、质构、粗糙度的表面上运动和停留。在攀壁方面壁虎尤为突出，能够攀墙自如、倒挂悬梁，在几乎所有物质表面都能攀附、行走自如，所经之处不留痕迹。壁虎脚掌表面独特的黏附作用源自于自然界长期的进化，研究它们吸、脱附机理对仿制与之类似的生物材料有启示作用。本章主要讨论壁虎攀壁的机制以及制备壁虎仿生材料技术。

3.1 壁虎及其他攀壁生物

3.1.1 壁虎攀壁研究简史

壁虎是爬行动物（图 3.1），在除南极洲以外的所有大陆上都有发现。这些五颜六色的蜥蜴已经适应了雨林，沙漠及寒冷的山坡等栖息地。壁虎属于蜥蜴家族，大小从 1.5~60 cm 不等。

很久以前人类就注意到壁虎的攀壁能力。公元前 350 年，古希腊哲学家亚里士多德在撰写不朽的科学著作《动物的历史》

图 3.1　壁虎

一书时，对壁虎的墙上攀登爬行能力大感惊讶，他把这种吸附力归结为一种超天然力。此后，不断有人试图揭开壁虎攀壁爬行的奥秘。直到 21 世纪初，随着实验设备的发展和实验技术的进步，人们能够清楚地观察到微米甚至纳米结构的图像，对壁虎黏附机理的研究才取得了重大进展。

1872 年，卡提尔（Cartier）等开始关注壁虎脚掌不同寻常的微结构，但限于当时的手段，推测壁虎可能具有黏性脚趾垫。

1900 年，哈斯（Haase）提出壁虎脚掌的黏附是负载依赖性的，并且只发生在一个方向上，即沿着脚趾的轴线近端。随着脚和基质之间的空间减小，吸引力应该增加。哈斯被认为是第一个提出壁虎脚掌黏附源自分子间作用力的学者。

1904 年，思科米迪（Schmidt）提出壁虎脚掌的表面组织为角蛋白质。

1934 年，德利特（Dellit）提出刚毛的行为像钩子一样，捕捉表面不规则性（微间隔锁定）。

1965 年，鲁伊巴尔（Ruibal）通过电子显微镜观察结果，确定壁虎脚掌是由刚毛和绒毛组成，每根刚毛又由 100~1000 根绒毛组成，每根绒毛的半径大约在 0.12~0.14 μm

之间。

1968 年，席勒（Hiller）通过系统的力学发现壁虎脚掌的黏附强度的决定因素是基材材料特性，而不是其质地，证明壁虎脚掌黏附是一种分子现象而不是机械现象，该发现有效地驳斥了之前的微互锁和摩擦假设，是壁虎脚掌黏附研究的重要转折点。

1975 年，威廉姆斯（Williams）发现壁虎脚掌每个趾掌下侧的脚趾垫由一系列薄片肉瓣组成，而每个肉瓣都覆盖着由 β-角蛋白（β-keratin）形成的相似取向的刚毛。

1982 年，彼得森（Peterson）发现壁虎脚趾垫上的刚毛前段呈铲状绒毛形，其最宽的边缘约为 200 nm，这些扁平的铲状绒毛能够增加接触面积，意味着具有更强的附着力。

2000 年，奥特曼（Autumn）在著名期刊《自然》（Nature）杂志上发表了一篇论文，细致解释了壁虎攀壁的分子间作用力机理。该论文的发表揭开了壁虎仿生的研究热潮。

3.1.2　壁虎的趾掌

3.1.2.1　壁虎趾掌的表面结构

壁虎种类虽然多种多样，但它们脚掌的形貌是相似的，都存在带有纹路的趾垫，如图 3.2 所示。

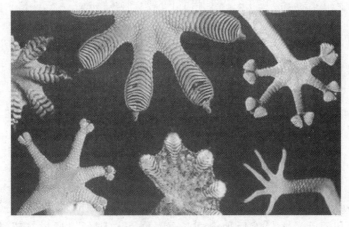

图 3.2　不同种类壁虎脚掌的形貌

人类肉眼就能观察到壁虎脚掌趾掌上呈现出一条条弧状褶皱，长度约为 1~2 mm。扫描电镜图像显示，壁虎的趾掌表面是一种多分级、多纤维状表面的结构，壁虎的每个脚趾生有数百万根细小刚毛，每根刚毛的长度约为 30~130 μm，直径为数微米，约为人类头发直径的十分之一。刚毛的末端又分叉形成数百根更细小的铲状绒毛（100~1000 根），每根绒毛长度及宽度方向的尺寸约为 200 nm，厚度约为 5 nm。图 3.3 为壁虎脚掌趾掌表面不同倍率下的形貌。

3.1.2.2　壁虎趾掌的材料特征

壁虎脚掌的刚毛和绒毛都是由 β-角蛋白组成的。β-角蛋白是一种坚硬的动物组织，是鸟类和爬行动物表皮的主要组成物质。β-角蛋白的杨氏模量超过钢铁材料，如图 3.4 所示。

β-角蛋白的力学性能取决于蛋白分子的类型及在动物中的组装方式。最近的研究表

图 3.3　不同倍率下的壁虎脚掌照片

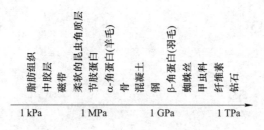

图 3.4　常见材料的杨氏模量排序

明，壁虎和鸟类通过进化出低相对分子质量的 β-角蛋白独立地聚集在它们的角质原纤维（分别为刚毛和羽毛）上，然后聚合成长丝。角蛋白细丝又通过二硫键纵向交联在一起，进一步增加了其刚度。壁虎脚趾表皮中 β-角蛋白富含甘氨酸、脯氨酸和丝氨酸，三者含量分别为 17.8%~23%、8.4%~14.8% 和 14.2%~18.1%。富含甘氨酸的重复序列定位于蛋白质的初始和结束区域，而富含脯氨酸的中心区域具有链构象（β褶皱），负责形成 β-角蛋白丝。它与其他蜥蜴角蛋白、鸟类鳞片和羽毛角蛋白的核心区域显示出高度同源性。与正常表皮相比，再生表皮中的 β-角蛋白基因表达更高。

　　壁虎趾掌表面 β-角蛋白的杨氏模量约为 1~5 GPa。壁虎趾掌刚毛的力学行为还与壁虎的种类以及壁虎的年龄有关。根据壁虎种类的不同，壁虎必须在蜕皮之间的数周或数月使用相同的刚毛。在蜕皮周期的壁虎，其攀壁行为受到一定影响。

　　壁虎的趾掌表面的绒毛在没有受到压缩作用时不发生黏附作用，因此壁虎脚掌的黏附作用是脚趾掌面的铲状绒毛提供的。铲状绒毛的弹性模量可以表示为：

$$E_e = 3EID\sin\theta/(\cos^2\theta L^2) \tag{3.1}$$

式中，E_e 为有效弹性模量；E 为组成绒毛这种物质实际的模量；D 为绒毛的密度；L 为绒毛的长度；θ 为接触角；$I=\pi R^4/4$；R 为绒毛的半径。

由此可以计算得出壁虎趾掌表面绒毛的有效弹性模量 E_e 约为 100 kPa。

3.1.3 其他攀壁生物的趾掌

除壁虎外，很多生物都具有爬壁的本领。这些动物的脚掌面（趾垫或爪垫）的微结构有两种类型，即刚毛型和面接触型。壁虎、苍蝇、蚊子、蜘蛛等的脚掌为刚毛型，其接触面由长且易于变形的刚毛组成，它能使脚掌适应各种各样的表面结构和粗糙度；蝗虫、臭虫、蟑螂等脚掌为面接触型，其爪垫为相对柔软的易变形材料。图 3.5 为四种常见昆虫趾垫的显微结构。这些爬壁动物的脚掌表面都具有特定的几何学形貌，可以提供有效的黏附力。动物越重，脚掌结构越精细（刚毛及绒毛密度大），尖端部分的直径范围为 5~0.2 μm，如图 3.6 所示。

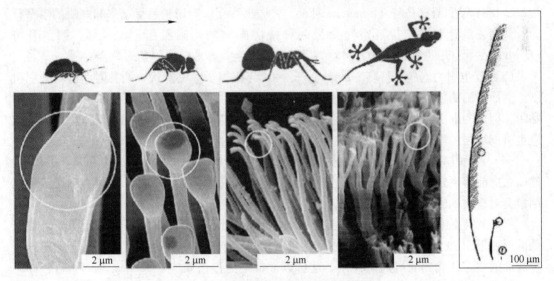

图 3.5 几种攀壁生物趾垫的微观形态

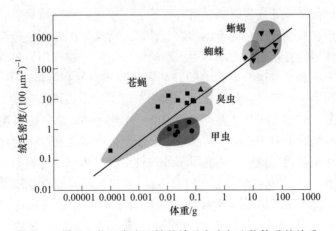

图 3.6 攀壁生物趾掌表面铲状绒毛密度与生物体重的关系

3.2　壁虎趾掌的黏附

3.2.1　壁虎脚掌的吸附机制假说

虽然壁虎铲状绒毛附着和脱离的机制现在可以从机械方面理解，但在铲状绒毛中黏附的分子机制仍不清楚。黏附可以由至少十余种不同类型的分子间表面力在固体之间的界面处引起，并且多数与摩擦力有关。摩擦本身就是一种复杂的物体间相互作用现象。问题的复杂性源于难以知道哪些材料在分子尺度上实际相互作用。

（1）黏性分泌物机制。由于壁虎脚趾上没有腺体组织，因此在壁虎黏附研究的早期就排除了黏性分泌物。

（2）真空吸附。单个铲状绒毛充当微型真空吸盘的想法首先在昆虫黏附文献中进行了辩论，1884 年，西默马赫（Simmermacher）将微型真空吸附用于解释壁虎和蜥蜴的攀壁行为。然而，没有数据支持真空吸盘是一种壁虎脚掌的黏附机制。1934 年，德尔利特（Dellit）在真空中进行的黏附力实验结果显示真空吸盘不是壁虎脚掌的黏合机制。

（3）静电引力。施密特（Schmidt）于 1904 年提出了壁虎铲状绒毛黏附的静电吸引机制。然而，随后使用 X 射线轰击实验消除了静电吸引力，因为壁虎仍然能够在电离空气中黏附，因此静电引力是一种必要的附着机制。然而，即使有另一种机制在起作用，静电效应也可能增强黏附力。

（4）摩擦力和微互锁机制。欧拉（Hora）于 1923 年最早提出了摩擦力和微互锁机制。然而壁虎能够倒置在抛光的玻璃的事实足以否定了该黏附机制。不过，摩擦力和微互锁机制也会对壁虎的攀壁行为产生影响，是一个次要的作用。

（5）水毛细作用力。在可用的界面区域上形成水薄膜的程度取决于相对蒸汽压。在极低的湿度下，由于基材上缺乏吸附水，毛细管附着力会很弱。在高湿度下，水开始浸透粗糙表面的空隙，起到润滑剂的作用。这可以被描述为沙堡效应（Sandcastle effect），即不能用非常干燥或非常潮湿的沙子建造沙堡。干沙不会黏附，因为润湿的界面面积太小。非常湿的沙子不会黏附，因为颗粒之间的水弯月面半径接近颗粒本身的大小，并且毛细力下降到零。如果壁虎仅依靠毛细吸附机制进行附着，则壁虎的栖息地只能是相对湿度较高的地方。然而，由于在从热带雨林到干燥的岩石沙漠的栖息地中发现了带垫的壁虎物种，因此湿度似乎对自然界的有效附着力没有很大影响。分子间毛细作用力是许多昆虫，甚至哺乳动物黏附的主要机制。与这些动物不同，壁虎的脚表面没有腺体，不能提供黏性液体。但这本身并不排除薄膜毛细管黏附的作用，因为单层水分子（可能存在于环境中）会在表面之间引起强烈的吸引力。图 3.7 是席勒（Hiller）通过电晕放电修饰聚乙烯薄膜研究了水接触角对壁虎趾掌黏附力的影响。实验结果显示壁虎趾掌表面黏附力和基底的疏水性之间存在明显的负相关关系，说明了基底材料的极性对壁虎脚掌的黏附力大小有重要影响。

（6）分子间作用力。1968 年，席勒（Hiller）通过实验发现壁虎脚掌的黏附力与基材的物质种类有关，这提供了第一个直接证据表明分子间力是造成壁虎黏附的原因。1980 年，斯托克（Stork）提出了分子间作用力是壁虎脚掌黏附的唯一来源。分子间作用力是存在于所有分子间力中最弱的，但也是最普遍的。利用这些非常弱的相互作用的黏合剂将

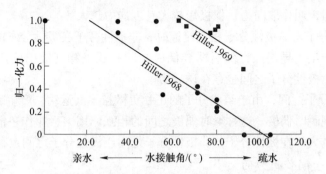

图 3.7　壁虎趾掌与电晕放电修饰的聚乙烯薄膜基底的黏附力

能够黏附到几乎任何天然表面上。然而，为了产生大量的力量，大量的这些相互作用必须同时进行。也就是说，有机体和基质之间必须有一个大的、真正的接触区域。壁虎脚趾上高度分支的铲状绒毛可能适合最大化接触面积。如果是这种情况，铲状绒毛形态对黏附力的影响将大于铲状绒毛或基材的表面化学性质。换句话说，黏合剂的几何形状比化学成分更重要。

　　需要指出，范德华力和毛细润湿不是相互排斥的机制。尽管铲状绒毛-基材界面处的水会增加间隙距离并因此降低范德华黏附强度，但单个水分子的直径（0.3 nm）仍很好地保持在分子间作用力范围。因此，在存在水薄膜的情况下，可以想象这两种机制协同工作。然而，随着更多层的水分子介入，流体对剪切力的抵抗仅由其黏度提供。水不具有高黏度，因此不能承受高剪切力。因此，毛细作用力在法线方向强而在平行方向弱，而凝固黏附力则相反。根据经验，铲状绒毛对剪切力的抵抗力比对法向力的抵抗力更强，这表明如果发生毛细黏附，所涉及的薄膜必须相对较薄。

3.2.2　壁虎趾掌黏附力计算

3.2.2.1　分子间作用力的概念

　　简单来说，分子间作用力是普遍存在于有机液体、气体和固体内电中性粒子间的相互吸引力。分子间作用力是荷兰范德华（Van Der Waals）于 1873 年研究真实气体理论时首次发现的，又称为范德华力。相对于原子间发生电子共享或转移而形成的共价键或离子键，分子间作用力是一种不存在电子转移或共享的较弱的静电引力，如图 3.8 所示。因此，分子间作用力不是化学键。

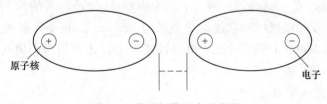

图 3.8　分子间作用力示意图

范德华力由三部分作用力组成：

（1）当极性分子相互接近时，它们的固有偶极将同极相斥而异极相吸，定向排列，产生分子间的作用力，叫作取向力。偶极矩越大，取向力越大。

（2）当极性分子与非极性分子相互接近时，非极性分子在极性分子的固有偶极的作用下，发生极化，产生诱导偶极，然后诱导偶极与固有偶极相互吸引而产生分子间的作用力，叫作诱导力。极性分子之间也存在诱导力。

（3）非极性分子之间，由于组成分子的正、负微粒不断运动，产生瞬间正、负电荷重心不重合，而出现瞬时偶极。这种瞬时偶极之间的相互作用力，叫作色散力。相对分子质量越大，色散力越大。在极性分子与非极性分子之间或极性分子之间也存在着色散力。

3.2.2.2　分子间作用力的大小

范德华力由上述三个单独的相互作用组成，具有加和性和非饱和性。分子间作用力的大小与两个表面化学组成有关，极性越强则相互作用力越大。壁虎不能黏附在弱极化的聚四氟乙烯表面，佐证了壁虎趾掌的黏附力是分子间作用力。此外，分子间作用力是短程力，当这些原子或分子间的距离增加时，分子间作用力会迅速消失。两个固体表面之间的分子间作用力大小（单位面积上的力）可以近似描述成式（3.2）：

$$\sigma = H/(6\pi D^3) \tag{3.2}$$

式中，σ 为两个固体表面之间的分子间作用力大小，又称为黏附功，N/m^2；H 为哈梅克常数（Hamaker constant），这是所涉及的分子的体积和极化性的函数，对于大多数固体和液体，哈梅克常数位于 4×10^{-20} J 和 4×10^{-19} J 之间；D 为两表面间的间隙，mm，D 取值范围较窄，通常为 $2\sim4$ nm，此时分子间作用力提供的黏附功为 $0.4\sim4$ kJ/mol。作为对比，固体金属的原子间距通常为 $0.1\sim0.3$ nm，金属键的黏附功为 $200\sim400$ kJ/mol。分子间作用力为金属键的 $1/1000\sim1/50$。

3.2.2.3　壁虎趾掌单个刚毛的分子间作用力

根据式（3.2）可以粗略计算出壁虎趾掌单根铲状绒毛的黏附力。

假设哈梅克常数为典型值（10^{19} J），绒毛铲面面积约为 2×10^{-14} m^2，绒毛铲面与基底的距离为 3 nm，通过式（3.2）可以计算得到单根铲状绒毛产生的吸引力约为 200 nN。一根刚毛端部大约分布 $100\sim1000$ 根铲状绒毛，所有铲状绒毛产生的吸附力的加和，产生的吸附力约为 $20\sim200$ μN。

3.2.3　壁虎趾掌黏附力的实验测定

3.2.3.1　壁虎全脚掌

1996 年，伊尔西克（Irschick）测定了托卡伊壁虎（Gekko）的两个前脚产生 20.1 N 平行于表面的力。实验壁虎的脚掌趾掌垫面积为 227 mm^2，每平方毫米含约 3600 个刚毛，或每平方毫米 14400 个铲状绒毛。可以计算单个铲状绒毛约产生 6.2 mN 的平均力，平均剪切应力为 0.090 N/mm^2。

3.2.3.2　壁虎趾掌刚毛

通过分离和操纵单个刚毛，并使用精密的微机电系统（MEMS）力测量技术测量了单个壁虎趾掌刚毛的附着力。发现一个小的或不正常的预紧力产生的剪切力为 40 mN，约为全脚掌测量值的 6 倍。正确的方向、预载荷和阻力产生的摩擦力是用铲子朝向远离表面测得的摩擦力的 $10\sim20$ 倍。较小的法向预紧力与 5 mm 位移相结合，产生了 20 mN 的非常大

的剪切力，是全脚掌测量力的 32 倍。发现孤立的刚毛中的最大黏附力需要垂直于表面的

小推力，然后是小的平行阻力，解释了 1934
年德利特（Delite）在全动物尺度上观察到的
载荷依赖性和附着力的方向性，并且与假设一
致，即单个固定和铲子的结构使得需要很小的
预载荷和向后位移才能接合黏附。在静止状态
下，壁虎趾掌刚毛的远端呈弯曲的铲状，铲状
端面与基体的接触面积较小；当壁虎对其趾掌
施加小的载荷时，随着趾掌刚毛铲状弯曲度变
小，铲状端面与基体的接触面积增大，如
图 3.9 所示。

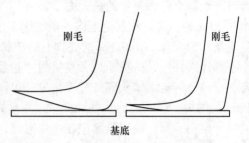

图 3.9 壁虎趾掌铲状刚毛与基体的
接触面积示意图

图 3.10 为壁虎趾掌单个铲状绒毛的黏附力测试曲线。在给定的垂直预载荷下，单个
铲状绒毛在基体表面的黏附力随时间的关系曲线如图 3.10（a）所示。箭头表示施加到铲
状绒毛上力的方向。垂直箭头表示平行力，水平箭头表示垂直力。实线为平行方向力（黏
附力）、虚线为垂直方向力（预载荷），图 3.10（b）为平行力与垂直力的关系曲线。平行
力与垂直力的比值可以用摩擦系数来表示。从图 3.10（b）可以看出，壁虎趾掌单根铲状
绒毛在基体表面的摩擦系数约为 4，例如，施加 10 μN 的垂直载荷，能够提供 40 μN 的摩
擦力，这种放大的摩擦力使得壁虎对趾掌使用较小的压力就可以获得很大的摩擦力，使其
能够牢固地固定在垂直墙壁表面上。

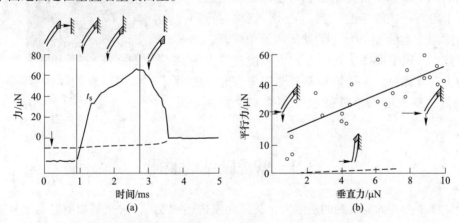

图 3.10 单个铲状绒毛的黏附力测试结果

壁虎趾掌单个刚毛黏附力的理论计算值（20~200 μN）与实际测得单根刚毛的最大吸
附力（（194±25）μN）数值接近，说明了分子间作用力可以为壁虎提供所需的全部黏附
力。可见，虽然每根铲状绒毛产生的力微不足道，但几十亿个着力点累积起来就很可观。
一百万根铲状绒毛总面积不到一角硬币的面积，但可以提起 200 N 左右的重量，是真空式
吸盘的 20 倍。可以推测，壁虎每只脚的黏合力应为 100 N，实际上，壁虎只需用一只脚
趾，就能够支持整个身体，相对于它的体重，留下了数千倍的备用吸附力。壁虎在爬行时
只使用部分铲状绒毛，依靠铲状绒毛不停地与墙面接触、分离达到吸附效果，并通过轮换
使用来保证铲状绒毛的清洁。

一只 50 g 的壁虎拥有约 650 万根铲状绒毛，所有铲状绒毛产生的黏附力累计可以产生

133 kg 的黏合力，足以支撑两个成年人的重量。这表明壁虎只需要附着其铲状绒毛的 3%即可产生整个动物测量的最大力（20 N）。壁虎最多只需要不到 0.04%的铲状绒毛即可支撑其 50 g 的体重。从理论上讲，壁虎脚掌能够产生约 1000 N 或以上的黏附力，但壁虎本身重量约为 1 N，如此计算壁虎脚上的铲状绒毛充其量才发挥 0.05%的功效。如此大的差距不禁让人怀疑，这莫非是大自然的"过度设计"？但事实上不然，生物学家皮安卡与同事在亚马孙河流区域从事研究工作时，曾偶然间看到一个相当有趣的现象：一只壁虎从约 30 m 高的树上跳跃而起，朝地面竖直降落，就在离地面 7 m 左右，坠落的壁虎突然朝近邻树叶伸出一只脚，接着紧紧粘住一片树叶，然后迅速爬进密密树叶中而消失不见了。这个小插曲说明，或许壁虎的铲状绒毛在平时并未完全发挥功能，但在某些"极端条件"下它们能提供必要的、足够的功能。所以，脚下复杂的结构绝非大自然的"过度设计"，或许就是为了在激烈的竞争环境中生存并得以繁衍不息，壁虎才演化成具备如此精致的结构。

近期的研究表明壁虎脚底毛具有细胞样结构的特征，而活的细胞组织的表面电位及铲状绒毛的形状能够受到神经信号的调控。因此，壁虎拥有尽可能多的铲状绒毛有一些明显的优势，这是因为所有铲状绒毛都不可能同时实现相同的方向。在微观粗糙的表面（特别是那些与铲状绒毛尺寸相近的微纳粗糙表面）上附着的铲状绒毛的比例可能会大大降低。覆盖有粉尘的物体表面上，一部分铲状绒毛不能与物体表面接触，同样减少了附着铲状绒毛的比例。另外，壁虎在运动过程中由扰动产生的冲击力（例如从坠落中恢复、逃避捕食者或在大风中保持站立状态）也可能使壁虎的黏附能力占更大比例。上述情形都需要壁虎有充足的吸附力余量。壁虎使用单脚就能够支持整个身体，见图 3.11。

图 3.11　壁虎使用单脚就能够
支持整个身体

3.3　壁虎趾掌的脱附

壁虎脚掌拥有如此强劲的黏附力，甚至比胶带还"黏"，它又是如何轻易地从表面上脱黏的呢？用力学的术语来讲，这就是实现"可逆黏附"。壁虎在脱黏过程中铲状绒毛的角度十分重要，唯有在某个临界角度下铲状绒毛才能轻易脱黏。经过大量实验研究，人们得到该临界角约为 30°。壁虎、蚱蜢等昆虫在运动时，依靠脚部衬垫的各向异性实现黏附和脱黏的运动力学机制。

3.3.1　壁虎趾掌脱附

3.3.1.1　壁虎趾掌铲状绒毛的剥离力

壁虎抬脚的时间很短，不足 15 ms。在壁虎抬脚过程中其趾掌表面数百万根铲状绒毛如何快速从基底表面脱离的确非常神奇。并且事实上，壁虎在落脚和抬脚过程中没有可测量的与附着或脱离有关的反作用力。换言之，在壁虎抬脚时并未对脚下基底产生向上的黏附力，或许有，但是非常微弱，以致难以检测出来。壁虎将脚趾从脚下基体抬起并向前移动时，能够轻松自然，而不像移除一块胶带一样。

壁虎通过依次、逐点分离铲状绒毛方式减小剥离力。为了实现这种剥离，壁虎的脚掌在脱附过程中通过脚趾翘起，带动脚掌向上弯曲变形。负责壁虎脚掌弯曲动作的肌肉位于脚部，分离不必机械地耦合到质量中心，就像壁虎使用其腿部肌肉组织破坏脚部的黏合一样。附着是脚趾脱离的剥离过程的逆转。壁虎的脚可以在不按压物体表面的情况下接近基材，通过逐渐将其脚趾放在物体表面上来实现附着，而附着力足以承受壁虎的体重。

由于壁虎铲状绒毛需要在正常轴上施加预载才能附着，因此，壁虎脚掌的附着力与壁虎施加到脚掌的压力有关。理论上，壁虎施加给脚掌的压力越大，则得到的附着力也越大；反之，壁虎附着力越大、壁虎剥离脱附，抬起脚掌的力也就越大。然而事实上，壁虎在垂直攀爬期间，壁虎脚掌对物体表面的压力和黏附拉力非常微小，几乎无法检测。并且，壁虎落脚和抬脚的动作很快（15 ms），动作迅速。这些功能特性的发挥归因于其特殊的脚掌表面结构和特殊的脚掌动作方式。

预载力的增加，增加了与物体表面接触的铲状绒毛尾端的数目，因此黏着力也相应得到增加。在同样的预负载下，无论在哪种接触面上，顺铲状绒毛方向的切向力都远远大于逆铲状绒毛方向的切向力，证明了壁虎在实际运动中，通过在顺着铲状绒毛的方向上与接触面黏附，而通过在逆着铲状绒毛的方向上与接触面脱附，从而实现了在接触面上迅速黏附和迅速脱附。

当壁虎绒毛与基底的夹角大于30°时即可发生脱附现象。当夹角从30°增加到90°，分离所需的力越来越小，如图 3.12 所示。以壁虎绒毛与基底接触点为支点，绒毛另一端与基底的距离为力臂，吸附和脱附时拖拽力均平行于基底，但方向相反。脱附时的力臂远远大于吸附过程中的力臂，由杠杆原理知，壁虎仅需用很小的力即可让绒毛与基底分离。在脱附时，铲状绒毛因压缩而变形，弹性能储存于绒毛中，当能量释放时，绒毛如橡皮筋一样地弹出去，从而不需要任何拉力便可脱离基底。壁虎与基底分离的全过程只需 15 ms，而且几乎测量不到它脱附时需要的拉力。当壁虎附着在物体表面时，铲状绒毛一律向着脚

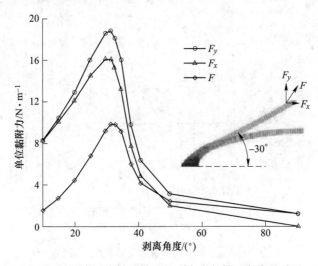

图 3.12　壁虎趾掌铲状绒毛的剥离力与铲面角度的关系

后取向，并向后推，脚尖尽可能伸展开，力图使铲状绒毛最大限度地附着上；而欲抬脚时，只要改变一下铲状绒毛的方向，甚至也许就只是改变细分叉的几何形状就能使黏合力消失而轻松抬脚，实现在光滑平面上的自由行走。壁虎脚掌与物体表面的黏合力是完全的范德华力，揭示了壁虎轻松快速行走的秘诀——完全依靠范德华力的迅速形成和消失。壁虎这一奇特的外翻动作具有极大的优越性，在宏观运动力学方面为壁虎脚掌强大的吸附能力和快速的爬行能力提供了有力的保证。黏附过程中，外翻动作使得壁虎脚底铲状绒毛群从脚趾根部到脚趾末端逐步发生接触，有效地减小了脚掌在黏附过程中所需要的正压力，同时增加了铲状绒毛群与接触面间的有效接触。脱附过程中，外翻动作使得铲状绒毛群的取向更有利于脱附，同时使得壁虎脚底与接触面接触的铲状绒毛群从脚趾末端到脚趾根部逐步发生铲状绒毛脱附，有效减小了铲状绒毛群在脱附过程中的黏附力，使得壁虎脚掌可以轻易地从接触面上脱离，从而保证了壁虎爬行过程的快速自如。壁虎正是通过奇特的外翻动作才将脚底铲状绒毛群的黏着力运用自如。

拉动铲状绒毛过程中黏附力一直在变化。铲状绒毛脱离基底前存在一个最大黏附力值。当铲状绒毛上的所有绒毛几乎都与基底接触上时这个力达到最大。

摩擦黏附模型用于描述壁虎黏附系统。沿黏合方向（见图 3.13 中 B，正切向）拉动时，最大黏合力与施加的切向力成正比：

$$-F_N \leqslant F_T \tan\alpha^*　　　　　　　　　　　　　　　　　(3.3)$$

式中，F_N 为法向力；F_T 为切向力（从远端向近端拉动时为正）；α^* 是用单根刚毛、刚毛阵列和壁虎脚趾获得的测试数据的最佳拟合线的角度。当沿黏合方向拉动时，该行为由库仑摩擦描述。黏合方向上的最大切向力设置上限，这是肢体和材料强度的函数。

图 3.13 对摩擦黏附模型和黏着黏附模型进行了对比说明。这是一个基于与平坦基底接触的球形弹性凹凸的各向同性黏附模型。该模型预测最大附着力发生在零切向力处。增加切向力会减小接触面积，从而降低整体附着力。对于法向力 F_T 的正值 $\propto F_N^{2/3}$。模型已进行了缩放，以给出附着力和切向力极限的可比值，曲线表示触点将失效的最大法向力和切向作用力。

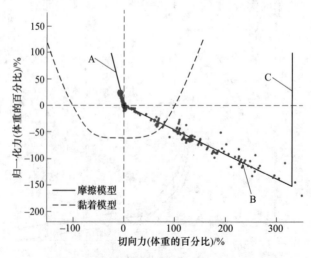

图 3.13　摩擦黏附和黏着黏附模型的比较
（A 线段为由库仑摩擦提供的黏附力；B 线段为摩擦黏附和附着黏附共同提供的黏附力；
C 线段为壁虎脚掌材料的力学性能极限）

各向异性模型显示了如何简单地通过调节接触处的切向力来控制最大黏附力。其与原点的相交允许以可忽略的力终止接触，而不与原点相交的各向同性模型预测接触终止处的力不连续性较大。这一特性使得各向异性模型比各向同性模型更适合垂直爬升。如果各向异性正确对齐，则重力会被动加载触点以增加黏附力。

一般来说，各向异性和各向同性黏合剂都可以提供与壁虎或机器人的体重相当的附着力；然而，这些模型导致了在攀爬过程中控制接触力的不同方法。斜面上壁虎的受力分析及攀爬壁虎的简化平面模型分别见图 3.14 和图 3.15。有四个未知数和三个平衡约束，留下一个自由度：前脚（F_{T1}）和后脚（F_{T2}）之间的切向力平衡（即内力），每个脚的最大切向力受接触模型的限制。

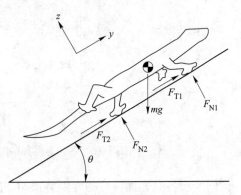

图 3.14　壁虎在斜面上攀爬时的受力分析

当在正切线方向加载时，各向异性贴片产生最大的黏附力，角度小于 30°，最大黏附力约

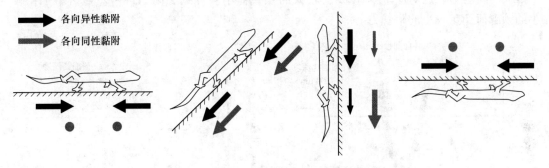

图 3.15　不同位置时攀爬壁虎的简化平面模型

为 2.3 mN。沿法线方向拔出时，产生的黏附力约是峰值的 2/3，当与铲状绒毛的角度相对时，黏附力降至峰值的 10% 以下。装载卸载和黏合材料所需的功（黏合功）也被用作黏合性能的度量。在 700 μm 的预载荷下最小工作应力滞后环为 0.3 J/m²。当沿纯法向拔出时，可获得最大附着力，当拔出角略大于 45° 时，可降至 0，如图 3.16 所示。

各向异性贴片也在加工花岗岩上进行了测试，以确定表面粗糙度如何影响黏附。玻璃表面粗糙度（R_a）通常小于 10 nm，花岗岩表面粗糙度约为 10 μm。在预加载深度为 700 μm 时，抛光花岗岩上的最大附着力为 1.0 mN/s（整个贴片为 0.5 N），与玻璃相比，附着力降低了约 60%。

图 3.17 总结了在预加载深度和拔出角范围内，不同补片的最大切向力和法向力的结果。在纯法向方向拉动时可获得最大附着力。在正法向力下，观察到库仑摩擦。各向异性斑块的行为类似于壁虎刚毛。当沿其优选方向（$F_T < 0$）加载时，它们表现出适度的摩擦系数；在这两种模式之间，数据与原点相交。因此，像壁虎刚毛一样，通过控制内力来减小接触处的切向力，可以很容易地分离合成贴片。然而，与刚毛壁虎不同，合成茎在高水平的切向力下开始失去黏附力，此时铲状绒毛的接触面开始滑动。从图 3.17 还可以看出，

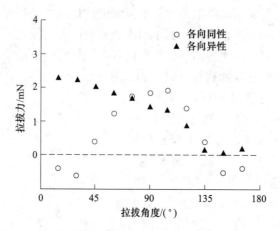

图 3.16　各向异性和各向同性附着力与拔出角的函数关系

各向同性和各向异性补片的力随着预加载的增加而缩放。对于各向同性补片，当试样预加载至 300 μm，导致正常预载为 14.3 mN。对于各向异性补片，700 μm 的预加载深度提供了最大的附着力，这对应于 0.5 mN。较大的预载荷不会导致黏附力进一步显著增加；较小的预载荷产生较小的附着力。

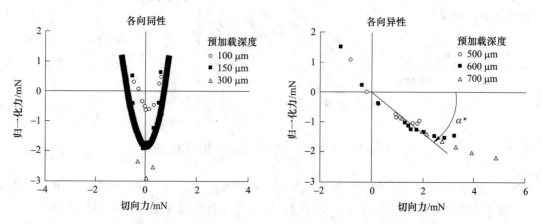

图 3.17　不同预加载深度下各向同性和各向异性补片的实验极限曲线

3.3.1.2　壁虎爬行过程中的黏附力

壁虎可以快速攀爬光滑的垂直表面，垂直攀爬速度达 77 cm/s，步幅频率为 15 Hz。在每一步中，当壁虎脚掌附着和脱附过程中的横向和法向力都降至零，而附着力的峰值是其体重的两倍，如图 3.18 所示。壁虎以恒定的平均速度攀爬，而不会在运动方向上对其质心产生减速力。虽然质量特定的爬升机械功率是水平运行预期值的十倍，但爬升的总机械能仅比势能变化大 5%~11%。力和后腿都拉向中线，可能加载连接机构。双脚的附着和分离分别占据了 13%~37% 的站立时间。随着爬升速度的增加，附着和分离所需的绝对时间没有减少，这表明前后力产生的时间可能会受到限制。在上升过程中，前腿向后拉，而后腿从垂直表面推开，向表面产生净俯仰力矩，以平衡远离表面的俯仰。差分腿功能对于有效的垂直和水平运动似乎至关重要。

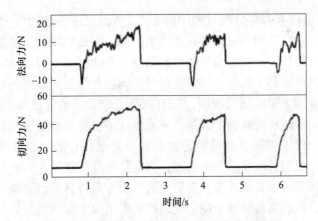

图 3.18　模拟壁虎在接触面上的爬行过程曲线

　　在同样的负载下，无论在哪种接触面上，顺铲状绒毛方向的切向力都远远大于逆铲状绒毛方向的切向力，证明了壁虎在实际运动中，通过在顺着铲状绒毛的方向上与接触面黏附，而通过在逆着铲状绒毛的方向上与接触面脱附，从而实现了在接触面上迅速黏附和迅速脱附。

3.3.2　壁虎脚掌黏附与脱附

3.3.2.1　壁虎脚掌的外翻动作

　　随着铲状绒毛角度的增加，铲状绒毛后缘处的应力增加，导致铲状绒毛-基底黏合断裂。壁虎不寻常的脚趾脱皮行为可能与减少或消除分离力有关。这种剥离行为如何导致达到临界分离角是相关的。如果没有在更大的范围内（身体和腿）整合动力学，铲状绒毛的功能可能仍然未知。数以百万计的铲状绒毛在运动过程中的附着和脱离与大脑、脚趾、足部、腿和身体的功能相结合，由高度衍生的指腱压力控制。

　　图 3.19 示出了壁虎行走过程中脚掌外翻动作的图像。上方图像是脚掌黏附过程，下方图像为脚掌分离过程。黏附时充分伸展脚趾，脚掌施力，获得黏附力；外翻脚趾，改变铲状绒毛与墙壁的夹角，减小黏附力而脱离。

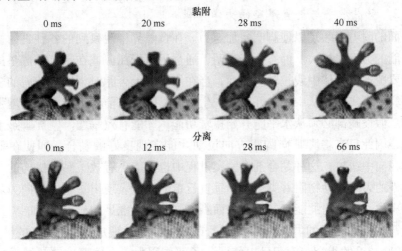

图 3.19　壁虎行走过程中脚掌的外翻动作

图 3.20 为脚掌黏附和脚掌分离过程中的受力分析。黏附过程中，外翻动作使得壁虎脚底铲状绒毛群从脚趾根部到脚趾末端逐步发生接触，有效地减小了脚掌在黏附过程中所需要的正压力，同时增加了铲状绒毛群与接触面间的有效接触。脱附过程中，外翻动作使得铲状绒毛群的取向更有利于脱附，同时使得壁虎脚底与接触面接触的铲状绒毛群从脚趾末端到脚趾根部逐步发生铲状绒毛脱附，有效减小了铲状绒毛群在脱附过程中的黏附力，使得壁虎脚掌可以轻易地从接触面上脱离，从而保证了壁虎爬行过程的快速自如。壁虎正是通过奇特的外翻动作才将脚底铲状绒毛群的黏着力运用自如。当壁虎附着在物体表面时，铲状绒毛一律向着脚后取向，并向后推，脚尖尽可能伸展开，力图使铲状绒毛最大限度地附着上；而欲抬脚时，只要改变一下铲状绒毛的方向，甚至也许就只是改变细分叉的几何形状就能使黏合力消失而轻松抬脚，实现在光滑平面上的自由行走。这是一种类似于从表面剥离胶带的机制。脚趾剥离似乎大大减少了分离所需的力。由于负责手指超伸的肌肉位于脚趾，因此分离不必与机械耦合，就像壁虎只使用腿部肌肉组织来破坏足部的黏附一样。通过增加铲状绒毛轴和壁之间的角度，单个铲状绒毛可以在不增加力的情况下分离。如果壁虎在脚趾脱皮过程中迅速增加所有附着铲状绒毛的铲状绒毛角，那么分离力将很小或无法测量。单个铲状绒毛需要一个垂直于表面的预加载力，以及一个小的（5 nm）近端剪切阻力，以实现最大附着。铲状绒毛可能被预加载和拖拽，这只是步伐中力量发展的结果。然而，这很难与前脚产生的负正常力相协调。将数千根铲状绒毛弯曲成黏着方向所需的力可能非常小（最多 10 mN），可以在不压入基底的情况下接近基底，并通过像胶带一样展开脚趾来重新涂抹黏合剂，从而随着时间的推移分散预加载力。

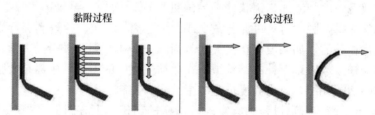

图 3.20   脚掌黏附和脚掌分离过程中的受力分析

3.3.2.2   壁虎水平与垂直攀爬的力学分析

垂直表面的附着必须足以使脚产生加速力。在自然界中观察到的各种黏附机制可能会限制单腿可能的力发展模式。静态分析表明，通过用爪子抓握或在带有摩擦垫的曲面上进行连接，需要腿部向身体中线拉动。然而，当在水平面上奔跑时，四肢伸展的姿势动物的表现正好相反。事实上，从中线推开的腿产生横向黏附力与前后力耦合，以增强水平面上的自我稳定。假设腿部必须从水平跑开始扭转功能，才能有效攀爬。壁虎脚趾上的黏附层具有方向性，因此只有将脚趾向脚跟方向拉动才能实现良好的黏合。即使在平坦的表面上，如果双腿向中线拉，这种黏合剂在攀爬过程中也可能更有效。黏合机构的连接和分离可能需要额外的力。当动物附着脚垫时，垂直行走的树蛙表现出短暂的法向力。没有测量到正常的剥离力，因为树蛙能有效地从表面剥离脚趾。壁虎足的显著黏附能力是通过数十万个微小的铲状绒毛实现的。壁虎铲状绒毛在尖端分枝，形成宽 200 nm 的绒毛铲状端。高达 10^9 个铲状绒毛的组合表面积足以使弱分子间作用力。个体壁虎铲状绒毛的黏附需要精确的方向、预载和微米级位移。

铲状绒毛附着的精确要求很高，需要壁虎放置脚趾期间完成 $10^3 \sim 10^6$ 根铲状绒毛的附着。如果壁虎必须积极地将脚伸进墙壁，以预加载铲状绒毛，那么在攀爬过程中对动力的影响可能相当大。由于单根铲状绒毛具有很强的黏附力和剪切力（$20 \sim 200\ \mu N$），在快速攀爬过程中，较大的分离力也可能带来重大挑战。然而，通过增加铲状绒毛轴和壁之间的角度，单根铲状绒毛可以在不增加力的情况下分离。如果壁虎能迅速增加所有附着铲状绒毛的铲状绒毛角度，分离力就会降低。在攀爬过程中，施加在每一步上的加速力的总和必须等于腿的减速力加上重力，以保持爬墙的平均速度恒定，如图 3.21 所示。如果在每一步攀爬过程中重力和壁虎的腿都减速，就像它们在水平地面上移动时一样，速度波动将增加势能变化与攀爬所需的总机械功之间的差异（图 3.21（b））。如果是这种情况，攀爬过程中产生的总机械功率将显著大于体重和速度的乘积，因为需要做额外的机械功来维持恒定的平均速度。缓慢攀爬的树蛙只会产生前后加速力；然而，攀爬的壁虎在脚掌向前伸出并固定在那里时可能会产生减速力。在高速攀爬时，减速可能是脚接触的不可避免的结果。如果一只快速攀爬的壁虎能够减少或消除第一步的减速力，那么攀爬所需的机械能就可以大大降低。给定一个腿部不会使身体减速的理想攀爬模型，当动物攀爬得更快时，产生的总机械功率将接近重力和速度的乘积（图 3.21（c））。

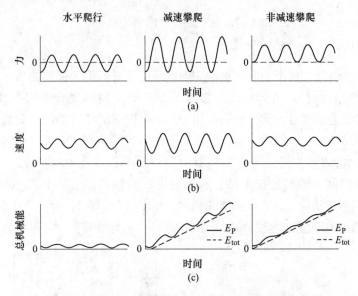

图 3.21　壁虎在不同模型行走过程中的机械力与机械能

当在水平面上跑步时，壁虎的前腿和后腿在同一方向上产生相等的法向力，因为它们支撑着自己的体重。在快速攀爬过程中平衡翻转力矩可能需要前后腿在相反方向上用力。需要指出，壁虎尾巴在稳定行走过程中发挥着重要作用。充分伸展脚趾，脚掌施力，获得黏附力；外翻脚趾，改变铲状绒毛与墙壁的夹角，减小黏附力而脱离。

在垂直表面上攀爬时会产生不稳定力矩，这会使头部远离垂直表面旋转。失稳力矩与动物的体重和重心到表面的距离成正比。稳定力矩可以通过几种方式产生。前腿可以将身体前端拉向垂直表面。尾部能够稳定地抵抗后仰。图 3.22 为壁虎垂直攀爬试验装置及壁虎受力分析。使用的轴心约定：正的前后力（+x；蓝色）对应于将加速质量向上的壁反作用力。重力作用于-x 方向。正法向力（+y；红色）对应于将质量加速远离力板的壁反作用力，而负法向力（-y）对应于会将质量加速朝向力板的墙反作用力。z 轴是横向尺寸，对应于指向动物右侧或左侧的力。正侧向力（+z；绿色）对应于将物体加速到动物右侧的壁反作用力，而负侧向力（-z）对应于会将物体加速至动物左侧的壁反力。

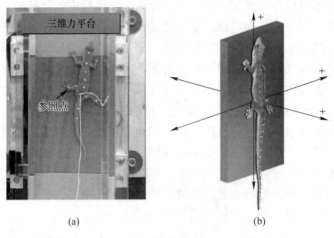

扫码看彩图

图 3.22 攀爬壁虎动力学测定试验
(a) 测试装置；(b) 壁虎受力分析

当壁虎将四肢缠绕在树干上时，被拉向中线并向下时，位于远端的爪子可能会相互咬合。壁虎在攀爬时将脚拉向身体中线，如图 3.23 所示。这种动作不仅有利于爪的互锁，而且有利于铲状绒毛的附着，从而增强剪切力。单个壁虎铲状绒毛的黏附需要微米级的位移，将柄部拉向足部中心。图中，空心圆表示力的方向指向纸外、圆心含×表示力的方向指向纸内。t_1 表示前半步中产生所示力的时间。t_3 表示第二半步中的时间。t_2 表示产生所示力的中间步骤的时间。攀爬过程中贴合和翻落力矩的侧视图，其中 F_{leg} 是前腿在跨步周期（t）内产生的平均法向力，R 是从前腿到后腿枢轴的稳定力臂，F_{leg} 从 0 到 t 的积分表示前腿冲力，g 是重力引起的加速度，M_b 等于身体质量，r 是壁虎重心面到墙壁表面的距离。

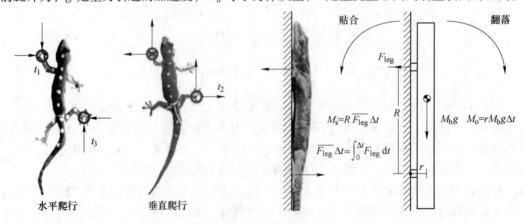

图 3.23 壁虎在水平和垂直攀爬时的身体形态

脚趾超伸可以减少分离力和附着力，但可能限制在垂直攀爬过程中提高速度的选择。假设攀爬壁虎的脚趾剥落和展开需要一些最短的时间，那么速度就不能通过减少接触时间来提高，这在水平跑中是典型的。壁虎步幅频率应该降低，以保持步幅长度，从而保持黏性脚的位置不变。攀爬壁虎的步频、步长、占空比和速度之间的关系是高度可变的，并且通常被限制在较小的速度范围内。一些壁虎几乎完全通过改变步频来调节速度，而一只体型相似的陆生壁虎主要通过改变步长来改变速度。

在一个步幅内，壁虎可以从水平面上的快速奔跑转变为看似不受重力影响的状态，而无需对运动学进行重大改变。倾斜的变化仅与肌肉活动的大小有关，而不需改变壁虎体态。另外一些研究表明，当攀爬和非攀爬壁虎被迫在非惯性基底上移动时，步态特征几乎没有调整。

3.4　壁虎趾掌仿生材料

壁虎脚部的这种强大的黏合能力激发了研究人员开发一种新型合成黏合材料，可以实现在洁净干燥物体表面反复黏附。此类黏合剂的应用包括爬墙机器人、用于医疗应用的纸巾黏合剂和用于操作的夹具。人们已经做出了一些努力来模仿自然界的创造，例如，使用电子束光刻、碳纳米管、纳米绘制和微纳米成型。然而，在绒毛扁平蘑菇尖端的结构中观察到更高的附着力，这表明尖端的大小对于产生这种力的重要性。

3.4.1　表面结构设计与材料选用

3.4.1.1　壁虎趾掌表面模型

壁虎趾掌表面具有特殊的微观结构。每只脚底部长着数百万根极细的铲状绒毛，铲状绒毛的长度仅 0.1 mm 左右，每根铲状绒毛末端又有约 400～1000 根顶部呈刮铲状的更细的分支毛（绒毛），每根绒毛的直径与毛间距都是几纳米，如图 3.24 所示。

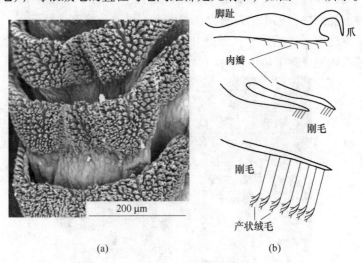

(a)　　　　　　　　　　(b)

图 3.24　壁虎趾掌表面
（a）扫描电镜照片；（b）结构模型

　　壁虎脚底由重叠的黏性毛瓣组成，上面覆盖着数百万根刚毛，每根刚毛的末端都分叉成数百个铲状绒毛。毛瓣长度约 1~2 mm。刚毛长度为 30~130 μm，直径为 5~10 μm，在毛瓣上的分布密度约为 14000 根/mm²。刚毛端部有分叉，分叉的长度为 20~30 μm，直径为 1~2 μm。每个分叉的端部再次分叉成为更细的绒毛。绒毛的长度为 2~5 μm、直径为 0.1~0.2 μm，每个刚毛上的绒毛数量为 100~1000 根。在每个绒毛的端部弯曲呈铲状，铲的长度约为 0.5 μm，宽度为 0.2~0.3 μm，厚度约为 0.01 μm。毛瓣及其上面的刚毛和绒毛都是强韧和柔性的 β-角蛋白，能够弯曲变形以贴合各种粗糙度的基底表面。

3.4.1.2　壁虎趾掌仿生材料选用

　　制备仿壁虎材料需考虑材料的杨氏模量、液态下的流动性和价格等因素。选材的基本原则如下：

　　（1）原料是无毒无味的液体或胶体；

　　（2）常温常压下不易挥发；

　　（3）相对分子质量大，黏度小；

　　（4）模板法制造时，需要与所使用的模板材料有很好的浸润性；

　　（5）材料固化成型工艺简单；

　　（6）固化后弹性模量为 1~15 GPa；

　　（7）材料的疏水性要强，以提高抗污能力。

3.4.2　壁虎趾掌仿生材料制备方法

3.4.2.1　刻蚀法

　　（1）气体刻蚀。利用 SF_6 作为刻蚀气体制备的聚苯乙烯，宽为 250 nm，长宽比为 10：1。单根纳米纤维产生的吸附力为 0.91~1.35 nN，能紧紧地吸附在玻璃板上，并且同样具有与壁虎相似的自清洗能力。气体刻蚀工艺是在常温下，用 SF_6 作为刻蚀气体，C_4F_8 作为钝化气体，刻蚀和钝化分开进行。气体刻蚀工艺同样也可得到高深宽比的刻蚀效果。但由于这是一种重复刻蚀和沉积的方法，在侧壁上不可避免地有连续起伏，虽然通过优化工艺参数可以减少这种起伏的尺寸，但是并不能完全消除。图 3.25 为采用 SF_6 作为刻蚀气体制备的聚苯乙烯壁虎脚掌仿生材料。

图 3.25　采用 SF_6 作为刻蚀气体制备的聚苯乙烯壁虎脚掌仿生材料

（2）光刻蚀。制作电路板的关键技术，用人工或计算机绘制尺寸比实际大几十或几百倍的掩模；经过缩放制成实际的工作模；将模板附在基板上，光子束透过模板在硅基板上刻出与模板相同的形状。在壁虎仿生学中，光刻技术主要用来制备微孔模板，利用此模板并辅之以其他的刻蚀技术（如离子束刻蚀等）来制备仿生阵列。

用传统的光刻方法制得多孔模板，将聚合物如聚对二甲苯制成末端较大的绒毛，并在其表面沉积一层薄的疏水性膜以防止相互之间的黏合。这种表面呈凹状的绒毛每平方厘米能够产生最大 18 N 的力，比平尖端的绒毛高出约 4 倍。带有这种末端的材料仿生能够产生最大的吸附力，它比半球状末端材料的吸附力高出近 70 倍。

（3）原子力显微镜刻蚀。原子力显微镜刻蚀法用原子力显微镜的针尖在平整的石蜡表面逐一刻出微孔，然后将液态的原材料注入孔内，待冷却后去掉石蜡即可。用此法在 5 mm 厚的聚酰亚胺薄膜上制成长约 2 μm、直径 500 nm、间距 116 μm 排列的聚酰亚胺纤维，当预压强不小于 50 N/cm^2 时，单根纤维能够提供约 70 nN 的吸附力，每平方厘米面积上可负重 3 N。

（4）等离子体刻蚀。用等离子刻蚀注塑的方法制备分级结构，二级结构单个阵列柱子的尺寸为高度约 2.8 μm，端部膨大为直径 600 nm，茎部直径 350 nm，底部直径 700 nm，阵列密度为 130 万根/cm^2。几何尺寸和形状已接近生物量，力学性能良好。

（5）电子束刻蚀。以电子束与氧离子刻蚀相结合的方法在 5 μm 厚的聚酰亚胺薄膜上制备了长约 2 μm、直径约 0.5 μm、间距 1.6 μm 的高弹性聚酰亚胺纤维阵列。当施加一定预压力后，每平方厘米的面积可负重 3 N。他们利用这样的仿壁虎带能支撑一个体重适当的"蜘蛛侠"玩具。这个玩具质量为 40 g，手掌覆盖有仿生制造的壁虎带，与基底接触面积能达到 0.5 cm^2，可以支撑约 1 N 或以上的重量。

3.4.2.2　模板法

模板制造是以多孔固体表面为模板（衬底），通过浇注或印制方法将模板表面多孔图案转移到选用的高分子材料，使其形成与壁虎脚掌表面相似的阵列凸起。制备壁虎脚掌表面仿生材料的模板应为阵列孔，孔径应为数百纳米至数十微米，孔深度应为数十微米。多孔模板的制备方法主要有光刻蚀法、等离子刻蚀法、激光刻蚀法、电化学刻蚀法等。其中，电化学刻蚀法制备的多孔阳极氧化铝是常用的模板。阳极酸性电解液中对铝箔进行阳极氧化而得到有孔氧化铝模板，通过改变氧化电压和酸性溶液可以制备孔径和孔隙不同的氧化铝模板。

在微纳结构模板表面浇注硅橡胶（PDMS）制备阵列末端为蘑菇形状的微黏附阵列。脱模以后得到的微阵列直径为 40 μm，长度为 100 μm，法向黏附强度最大为 6 N/cm^2。末端形状会产生较大力学性能提高以及表面适应性的增强：具有薄壁层的末端形貌使得阵列柱在微颗粒污染的条件下仍具有可靠的接触面积；个别阵列柱的缺陷不会影响到周围阵列柱的黏附性能；阵列柱间隙较大，具有较大的表面适应性。利用硅橡胶制备得到完全伸展、可控黏附、表面起皱的干性微米级仿生黏附阵列结构。黏附阵列基底厚度为 1 mm 的表面起皱的硅橡胶材料，从中获得了动态的法向黏附强度和切向黏附强度。

聚氨酯材料浇注固化的方法制备微阵列得到不同几何尺寸的一级结构阵列，阵列可以为垂直或倾斜，末端平整。通过在阵列末端固化聚氨酯材料（不同于底端阵列）的方法得到末端膨大结构及盘状末端。将顶端盘状结构的小尺寸阵列修饰于一级结构顶部，形成二级结构阵列。二级结构单个阵列柱子的尺寸为高度约 2.8 μm，端部膨大为直径 600 nm，茎部直径 350 nm，底部直径 700 nm，阵列密度为 130 万根/cm^2，如图 3.26 所示。几何尺寸和形状已接近生物量。层级结构相比于一级结构黏附强度增加 2~23 倍。

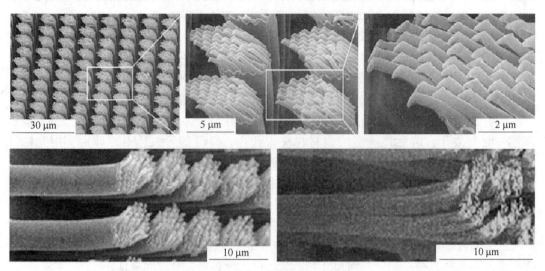

图 3.26　模板浇注法制备的壁虎趾掌仿生聚氨酯分级结构阵列

采用氧化铝模板法制作的聚甲基丙烯酸甲酯（PMMA）绒毛阵列，如图 3.27 所示。绒毛长 60 μm，直径 0.2 μm。该聚甲基丙烯酸甲酯绒毛通过一个完全伸展的 PDMS 基底，应变量为 3%，获得相对较大的黏附强度，其中法向黏附强度为 10.8 N/cm^2，切向黏附强度为 14.7 N/cm^2，但是一旦应变量减小到 0.5%，黏附力迅速减小并趋于 0。铲状绒毛黏附阵列持久性试验表明，铲状绒毛阵列在法向和切向的黏附强度可以坚持超过 100 个周期的吸附和脱附过程。此外，该聚甲基丙烯酸甲酯绒毛不仅具有较高的黏附力，而且它疏水性强，有很好的自清洁能力。

图 3.27　采用氧化铝模板法制作的聚甲基丙烯酸甲酯绒毛阵列

3.4.2.3　原位生长法

原位生长法，又称为化学气相沉积，是利用气态物质在一定温度下于固体表面进行化学反应，并在其表面上生成固态沉积膜的过程。碳纳米管阵列材料的化学气相沉积过程可以描述为：采用高温将含碳元素的气体分解，分解出来的碳原子在有催化剂的地方定向生长形成有序的碳纳米管阵列。以 Fe 和 Al 为催化剂在 750 ℃ 乙烯和氢气气氛下，在有催化剂的地方生长碳纳米材料。生长出来的铲状绒毛长度为 200~500 μm，直径为 100~1000 μm，绒毛平均直径为 8 nm，如图 3.28 所示。这种有序分级的结构能产生比杂乱结构高 4 倍的吸附力。1 cm² 的"壁虎带"可以产生 36 N 的吸附力，是普通聚合材料的 10 倍。

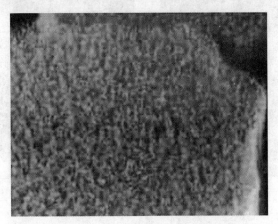

图 3.28　化学气相沉积法制备的碳纳米管阵列

3.5　壁虎仿生材料的应用

壁虎脚趾与接触表面间产生的这种黏着力为分子间作用力。分子间作用力是中性分子彼此距离非常近时，产生的一种微弱电磁引力，这是一种干燥吸附。壁虎脚趾的精细黏附结构具有黏附力大、对任意形貌的未知材料表面的适应性、不会对物体表面造成损伤、自洁、可反复使用等优点，非常适合应用于微机器人的黏附爬行机构中。壁虎脚黏着机理对航天机器人、爬壁机器人及管道机器人脚掌的研制和高适应性工业机械手的开发具有重要启发意义。

3.5.1　黏附胶带

3.5.1.1　静态黏附胶带

多次粘贴、剥离并重新粘贴一块现有的胶带，会很快失去黏性。与普通胶带相比，壁虎胶带没有"黏弹性"，黏合剂可以变干。因此，可以更长时间地保持附着而不会留下残留物。合成黏合剂在玻璃上效果最佳。粗糙或不平整的表面仍然是一个更大的挑战。

德国基尔大学动物研究所的研究人员制作了一种壁虎脚掌仿生胶带。该胶带使用由化学沉积法制备的碳纳米管阵列。碳纳米管由主体的竖直部分及端部的弯曲部分组成，分别用来仿生壁虎脚部铲状刚毛和铲状绒毛。当碳纳米管阵列与基底接触时，弯曲部分与基底表面的线接触有效地增大了接触面积，类似于壁虎铲状绒毛与基底的接触。4 mm×4 mm 面积的碳纳米管集簇与玻璃基底接触，这个样品能牢牢吊起一本质量为 1.48 kg 的书籍，如图 3.29 所示。

图 3.29　碳纳米管阵列仿生胶带

仿照壁虎脚掌铲状绒毛的几何排列构造，以电子束与氧离子刻蚀相结合的方法在 5 μm 厚的聚酰亚胺薄膜上制备了长约 2 μm、直径约 0.5 μm、间距 1.6 μm 的高弹性聚酰亚胺纤维阵列。当施加一定预压力后，每平方厘米的面积可负重 3 N。仿壁虎带能支撑一个体重适当的"蜘蛛侠"玩具，如图 3.30 所示。这个玩具质量为 40 g，手掌覆盖有仿生制造的壁虎带，与基底接触面积能达到 0.5 cm²，可以支撑约 1 N 或以上的重量。这种壁虎脚掌仿生材料具有高的耐久性，可重复使用 3 万次而不会失去黏性。

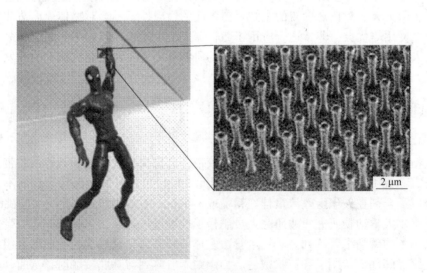

图 3.30　刻蚀法制备的聚酰亚胺纤维阵列仿生胶带

壁虎脚掌仿生静态黏附材料具有黏结强度高，对基底表面要求低，以及无污染、无排放、不损伤基底等优点，能够替代现有胶带，用于各种粘接场合，如挂钩、医用绷带、超强黏性手套及体育器材等。

3.5.1.2 动态黏附胶带

动态黏附胶带就是黏附力的大小和有无可以通过施加外力实时控制的黏附材料。动态黏附材料的灵感源于壁虎的攀壁爬行。壁虎脚掌仿生动态黏附材料设计的基本指导思想是控制黏附材料与基底的分子间作用力的大小，即参与分子间作用力的绒毛数量。

图 3.31 为模板浇注法制备的一种弹性聚氨酯壁虎脚掌仿生材料。该材料带有尖锐斜面末端的微米尺度弹性短纤维，斜面上分布纳米尺度的绒毛阵列。当施加压力时，尖锐末端发生变形，斜面角度变大，斜面趋向平整，参与分子间作用力的绒毛数量增多，黏附力不断增加；当压力撤除时，尖锐末端弹性恢复，斜面角度变小，参与分子间作用力的绒毛数量减小，黏附力减小。黏附力大小受外加压力的控制。这种壁虎脚掌仿生材料能够提供的黏附强度最大为 $0.24~\mathrm{N/cm^2}$，并且具有较明显的各向异性。这种壁虎脚掌仿生材料实现了黏附力的动态实时控制，在制造仿壁虎爬壁机器人上已经获得良好的应用效果。

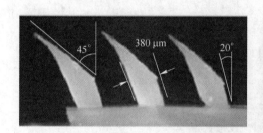

图 3.31　模板浇注法制备的弹性聚氨酯壁虎脚掌仿生动态黏附材料

图 3.32 为用模板法制备的一种硅橡胶动态黏附材料。纳米尺度绒毛阵列分布在波浪形弹性基底上。当受到压力时，波浪形弹性基底伸展，绒毛端面变平，参与分子间作用力

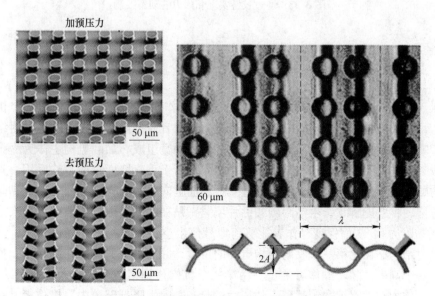

图 3.32　用模板法制备的硅橡胶动态黏附材料

的绒毛数量增多，黏附力不断增加；当压力除去时，波浪形弹性基底弹性恢复，绒毛端面变斜，参与分子间作用力的绒毛数量减少，黏附力不断减小直至消失。利用波浪形弹性基底，可以方便地获得动态的法向黏附强度和切向黏附强度。波浪形弹性基底完全伸展的应变量为3%，获得相对较大的黏附强度，其中法向黏附强度为10.8 N/cm^2，切向黏附强度为14.7 N/cm^2；伴随压力去除，应变减小，黏附力几乎不变；然而当应变量减小到约0.5%时黏附力迅速减小并趋于0。铲状绒毛阵列在法向和切向的黏附强度可以坚持超过100个周期的吸附和脱附过程。

　　参与分子间作用力的绒毛数量除了利用材料的弹性恢复外，还可以利用一些特别设计的机械机构实现。将绒毛阵列置于几块用铰链链接的刚性基板表面，通过外力使刚性基板依次翘起，从而实现黏附绒毛阵列的数量和黏附力大小控制，如图3.33所示。

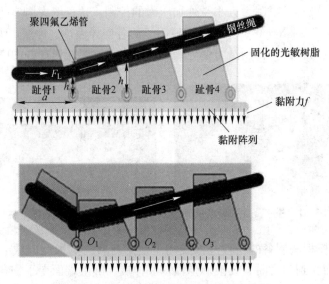

图3.33　通过铰链实现黏附力的动态控制

3.5.2　基于动态黏附仿生材料的攀壁器械

3.5.2.1　单人攀壁装置

　　图3.34是一种利用动态黏附材料制造的单人操作攀壁结构。该装置由两个相同的机构组成，每个结构包含动态黏附机构和加载机构，两者通过筋腱连接。动态黏附结构由数个壁虎脚掌仿生黏附碳酸钙片层、加载底板和恢复弹簧组成。加载机构主体为一个带有踏板的立板。操作者用手举起动态黏附结构并将其贴附于垂直墙面表面，然后用一只脚踩在加载机构的踏板上，利用操作者体重通过立板和筋腱向黏附结构施加外力，使黏附结构中的弹簧拉伸，将壁虎脚掌仿生黏附碳酸钙片层紧密贴在墙壁表面，与墙壁表面产生分子间作用力（黏附力），从而保证操作者能够离地悬停半空；通过相同的操作步骤，操作者将另一个黏附结构贴在比第一块黏附结构更高的位置，并用另一只脚踩在踏板上，操作者较之前上升一个高度。随着操作者的重心由第一个机构移到第二个机构，第一个结构卸载，弹簧恢复，施加在黏附碳酸钙片层上的压力解除，黏附力降低至消失。操作者站在第二个

结构的踏板上将第一个机构取下，并向上放置在更高位置，重复上述动作，即可实现一步步向上攀壁。

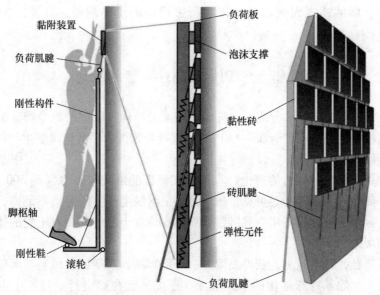

图 3.34 利用动态黏附材料制造的单人操作攀壁结构

3.5.2.2 仿壁虎机器人

美国斯坦福大学 2006 年研发出一种仿壁虎机器人，称之为"黏虫"（stickybot），如图 3.35 所示。该机器人具有 4 只黏性脚掌，每只脚具有 4 个脚趾，并且脚趾上覆盖着数

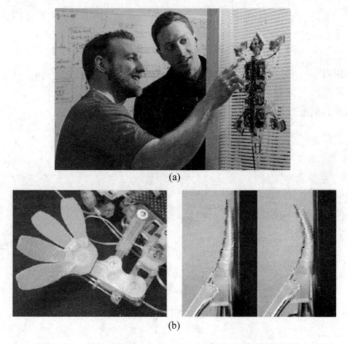

(b)

图 3.35 美国斯坦福大学 2006 年研发出仿壁虎机器人

（a）机器人外观；（b）机器人脚掌局部

百万根纳米级人造铲状绒毛（直径约为 0.5 nm）。从优化铲状绒毛支杆形貌出发，研制铲状绒毛支杆倾斜分布的毫米级铲状绒毛黏附阵列，并将之应用到仿壁虎机器人 Stickybot 脚掌爬行机构中，能够实现大壁虎生物体爬行过程中的滑黏现象，具备三维无障碍运动能力。

———————— **知识点小结** ————————

壁虎的趾掌表面是一种多分级、多纤维状表面的结构，壁虎的每个脚趾生有数百万根细小刚毛，每根刚毛的长度约为 30~130 μm，直径为数微米。其他攀壁生物的脚掌表面具有同样的分型结构。

壁虎趾掌单个刚毛黏附力的理论计算值与实测值的最大吸附力（约 200 μN）数值接近，是由分子间作用力提供的。可见，虽然每根铲状绒毛产生的力微不足道，但累积起来就很可观。实际上，壁虎只需用一只脚趾就能够支持整个身体，相对于它的体重，留下了数千倍的备用吸附力。

充分伸展脚趾，脚掌施力，获得黏附力；外翻脚趾，改变铲状绒毛与墙壁的夹角，减小黏附力而脱离。除了特殊结构的掌趾表面，壁虎尾巴在稳定行走过程中也发挥着重要作用。

壁虎掌趾表面仿生材料的制备方法主要有刻蚀法、沉积法和模板法。其中，采用模板法制备的壁虎掌趾表面仿生材料可以提供的黏结力达到 0.24 N/cm²，并且具有较明显的各向异性，可以实现黏附力的动态实时控制，在制造仿壁虎爬壁机器人上已经获得良好的应用效果。

> **复习思考题**

1. 什么是分子间作用力？
2. 分子间作用力与哪些因素有关？
3. 为什么说壁虎脚掌的黏附力是分子间作用力提供的？

4 蜘蛛丝仿生与柔韧材料

蜘蛛丝是一种性能优越的天然生物材料，具有许多优异的特性，包括韧性大、强度高、弹性好、有光泽、耐高温、耐低温、耐紫外线性能强、易于生物降解等。蜘蛛丝优异的力学性能源于其特殊的蛋白质结构，将人工合成的蜘蛛蛋白质基因植入其他生物，可以大量制备蜘蛛丝蛋白纤维，再经过纺丝技术可以将蜘蛛丝蛋白纤维制备出蜘蛛仿生材料，其力学性能超过目前优质钢材。蜘蛛丝仿生材料在医药、纺织、传感器等领域有良好的应用潜力。本章主要介绍蜘蛛丝的构效关系、蜘蛛丝仿生材料的制备技术和应用前景。

4.1 蜘蛛与蜘蛛网

4.1.1 蜘蛛

蜘蛛在地球上已生存了数亿年。考古研究认为蜘蛛可能是在大约四亿年前从厚腰蜘蛛祖先进化而来的，这些祖先不久就从水中的生命中出现了。第一批确定的蜘蛛是具有腹部分割和利用蜘蛛丝生产喷丝的细腰蜘蛛，这种蜘蛛生活在 3.8 亿年前的泥盆纪时期（4.192 亿~3.589 亿年前），比恐龙早 1.5 亿多年。蜘蛛在全球的分布很广，除南极洲外，在世界各地都可以找到蜘蛛的身影，大多数蜘蛛生活在热带地区。蜘蛛种类繁多，已知的蜘蛛种类有 41000 余种，其中中国国内就有 3000 多种。目前已发现的最大的蜘蛛是歌利亚食鸟者（见图 4.1），体长达 13 cm、体重约 175 g。

图 4.1　巨型食鸟者是世界上最重的蜘蛛

蜘蛛丝是由蜘蛛的腺体分泌的纤维材料，是蜘蛛赖以生存的重要工具，在蜘蛛捕食、繁殖、筑巢等生命活动中发挥着至关重要的作用。蜘蛛何时开始产丝和结网目前不得而知。不过，瑞士科学家在一块琥珀中发现了一束 13 亿年前的蜘蛛丝，还在蜘蛛丝上发现了蜘蛛腺体分泌出的黏液。考古研究显示蜘蛛的产丝行为经历了漫长的演变过程。大多数早期的分段化石蜘蛛属于是一群原始蜘蛛，喷丝头放置在腹部中间下方（而不是像现在的蜘蛛那样位于末端）。它们可能是地面上的掠食者，生活在古生代中晚期的巨型棒状苔藓和蕨类植物森林中，在那里它们可能是其他原始节肢动物（如蟑螂、巨型银鱼、石板鱼和千足虫）的捕食者。蜘蛛丝可能仅是用作蜘蛛卵的保护层（类似蚕蛹），后来才进化出用蜘蛛丝结网进行捕猎。随着植物和昆虫生命的多样化，蜘蛛对蜘蛛丝的使用也随之多样化。在 2.5 亿多年前，腹部末端带有喷丝头的蜘蛛出现了，用于在地面和树叶上捕获猎物。到侏罗纪时期（1.91 亿~1.36 亿年前），当恐龙在地球上漫游时，球体编织蜘蛛的复杂空中网已经发展到捕获快速多样化的飞虫群，并且随着飞虫群的多样化，蜘蛛也相应地发生变异分化。尽管如此，蜘蛛化石的记录还是相对较少。在第三纪（6500 万~260 万年前），琥珀蜘蛛化石的丰富记录（被困在透明、黏稠的树木树脂中的完整蜘蛛）表明，3000 多万年前存在与当今基本相似的蜘蛛动物群。图 4.2 为第三纪保存下来的琥珀蜘蛛化石，蜘蛛体宽约 3.5 mm。

图 4.2   第三纪保存下来的琥珀蜘蛛化石

蜘蛛区别于其他生物的特征在于有八条腿并具有将蜘蛛丝制成复杂网的能力。蜘蛛以其多样性和在广泛的栖息地中生存和繁衍的能力而闻名。蜘蛛的体表颜色与其主要栖息地相近，这样可以提供保护色，利于捕猎和躲避被猎杀。虽然人们看到的蜘蛛都是用网捕获猎物，但是，自然界中也存在非网捕猎的蜘蛛。几乎所有的蜘蛛都是使用毒液制服猎物。蜘蛛通常都有两个空心的尖牙，用于将毒液注入猎物。蜘蛛的毒液较弱，通常不会对人类构成威胁。

蜘蛛猎物广泛，从小昆虫到鸟类或啮齿动物（依据蜘蛛的个体大小）。蜘蛛没有固定数量的食物必须吃。当食物充足时，它们会吃得很多；当食物稀缺时它们不吃任何东西也能存活数天。这就是为什么他们能够在许多不同类型的环境中生存的部分原因。有研究表明，一些蜘蛛会吃各种形式的人类食物，包括蛋黄、香肠，甚至果酱。

蜘蛛通过产卵繁殖，雌性一次可以产几百个卵。雌性蜘蛛会把产的卵包裹在卵囊中，把卵囊留在网中或者随身携带。根据物种的不同，这个卵囊可以像网球一样大。蜘蛛是昆虫，然而，一些蜘蛛也存在类似哺乳动物的特征。蜘蛛妈妈会在卵孵化后的几个星期内分泌牛奶状的液体喂养她的幼仔，这种液体的蛋白质含量是牛奶的 4 倍。在她的卵孵化后的第一周左右，蜘蛛妈妈会在巢周围留下奶滴，她的幼仔会爬行到奶滴处进行吸食。这种蜘蛛的养育幼仔的习惯与鸭嘴兽和针鼹相似。

蜘蛛是肉食动物，不喜欢群居，相互之间残杀，不能像蚕蛹那样规模化饲养。蜘蛛不会聚集在一个大巢穴中，蜘蛛具有超强的迁徙能力，能够随风漂泊到任何适合生存的环境，并建立殖民地。因此，在一个区域内长时间消除蜘蛛几乎是不可能的。

4.1.2 蜘蛛网

蜘蛛为了捕捉猎物，具备不同的狩猎技术，然而几乎所有的蜘蛛使用蜘蛛丝作为捕猎工具，其中绝大多数是结网捕猎。南美洲有一种不结网的蜘蛛，猎取食物另有途径。每天早晨在飞虫经常活动的地方，用树枝当钓竿，在树枝的一端吐出一根长长的蛛丝，蛛丝的末端涂上一团黏液作饵料。贪吃的飞虫以为是美味佳肴，张嘴就吃，结果被黏液牢牢粘住，反而成了蜘蛛的美餐。这种蜘蛛叫"渔翁蜘蛛"。印度也有一种蜘蛛，虽然结网，但不同于普通的结网蜘蛛。这种蜘蛛使用它们的网作为弹弓。蜘蛛背对着网，用四只后腿抓住它的丝网，用四只前腿把自己拉上张力线，用一条腿拖着一条丝线，拉紧了它的网架，像弹弓上膛一样，然后静静等待，如图4.3所示。当一只昆虫飞过时，蜘蛛会释放线，将自己和它的卫星碟形网弹向猎物，所有这一切都发生在眨眼之间，蜘蛛及其网以超过14.5 km/h 的速度在空中疾驰，加速度超过 $130g$。这是自由落体加速度的 130 倍，比短跑猎豹的加速度大一个数量级。在飞行过程中能够捕捉到飞虫猎物。

图 4.3 用网当弹弓的蜘蛛捕猎示意图

绝大多数的蜘蛛网都是结网后等待飞虫"自投罗网"。为了使误撞蜘蛛网的飞虫无法逃掉，蜘蛛网丝表面覆盖一层高黏性物质。这层高黏性物质非常稳定，即使风吹雨淋，黏性能长期保持。蜘蛛足表面覆盖有一层油膜，这层油膜能够抵抗蜘蛛网丝的黏附，确保蜘蛛能够在蜘蛛网上行动自如。

蜘蛛网是蜘蛛分泌蜘蛛丝编织而成的，广泛分布于树枝间、草丛或者墙角等处。图4.4为搭建于树枝间的蜘蛛网。蜘蛛网编织过程复杂，通常需要借助周边的物体、空气流动等条件。一般地，蜘蛛利用风和一些运气先搭上一个水平丝桥，然后在丝桥下方搭一根丝，这样就构成了 Y 形框架。这就是构成蜘蛛网的最初的三根辐射丝。蜘蛛织出更多的辐射丝，织时确保辐射丝之间的距离小到足以跨越；蜘蛛用非黏性丝从中心处环绕的螺旋丝，然后再从外周开始向中心之处织具有黏性的永久的螺旋丝，边织边拆除非黏性丝，网就织成了。

蜘蛛丝网简单又非常可靠，任何飞虫一旦闯入蛛丝网，就休想逃脱成为蜘蛛食物的命运，这是司空见惯的一种自然现象。蜘蛛丝不仅结实，而且非常有弹性。这些特性使材料

图 4.4　挂在树枝间的蜘蛛网

非常坚韧。普通的蜘蛛网可阻挡一只疾飞的蜜蜂，以此计算，铅笔粗蜘蛛丝编织的蜘蛛网可以阻挡一架飞行中的大型客机。蜘蛛网超常强韧性能除了与高性能的蜘蛛丝有关外，还与蜘蛛网的结构有关。通过计算机模型分析蜘蛛网的力学性能，研究表明蜘蛛网结构近乎完美，能够充分发挥不同蜘蛛丝的力学性能。圆形蜘蛛网主要由五种不同类型的以腺体命名的丝织成，圆形网的框架和辐射部分由主腺体（MA）丝构成，MA 丝是已知的最坚韧的天然蛋白质纤维，其强韧性超过目前人工制备的最坚韧的化学纤维凯夫拉（Kevlar）。构成圆形网的其他丝包括高弹性鞭毛状的丝，用于构建捕捉螺旋线，一些丝用作支撑纤维或作为动物胶，连接单独的丝纤维，把丝纤维固定在底层，用于黏住猎物。蜘蛛网可以抵抗风吹雨淋、阳光暴晒，并且具有自清洁性能，可以长时间保证蜘蛛网的力学性能和黏性。图 4.5 为雨后的蜘蛛网，蜘蛛网结构完整，其上挂满了晶莹的水珠。

图 4.5　雨后的蜘蛛网

4.2　蜘　蛛　丝

4.2.1　蜘蛛丝的种类

蜘蛛丝是蜘蛛腹部末端的丝腺所分泌的一种蛋白凝固后形成的。这种蜘蛛的腺体液离开身体后就立即固化成丝。天然蜘蛛丝是蜘蛛通过丝腺分泌的一种天然蛋白质生物材料，属于生物弹性纤维的一种。

蜘蛛在整个生命过程中都产丝，产生许多种不同的丝，用于不同的用途，如图 4.6 所示。牵引丝用于编织蜘蛛网的轮廓以及用于蜘蛛从高处降落时的安全绳，具有极高的强度和韧性。牵引丝还用作蜘蛛网的网框丝。网框丝的三个顶角通过高强度黏结性能的锚定丝固定在木材、混凝土、玻璃、植物和其他材料上，构成蜘蛛网的骨干。捕捉丝环绕固着在蜘蛛网的网框丝上，具黏性起捕捉昆虫等小动物的作用，其强度不及牵引丝或网框丝，但延展性非常好，可以拉长 200%，这对于捕获猎物有帮助。在捕食过程中，蜘蛛还能快速分泌出多股蜘蛛丝将猎物包缠；在突发紧急状态下，更能在瞬间产生强有力的牵引丝用来逃生。另外，蜘蛛丝还包括用来织成卵袋、保护蜘蛛卵和幼虫的包卵丝；用于分散迁移幼虫的飞航丝等。这些不同用途的丝是由蜘蛛不同的腺体器官产生的，见表 4.1。

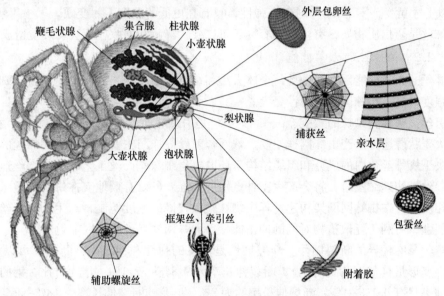

图 4.6　蜘蛛丝的类型

表 4.1　蜘蛛的腺体器官及其产丝种类

腺体器官	蜘蛛丝种类
大壶状腺（Major ampullate）	牵引丝、蛛网框架丝、蛛网辐射丝
小壶状腺（Minor ampullate）	强化丝
鞭毛状腺（Flagelliform）	蛛网螺旋丝
集合腺（Aggregate）	蛛网黏性丝
柱状腺（Cylindrical）	包卵丝
葡萄状腺（Aciniform）	捕捉丝
梨状腺（Pyriform）	锚定丝

4.2.2　蜘蛛丝的性能

从古希腊的神话到现代合成生物学的现实，很少有材料能像蜘蛛丝一样抓住人类的想象力。蜘蛛丝外表精致，具有优异的力学性能，如高强度、高弹性和高韧性。另外，蜘蛛丝是天然生物材料，具有良好的生物相容性和环境友好性。

4.2.2.1　蜘蛛丝的物化性能

蜘蛛丝的直径因蜘蛛种类和蜘蛛丝的种类而异，通常为数微米到数十微米。蜘蛛丝呈光亮的金黄色。蜘蛛丝的密度略高于水，约为 $1.1 \sim 1.3$ g/cm^3。

蜘蛛丝不溶于稀酸、稀碱，仅溶于浓硫酸、溴化钾、甲酸等。微溶于热乙醇，加热可以增加蜘蛛丝在乙醇中的溶解度。蜘蛛丝遇碱后颜色加深，遇酸则颜色减轻。

蜘蛛丝虽然是蛋白质成分，但对于大部分水解蛋白酶都具有抗性。蜘蛛丝在水中有相当大的溶胀性，纵向有明显的收缩。蜘蛛丝中含有能杀菌的成分，细菌和真菌很难在其中生长，因此蜘蛛丝既不会腐烂也不易发霉。蜘蛛丝中还含有一种吸湿性物质，即使风吹雨淋，也能保持一定的黏性。蜘蛛丝具有优良的耐候性。在 200 ℃ 以下热稳定性良好，300 ℃ 以上才黄变，零下 40 ℃ 时仍有弹性，只有在更低的温度下才变硬。

蜘蛛丝是蛋白质物质，有生物相容性，可以生物降解和回收，不会对环境造成污染。

4.2.2.2　蜘蛛丝的力学性能

蜘蛛丝的力学性能因蜘蛛种类、个体大小和蜘蛛丝用途而异。就用途而言，蜘蛛拖丝的抗拉强度最高，蜘蛛网丝的弹性更大。

牵引丝又被称为蜘蛛的"安全线"。牵引丝是由蜘蛛的大壶状腺产出的。除牵引丝外，蜘蛛的大壶状腺还可以产出蛛网框架丝、蛛网辐射丝等蛛网主要承力丝。蜘蛛丝的力学性能既取决于蜘蛛丝蛋白的成分和组织结构，还取决于蜘蛛丝产丝工艺，例如产丝速度。当大壶状腺丝被快速纺丝时，将会产生一种更硬的纤维，可以有效地支撑蜘蛛的重量，即牵引丝；相反地，在蜘蛛网网架构建过程中蜘蛛丝以较慢的速度纺制，产生的蜘蛛丝具有更高的延展性，有利于耗散猎物对网的冲击能量，即蛛网框架丝或蛛网辐射丝。

蜘蛛丝具有优异的断裂韧性。断裂韧性是优良的弹性和伸长率，断裂前可以承受 20 倍的弹性变形量（如图 4.7 所示），断裂伸长率为 $9.8\% \sim 32.1\%$。作为对比，钢的弹性变形量延伸率只有 $0.1\% \sim 1\%$，断裂伸长率约为 8%；尼龙的断裂伸长率为 $18\% \sim 26\%$。

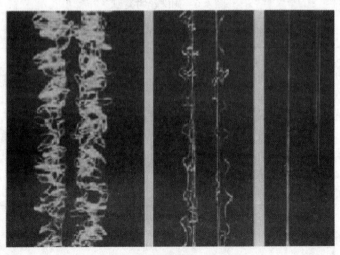

图 4.7　拉伸过程中蜘蛛丝的形貌

表 4.2 列出了几种常见材料的力学性能。天然蜘蛛丝的强度与钢相近，密度只有钢铁的 1/6，即蜘蛛丝的比强度约为钢的 6 倍。蜘蛛丝的断裂韧性是现有材料中最高的，是钢铁的 30 倍、尼龙的 2.25 倍、卡夫拉（Kevlar）的 3.6 倍、碳纤维的 7.2 倍。因此，天然蜘蛛丝是已知最强韧的轻质纤维材料。正是由于这种优异的强韧性，使得蜘蛛网可以承受很大的冲击力而不被损坏。

表 4.2　天然蜘蛛丝与其他常见材料的力学性能

材料	密度/g·cm^{-3}	强度/GPa	刚度/GPa	伸长率/%	韧性/MJ·m^{-3}
蜘蛛丝（牵引丝）	1.3	1.1	10	27	180
蚕丝	1.3	0.6	7	18	70
弹性蛋白	1.3	0.002	0.001	15	2
尼龙 66	1.1	0.95	5	18	80
凯夫拉 49	1.4	3.6	130	2.7	50
钢	7.8	1.5	200	0.8	6
羊毛	1.3	0.2	0.5	5	60
碳纤维	1.8	4	300	1.3	25

蜘蛛丝的弹性不仅大，而且是非线性的。图 4.8 示出了蜘蛛网螺旋丝的载荷-位移曲线。可以看出，在一定的变形区间内，拉力基本保持不变。通过这样的变形行为能够吸收更多的冲击能量。当苍蝇、飞蛾和其他飞虫撞击蜘蛛网时，蜘蛛网通过大的变形降低冲击力。当蜘蛛丝收缩时，部分机械能会转化为热能，从而阻止蜘蛛网反弹。加上蜘蛛网的黏性，飞虫一旦撞入蜘蛛网就很难逃脱。

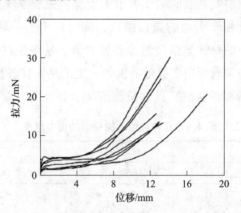

图 4.8　蜘蛛网螺旋丝的载荷-位移曲线

天然蜘蛛丝还显示出特别的扭转形状记忆效应，当它被扭转到其他准平衡位置时，由于高阻尼效应，它几乎不振荡，并且不需要任何额外的刺激就能以指数方式完全恢复到其初始的状态，从而有效防止悬挂在空中的蜘蛛转动摇摆。

4.2.3　蜘蛛丝蛋白

蜘蛛丝是天然蛋白质。蛋白质链构成蜘蛛原纤维，蜘蛛原纤维通过特殊的堆积形成蜘蛛丝。

4.2.3.1　蜘蛛丝的蛋白组成

蚕丝和蜘蛛丝的主要成分都是蛋白质，其基本组成单元为氨基酸。蜘蛛丝蛋白中氨基酸种类和数量因蜘蛛种类和蜘蛛丝种类而异。表4.3给出了一种蜘蛛丝和一种蚕丝的蛋白组成。可以看出，蜘蛛丝的氨基酸组成与蚕丝的氨基酸组成相近，两者都是以甘氨酸、谷氨酸和丝氨酸为主，分别占到总量的85.1%和62.7%。这三种氨基酸都带有小侧链结构。与蚕丝蛋白相比，蜘蛛丝蛋白中大侧链结构氨基酸（脯氨酸和谷氨酸）的含量较高。

表4.3　一种蜘蛛丝和一种蚕丝的蛋白组成

氨基酸	蚕丝/%	蜘蛛丝/%	氨基酸	蚕丝/%	蜘蛛丝/%
甘氨酸	42.9	37.1	缬氨酸	2.5	1.8
丙氨酸	30.0	21.1	亮氨酸	0.6	3.8
丝氨酸	12.2	4.5	异亮氨酸	0.6	0.9
酪氨酸	4.8	—	苯丙氨酸	0.7	0.7
天门冬氨酸	1.9	2.5	脯氨酸	0.5	4.3
精氨酸	0.5	7.6	苏氨酸	0.9	1.7
组氨酸	0.2	0.5	蛋氨酸	0.1	0.4
谷氨酸	1.4	9.2	半光氨酸	痕量	0.3
赖氨酸	0.4	0.5	色氨酸	—	2.9

不同种类蜘蛛丝蛋白中氨基酸的组成有很大差异，见表4.4。表4.4列出了一种蜘蛛的卵袋内层丝、卵袋框丝和牵引丝的蛋白组成，同时列出了一种蚕丝的蛋白组成作为对比。可以看出，不同种类的蜘蛛丝蛋白组成差异显著，甚至超过蜘蛛丝与蚕丝间的差异。蜘蛛牵引丝的蛋白组成与蚕丝蛋白更接近。值得一提的是，在各种蜘蛛丝蛋白组成中，大侧链结构氨基酸（脯氨酸和谷氨酸）的含量普遍高于蚕丝蛋白。

表4.4　几种类型的蜘蛛丝的蛋白组成

丝纤维氨基酸	棒络新妇			家蚕
	卵袋内层丝（$n=4$）	卵袋框丝（$n=4$）	拖牵丝（$n=3$）	脱胶蚕丝
甘氨酸	7.2±0.1	22.9±0.4	31.7±0.2	34.8
丙氨酸	23.0±0.9	22.7±0.4	24.7±0.6	27.0
谷氨酸	13.3±0.2	16.6±0.3	16.9±0.5	1.8
丝氨酸	19.1±0.5	8.3±0.1	3.8±0.6	11.87
脯氨酸	1.2±0.0	4.5±0.5	5.5±0.3	0.74
天门冬氨酸	3.6±0.0	2.7±0.0	1.5±0.0	2.4
苯丙氨酸	5.5±0.1	2.0±0.0	0.9±0.1	1.4
亮氨酸	7.3±0.0	5.3±0.0	4.0±0.3	0.69
酪氨酸	1.6±0.0	3.2±0.3	3.7±0.3	9.2
苏氨酸	6.1±0.1	2.1±0.0	0.8±0.0	1.2

丝纤维氨基酸	棒络新妇			家蚕
	卵袋内层丝（$n=4$）	卵袋框丝（$n=4$）	拖牵丝（$n=3$）	脱胶蚕丝
精氨酸	4.3±0.1	3.1±0.0	2.6±0.0	0.93
缬氨酸	3.6±0.1	2.3±0.3	1.4±0.1	2.8
组氨酸	0.9±0.0	1.6±0.0	2.1±0.0	0.4
赖氨酸	0.5±0.0	1.1±0.0	0.5±0.0	0.25
异亮氨酸	2.9±0.0	1.5±0.1	—	0.9

4.2.3.2 蜘蛛丝蛋白的基因序列

蛋白的性质除了与其氨基酸组成有关外，还主要取决于蛋白质中氨基酸的排列顺序，即基因。蛋白质的基因即蛋白质中各种氨基酸的排列顺序。通过基因原理，使得仅用有限的氨基酸数量可以合成出无数的蛋白质，并由此产生无数的生物种类及其演化。

1990年，第一个丝蛋白基因被克隆和测序，该基因来自的主壶腺，定名为MaSp1。随后对其他类型的蜘蛛丝蛋白也都完成了基因测序，见表4.5。

表4.5 蜘蛛网丝线中发现的产丝腺体、纤维类型和丝蛋白基因代码

腺体	蜘蛛丝种类	蛋白基因代码
大壶状腺	网框丝、牵引丝、逃逸丝	MaSp1，MaSp2
小壶状腺	网加强丝、牵引丝、逃逸丝	MiSp1-like
鞭毛状腺	螺旋捕获丝	Flag
泡状腺	包缠丝、细径卵袋丝	AcSp1-like
管状腺	粗径卵袋丝	TuSp1，EDP-1，ECP-2
集合腺	蛛网粘丝	未知
梨状腺	蛛网锚定丝、连接丝	PySp1

大壶状丝的基因MaSp1含许多相似但不相同的重复序列，每个重复序列含多聚丙氨酸及（GGX）n序列，见表4.6。每个丝蛋白由约100个这样的重复序列组成。在一个重复单元中，大腹腺丝蛋白MaSp1和MaSp2C端由PolyA组成，而小腹腺丝蛋白MiSp1和MiSp2C端由Poly（GA）组成。小腹腺丝蛋白中具有碱性氨基酸。MaSp1和MaSp2的差别是MaSp2含较多的脯氨酸P。长度分别是12.5 kb及10.5 kb。核基因的编码区不含长的内含子，在主要的重复区没有检测到任何内含子。小腹腺丝蛋白至少由两种高度重复的蛋白质组成。MiSp1及MiSp2的长度分别是9.5 kb和7.5 kb。小腹腺丝蛋白与主腹腺丝蛋白有一定相似性，但也有显著差异。小腹腺丝蛋白（MiSp1）有GGX和PolyA序列，但主腹腺丝蛋白中的长序列PolyA被（GA）n重复所代替。保守的重复序列间有很高的相似性，但GGX和GA重复的数量变化很大。小腹腺第二个丝蛋白基因（MiSp2）与MiSp1非常相似。两种蛋白质都含有由130个氨基酸组成的重复序列单元，这种序列被称为间隔序列（spacer），因为它们将其他重复序列隔开。

表 4.6   四种丝蛋白的保守重复序列

基因代码	基 因 序 列
MaSp1	GGAGQGGYGGLGGQGAGQGGLGGAGAAAAAA
MaSp2	(GPGGYGYGPGQQ)$_2$GPSGPGSAAAAAAAAAA
MiSp1	AGGAGGYGRGAGAGAGAAAGAGA----GYGGQGGYGAGAGAAAAAGAG
MiSp2	AGGYRGAGAGSGAAAGAGAGSAGGYGGQGAGA--GAG

蜘蛛丝蛋白基因（Flag）包含多级套组件。重复编码区由三个不同氨基酸序列基序密码子组成。3 个基序反复加倍组装成长约 440 个氨基酸的重复序列基序。每个长重复序列基序由一个外显子编码，这些重复的外显子由重复的内含子间隔开。基因序列约 30 kb，外显子和内含子用数字标识，非重复序列区用黑色表示，如图 4.9 所示。

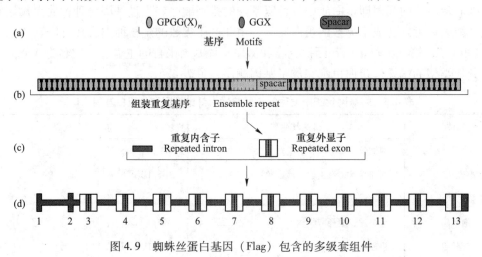

图 4.9   蜘蛛丝蛋白基因（Flag）包含的多级套组件

蜘蛛丝蛋白中的氨基酸具有交替相畴重复序列。通过肽键的共价连接形成超分子结构。实质上，从上皮细胞分泌进入丝腺腔后，丝蛋白质主要是非结构化的，大部分分子的构象是无规线团或聚脯氨酸状的。这样的构象是在腺体中获得高溶解度所必需的（蜘蛛丝蛋白质储存质量浓度通常达 50%）。由于蜘蛛丝蛋白大分子中含有较多的大侧链结构的脯氨酸和谷氨酸（如图 4.10 所示），使得蛋白分子发生折叠，形成具有一定空间点阵结构的折叠晶体。蜘蛛丝的分子构象主要为折叠构象。分子链沿着纤维轴线的方向呈反平行排列。相互间以氢键结合，形成栅片状的片层结构，并相互重叠在一起，构成结晶区。蜘蛛丝的折叠结晶区和非晶结晶区交替出现，结晶区占 10%~30%。由于结晶区的分子链间以氢键结合，因而分子间作用力很大，使得丝纤维在外力作用时有较多的分子链能承受外力作用，故蜘蛛丝具有高强度。从材料的微观结构分析，天然蜘蛛丝具有软段区域和硬段区域，即无定形区和结晶区形成的微相分离结构，X 射线衍射分析表明，其结晶相区的典型尺寸为 6 nm（透射扫描电镜分析则为 70~500 nm），即结晶相以纳米晶的形式分散在无定形相中，拉伸时沿轴向取向，从而赋予天然蜘蛛丝高强度。

蜘蛛丝蛋白折叠晶体的数量与蜘蛛丝蛋白所含的大侧链结构氨基酸有关。这种分子结构折叠是由氨基酸侧链上的基团之间形成的氢键作用的结果，因此折叠过程易于进行，并

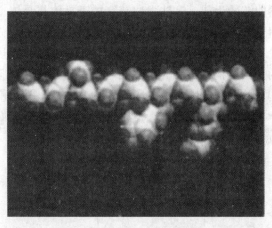

图 4.10　蜘蛛丝蛋白侧链氨基酸分子结构的示意图

且是可逆的。蜘蛛丝蛋白折叠结构分为大小不同的类型。较小折叠区的尺寸为 2~3 nm，是由致密堆积的可伸展的聚丙氨酸组成的；较大折叠区的尺寸为 70~500 nm，是基于大侧链氨基酸同侧链的结合。

　　蜘蛛丝蛋白的 β 折叠结构也被固态核磁共振所证实。由于丙氨酸的共振与 β 折叠的共振一致，因此，β 折叠发生在蛋白质中丙氨酸丰富的区域。用 ^{13}C 的固态核磁共振发现多肽链中氨基酸的 α、β 和羧基端的碳原子的化学转换对二级结构敏感，能用来预测天然状态下的蜘蛛丝的蛋白的结构。MaSp1 和 MaSp2 的计算机模拟研究结果表明，MaSp2 中的脯氨酸丰富的 GPGGX 重复区域形成 β 螺旋结构，因此拉索丝的弹性来自 MaSp2。小腹腺丝 MiSp1 和 MiSp2 也有 β 折叠，然而其 β 折叠由 Poly(GA) 重复组成。这种 β 折叠因缺乏侧面的分子间相互作用，所形成的液晶结构天生就要弱些。由于缺乏丙氨酸的甲基，由 Poly(GA) 所形成的液晶结构中会形成一些空洞。这可能是小腹腺丝的强度仅为大腹腺丝强度的 1/4 的原因。存在着两种有序结构，一种是高度取向的富含丙氨酸的 β 片层晶体（正方形状），另一种则是弱取向的未集结的折叠结晶片层。这两种有序结构分布在富含甘氨酸的无定形基质中，如图 4.11 所示。谷氨酸及其他体积较大的氨基酸限制了 β 片

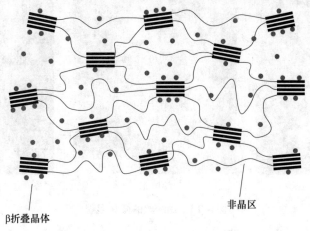

β折叠晶体　　　　　　　　　　　　　　　　　　非晶区

图 4.11　蜘蛛丝蛋白由 PolyA 和 Poly(GA) 所形成的 β 折叠的模型示意图

层的生长，促进无规卷曲链的生成，这些卷曲链穿梭于晶体与晶体、晶体与无定形基质之间，成为彼此的联接纽带。

再生丝蛋白构象没有发生大的变化，都由 α 螺旋、β 折叠和无规卷曲共同构成，温度对再生蜘蛛丝蛋白膜的分子结构影响不大。不同温度得到的蜘蛛主腺体蛋白膜的拉曼光谱显示，温度对其分子构象的变化影响很大，随温度的升高，α 螺旋和无规卷曲有向 β 折叠构象转变的趋势。由于再生丝蛋白构象与天然蜘蛛丝相近，使得人们能够以含有蜘蛛丝蛋白的溶液为原料，通过纺丝技术制备人工蜘蛛丝，如图 4.12 所示。

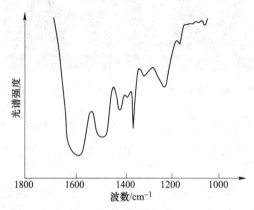

图 4.12　蜘蛛牵引丝的六氟异丙醇溶液的红外光谱

4.2.3.3　蜘蛛丝的微观结构模型

A　蜘蛛丝微观形貌

蜘蛛丝横截面形态接近圆形，与蚕丝的三角形不同，横切断裂面的内外层为结构一致的材料，无丝胶。蜘蛛丝是由一些被称为原纤的纤维束组成；原纤又是几个厚度为 120 nm 的微原纤的集合体；微原纤则是由蜘蛛丝蛋白构成的高分子化合物。蜘蛛丝横截面形态接近圆形，与蚕丝的三角形不同，如图 4.13 所示。

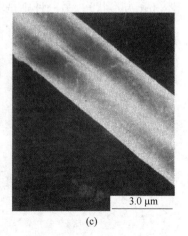

(a)　　　　　　　　　　(b)　　　　　　　　　　(c)

图 4.13　蜘蛛丝的微观形貌

采用原子力显微镜以及衍射技术，在纳米尺度范围观察到蜘蛛丝的二级结构，包括 β

折叠纳米晶体、无定形 α 螺旋结构、β 转角多肽链。蜘蛛丝的三级结构是由 β 折叠纳米晶体、α 螺旋结构、β 转角多肽链在三维空间上的组合。在 100 nm 的观察尺度内,采用扫描电镜可以看到蜘蛛丝的四级结构-原纤结构。原纤的尺寸为 50~80 nm;在更加宏观的尺度范围观察,一根直径为 1~2 μm 的蜘蛛丝则由表皮、包裹层和数百条原纤维组成,如图 4.14 所示。蜘蛛丝的这种多级微观结构的相互组合,使蜘蛛丝呈现出宏观力学性质的均匀性和极低的缺陷率,确保了力学性能的最优化。

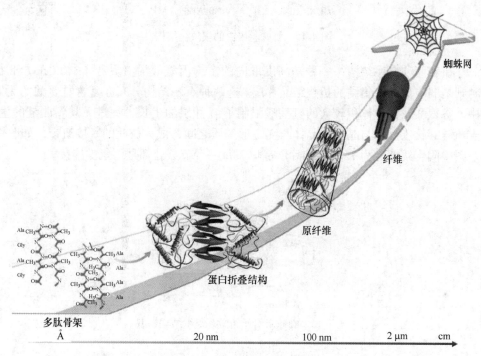

图 4.14　蜘蛛丝的分级结构

(1 Å = 0.1 nm)

通常,蜘蛛丝蛋白又称为蜘蛛素蛋白,其蛋白的相对分子质量范围为 250~350 千道尔顿(kDa),由三个不同的结构域组成:富含甘氨酸和丙氨酸的重复核心结构域,两端分别是由约 100 个氨基酸残基组成非重复性 N 末端和 C 末端结构域,如图 4.15 所示。非重复的 N-和 C-末端域分别以蓝色和红色突出显示。重复单元以黄色和绿色显示,分别代表 polyA 或 polyAG 以及 GGX 或 GPGXX 图案。

B　蜘蛛丝的微观结构模型

蜘蛛丝微观结构模型可以这样描述:由柔韧的蛋白质分子链组成的非晶区,通过定硬度的棒状微粒晶体所增强,这些晶体由具疏水性的聚丙氨酸排列成氢键连接的折叠片层;折叠片层中分子相互平行排列,甘氨酸富集的聚肽链组成了蜘蛛丝蛋白无定形区;无定形区内的聚肽链间通过氢键交联组成了似橡胶分子的网状结构。

与蚕丝的结构相似,蜘蛛丝也是由结晶区和非结晶区交替排列构成的。结晶区主要为聚丙氨酸链段,构象为 β 折叠结构,分子链沿着纤维轴线的方向呈反平行排列,形成曲折的 β 片层结构进而相互重叠在一起构成结晶区。片层间为非结晶区,主要由大侧基氨基酸

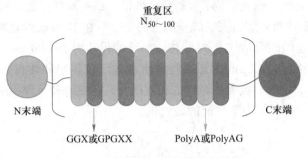

扫码看彩图

图 4.15　蜘蛛丝蛋白的模块化结构

组成。存在着两种有序结构，一种是高度取向的富含丙氨酸的 β 片层晶体（正方形状），另一种则是弱取向的未集结的折叠结晶片层。这两种有序结构分布在富含甘氨酸的无定形基质中。谷氨酸及其他体积较大的氨基酸限制了 β 片层的生长，促进无规卷曲链的生成，这些卷曲链穿梭于晶体与晶体、晶体与无定形基质之间，成为彼此的联接纽带，如图 4.16 所示。图中阴影线部分为 15% 的 β 片层晶体，每一个节点处都是由氢键连接。

图 4.16　蜘蛛牵引丝的微观组织结构模型

4.3　蜘蛛丝的构效关系

4.3.1　高强度

　　蜘蛛丝的微观结构与人造高分子材料，如聚乙烯、尼龙等高度取向纤维的微观结构明显不同。前者的结晶区域是以小颗粒状散布于无定形区域中，后两者的结晶区则近似连续，与无定形区相互平行。反映在宏观力学性能上，前者具有较大的断裂伸长率，相对较低的模量，但横向压缩性能比后者好。

　　蜘蛛能通过多样化的纤维组成来调节拖丝的直径。在丝纤维蛋白分子结构不变的情况下，多根细丝构成的拖丝比单根丝纤维具有较好的力学性能。蜘蛛丝是将高强度与高延展性完美结合的奇迹。蜘蛛丝在宏观尺度上的非凡性能最终源于分子尺度上强度和延展性的平衡。

　　在载荷较高时，无定形结构域展开，为氢键断裂，β 晶体含量减少。无定形域内的 β 晶体提供了隐藏长度，导致在蜘蛛丝中观察到的巨大的可扩展性和韧性。随着 β 折叠晶体形成的增加，氢键密度增加，导致蜘蛛丝具有较高的初始强度。随着结构的进一步扩展，

β折叠晶体在无定形域中形成，承受所施加的应力。随着共价键的延伸和非晶区中的氢键断裂，会发生变硬。当氢键在结晶区域断裂时就会出现断开，从而触发β晶体折叠链的滑动。因此，蜘蛛丝从其无定形组分处获得高延展性而从其β晶体区组分处获得高强度。

蜘蛛丝的强度和韧性主要取决于其β晶体组分的尺寸，在蜘蛛丝的加载和卸载过程中，伴随β晶体中的氢键断裂和重新形成，如图4.17所示。β晶体氢键断裂的方式与β晶体的尺寸有关。当晶体尺寸较小时（小于2~4 nm），氢键断裂为剪切变形和均匀断裂机制（图4.17（a））；当β晶体尺寸较大时，氢键断裂为弯曲开裂机制（图4.17（b））。前者的氢键断裂需要更高的能量。因此，含有较小尺寸β晶体的蜘蛛丝具有更高的强度。

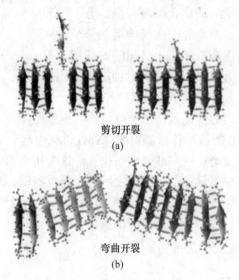

剪切开裂
(a)

弯曲开裂
(b)

图4.17 蜘蛛丝中β晶体的变形与断裂机制示意图

结晶区主要是小侧基氨基酸，且分子间以氢键结合，因而分子间作用力很大，沿纤维轴线方向排列的晶区结构使纤维在外力作用时有较多的分子链承担外力的作用，故蜘蛛丝具有高强度。天然蜘蛛丝蛋白实际上是一种由不同氨基酸单元（主要为丙氨酸和甘氨酸单元）组成的链段共聚物，其二次结构主要包括β折叠构象和螺旋构象。丙氨酸富集的链段易于形成β折叠构象，β折叠链通过氢键作用堆砌形成β折叠片纳米晶分散在材料中，从而提高天然蜘蛛丝的强度；而甘氨酸富集的链段易于形成螺旋构象，赋予天然蜘蛛丝优良的弹性，或者螺旋结构，如聚（γ-苯甲基L谷氨酸）链段。

4.3.2 超弹性

蜘蛛吐出的丝可在原有长度上延伸20倍。在所有的蜘蛛丝中用于捕捉猎物的横丝即螺旋丝，弹性最好，伸长率为牵引丝的几倍，可达200%。蜘蛛丝良好的弹性被认为是非结晶区的贡献。一方面，非结晶区分子链呈弯曲状，当受到拉伸时可能形成回转，从而赋予蜘蛛丝良好的弹性，如图4.18所示。另一方面，沿纤维轴线方向排列的晶态β折叠链栅片沿X轴方向的尺寸为6 nm，Z轴方向为2 nm，沿横向分布有60条分子链，可以看作是多功能的铰链，在非结晶区域内形成一个模量较高的薄壳，使丝线具有较高的模量和良好的弹性。

GPGXX 重复序列对于弹性是必需的。GPGXX 重复序列形成 β 螺旋结构，理论上，这种螺旋越长，丝的弹性越强。这与实际测序及性能分析的结果一致：大腹腺丝的 GPGXX 重复 3～6 次，弹性为 25%～35%；鞭状腺丝的 GPGXX 重复 43～65 次，弹性为 200%。

当蜘蛛吐丝时，几乎所有的分子链段均要重新组合以形成液晶，分子链由腺体中的自由状态转化为非卷曲状态，并在剪切力和牵引力的作用下沿纤维轴线形成不同程度的取向排列。由于蜘蛛丝的玻璃化温度很低，分子链和链段在室温下以氢键结合，当水分子或其他溶剂分子进入纤维中时，分子间的氢键逐渐被破坏，分子间的作用力下降，分子链段内旋转的阻力减小，分子通过内旋转试图回复到卷曲状态，其宏观表现即是丝线长度缩短，呈现出极

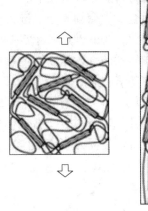

图 4.18　蜘蛛丝拉伸变形前后的微观结构

大的收缩率。基于熵增原理的弹性是，当丝被拉长时，蛋白质分子的排列更加有序化，当外力消失时，丝便收缩。β 折叠晶体点脯氨酸在弹性机制中起着非常重要的作用。当 β 螺旋被拉伸时，产生较大的扭矩，使多肽链试图拉直。这个扭矩大大降低了蜘蛛丝振动和旋转幅度，从而降低了熵。在能量被初步消耗之后，丝缓慢收缩，这就是滞后效应。这种现象可能是因为在拉伸时，氢键遭到破坏，当张力消失时，氢键重新形成，导致丝缓慢收缩。这种缓慢收缩的机制可以防止所捕获的昆虫又被弹出丝网。

4.3.3　高韧性

对于大多数结构材料来说，达到强度和韧性是至关重要的要求；不幸的是，这些性能通常是相互排斥的。尽管需要材料更坚固和更硬，但如果没有足够的抗断裂能力，这些材料的应用则会十分有限。适当的韧性对于确保材料的安全应用必不可少，因为只有这样才能避免材料在应用过程中突然断裂或早期失效。因此，应用广泛的材料通常不是那些强度和硬度最高的，而是强度不高但是韧性较好的材料。一般而言，人造材料的强韧（耐损伤）兼顾，往往是在强度和延展性之间进行妥协。

韧性是材料吸收能量并塑性变形而不断裂的能力。韧性（对于高应变率，断裂韧性）的一个定义是，当存在裂纹（或其他应力集中缺陷）时，韧性是一种表明材料抗断裂能力的特性。块体材料的韧性通常通过夏比试验（Charpy test）或伊佐德试验（Izod test）测量。冲击试验测量突然加载条件下的韧性，以及缺口或裂纹等缺陷的存在，这些缺陷会将应力集中在薄弱点。韧性是指使一立方英寸金属变形直至断裂所需的功。蜘蛛丝纤维材料，不能用上述两种方法测试。蜘蛛丝的韧性测量方法采用拉伸方法。图 4.19 为两种典型材料的拉伸曲线。在相同的拉伸变形速率情况下，脆性材料丝试样（如玻璃丝）的拉伸力迅速增大。其拉伸力在变形量很小时就达到该材料的最大承载能力，导致突然断裂。韧性材料丝试样（如蜘蛛丝）的拉力增加较缓慢，并且当拉伸力达到一定值后，应力增长速度变缓甚至下降为零，在其拉伸曲线上表现为一个应力平台。随着拉伸变形量增加，韧性试样变得细长，承载能量有所下降，最终发生断裂。脆性材料的断裂力通常位于拉伸曲线的最高点；而韧性材料的断裂力通常低于拉伸曲线的最大值。拉伸曲线下方面积（阴影部

分）是拉力与伸长量的乘积，表示了外力拉断试样所做的总功，或者试样拉伸断裂前所消耗的总能量，因此，丝试样的韧性通常用拉伸曲线下面积进行表征。可见，拉伸曲线应力平台越长则材料的韧性越好。

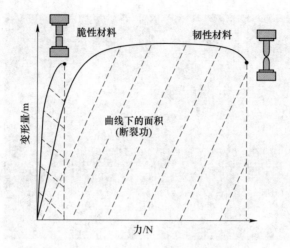

图 4.19　韧性和脆性材料拉伸性能对比

蜘蛛丝的微观组织为 β 折叠晶体蛋白分布于无定形结构蛋白之中的复合组织，其中 β 折叠晶体蛋白通过氢键连接。当蜘蛛丝受到外力拉伸时，无定形结构首先通过形状改变而提供一定的伸长量；随着变形量增加，无定形结构的变形变得困难，β 折叠晶体开始承受应力。在应力作用下 β 折叠晶体通过氢键断裂而打开折叠，提供其隐藏长度，因此赋予蜘蛛丝超大的拉伸变形能力。

各种蜘蛛丝蛋白的氨基酸序列被报道，这表明两种蛋白，主要的壶腹蜘蛛蛋白 1 和 2（MaSp1 和 MaSp2），与蜘蛛丝纤维的主要成分具有相似的基序。这两种蛋白质的长度约为 3500 个氨基酸残基，具有重复序列，导致总蛋白质质量为 250～320 kDa。这些蜘蛛丝蛋白由长的重复序列组成，两侧是约 100 个氨基酸残基的非重复端。蜘蛛丝蛋白的主要重复序列富含甘氨酸和丙氨酸，有助于使蜘蛛丝同时获得高的拉伸强度和高弹性（即高韧性）。

4.4　蜘蛛丝的合成

4.4.1　生物产丝

4.4.1.1　蜘蛛产丝

蜘蛛的腺体的不同部位分别分泌皮层和芯层物质都是在常温常压下进行纺丝，属于液晶纺丝，由纺丝器官控制纤维的分子结构、粗细及性能，具有复合纺丝的特征。

蜘蛛能根据所处环境的不同，自动调丝纤维的力学性能，以最小的消耗满足其生的需要。了解蜘蛛是怎样在常温、低压下将液态丝蛋白"制备"成具有高性能的非水溶性丝纤维的，对仿生蜘蛛丝纤维纺丝工艺的研究具有指导作用。

分泌蜘蛛牵引丝的大囊状腺包含一个长长的尾部和一个较大的液囊。尾部是分泌纺丝液的主要部分，该溶液包含了溶解于水中的丝蛋白分子；液囊是贮藏这种液体的仓库，并引导纺丝液通过一漏斗进入圆锥形的导管，纤维成型的大部分工作都在这一导管内形成，如图4.20所示。

图 4.20　蜘蛛腹部的产丝腺体的显微解剖组织
1—顶部和底部大壶形；2—鞭状；3—小壶状；4—聚合；5—腺泡状；6—管状；7—梨状器

　　每一种蜘蛛具备一种丝专用的纺丝机构，如图4.21所示。以大壶腺（MA）蜘蛛丝为例，大壶腺体分泌蜘蛛丝原液，并存在于腺体中。蜘蛛丝原液的蛋白质量浓度达50%。需要纺丝时，纺丝原液注入纺丝导管，在纺丝导管中，水与蛋白质分离（在盐析过程中）。分泌蜘蛛牵引丝的大囊状腺包含一个长长的尾部和一个较大的液囊。尾部是分泌纺丝液的主要部分，该溶液包含了溶解于水中的丝蛋白分子；液囊是贮藏这种液体的仓库，并引导纺丝液通过一漏斗进入圆锥形的导管，纤维成型的大部分工作都在这一导管内形成。当 A 区黄色黏稠的分泌物流向漏斗处时被 B 区分泌的无色黏稠且均匀的液体包覆。在圆锥形导管外层是薄薄的表皮，主要是用作透析膜以排出水和钠离子，并使钾离子、表面活性剂和润滑剂进入导管内，从而促进丝纤维的形成。从漏斗到阀门的过程中导管的上皮细胞逐渐增加，说明当纺丝液在导管中流过时，越来越多的水和离子被泵出导管。

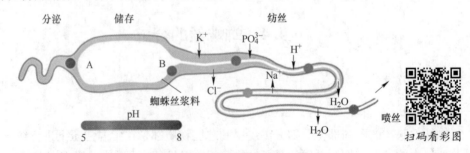

图 4.21　蜘蛛产丝流程示意图

　　在圆锥形导管入口附近，单个瓶颈形腺体细胞对丝起包裹作用。阀门并不是起限制作用的喷丝嘴，而是作为一个夹紧丝的夹具。阀后部的管状部分是专门用来排水的，其长条状细胞内含有大量线粒体和突起状绒毛，使表面积较大而有利于多余水分的快速回收。丝纤维通过柔软而有弹性的唇状喷丝口紧压后排到外部，此结构有助于保存蜘蛛体内的水分，并在一定张力下完成丝在空气中的拉伸。蜘蛛大壶状腺的纺丝过程属于液晶纺丝，腺体内的液状丝蛋白具有向列型液晶结构。在纺丝前，纺丝液在丝腺内呈液晶态（这一点与蚕相同），主要以 α 螺旋结构为主；当流经圆锥形管内部时，纺丝液受到了一个较高的应力，此应力的存在使纺丝液分子形成平行的向列型液晶相，加上氢键的作用及 pH 值、金属离子浓度的调整，最终，当纺丝液通过喷丝口时，受到进一步剪切力作用，使 α 螺旋构象转变为反平行 β 折叠构象，β 片层相互折叠在一起构成结晶区，疏水性增强，从而导致相分离使水分从固化丝表面析出。当丝纤维从喷丝口喷出后，发生最后一次拉伸，水分进一步蒸发，最终形成不溶于水的丝纤维。蜘蛛纺丝可以认为是一种液晶相分离纺丝过程。

圆网蜘蛛有多达七个高度分化的腺体，每个腺体产生具有不同机械性能和功能的丝。用作安全绳和蜘蛛网框架线的拖丝是所研究的最结实的蜘蛛丝之一，其韧性是芳纶纤维的三倍，重量比强是钢的五倍。牵引丝纤维的蛋白核心是由两种可溶性蛋白的混合物分泌而成的，这两种蛋白来自织网蜘蛛主要壶腹腺的特殊柱状上皮细胞。蜘蛛丝在蜘蛛体内以液体蛋白原液形式存在。当蛋白原液从纺丝器中喷出体外的瞬间转变成固体纤维成为蜘蛛丝。蜘蛛丝蛋白通过折叠而自动形成由晶区和非晶区组成的高度有序的微观组织。液体状的蜘蛛丝蛋白原液转变成固体蛋白纤维的机制是酸碱度调控下的脱水过程。蜘蛛把蜘蛛丝蛋白从原液分离出来，使得蛋白原液高度浓缩，随后大量涌入的酸性物质促使蛋白质交联。脱水和酸处理过程的控制需要十分精确。脱水固化太早就会阻塞纺丝管和纺丝器喷嘴；脱水固化太迟则不能形成均匀连续的蜘蛛丝。

蜘蛛是肉食性动物，生性好斗。当放在一起时，蜘蛛经常互相攻击。饲养的成活率极低，因此很难像家蚕那样大量饲养蜘蛛。虎纹捕鸟蛛是目前唯一可以进行大规模人工养殖的蜘蛛。在中国广西等地已有一些大规模养殖场，使该种蜘蛛丝的产业化生产成为可能。蜘蛛的丝腺器官很多，不同的腺体产生的丝的性质不同，很难采集到性能完全一致的蜘蛛丝；并且由于蜘蛛个体之间的差异，生存环境、生存方式、自控能力、成丝条件等都会影响蜘蛛丝的质量，因此天然蜘蛛丝没有统一的性能标准。此外，天然蜘蛛丝的加工难度极大，形成的蜘蛛丝很难加工成其他特定的形状。因此，天然蜘蛛丝的应用范围受到很大限制，需要寻求新的方法和途径来获得大量与天然蜘蛛丝结构和功能相似的新材料。基于仿生学原理和对天然蜘蛛结构和功能的认识，设计出具有天然蜘蛛丝优势的新型仿生材料具有重要的科学意义和应用价值。

尽管蜘蛛丝具有众多诱人的特性，但大规模的工业生产受到严重限制。许多蜘蛛物种具有高度的地域性和攻击性，因此它们不适合以与家蚕相当的方式进行养殖。此外，许多蜘蛛种类生产的拖丝数量太少，经济上不可行，例如，西蒙（Simon Peers）和尼古拉斯自 2004 年起一起在马达加斯加收集蜘蛛丝，花了八年时间，采集了大约 120 万只金色球状蜘蛛的蛛丝，并把它们织成布，做成了一件举世无双的蜘蛛丝斗篷（见图4.22），并于 2009 年在纽约的美国自然历史博物馆首次展出时便引起轰动，创造了展览参观人数的新纪录。

4.4.1.2　蚕产蜘蛛丝

由于蚕不仅能够生产大量的蚕丝蛋白，而且能够很好地纺制丝纤维，因此很自然会想到用蜘蛛丝基因取代蚕丝基因，以有效生产蜘蛛丝。目前将外源基因导入家蚕基因主要有

图 4.22　耗时八年完成的金色球状蜘蛛丝服装

两种方法：

第一种是通过杆状病毒作为载体来实现。基于杆状病毒的基因表达系统已被很好地用于在家蚕和其他昆虫中生产重组蛋白。使用该表达系统的蚕幼虫可以产生约 6 mg 的 70 kDa 融合蜘蛛丝蛋白。然而，由于重组蜘蛛丝蛋白的高不溶性以及蚕无法将蜘蛛丝蛋白组装成纤维，因此，重组蜘蛛丝蛋白质的产率较低。

第二种是转基因技术中"电穿孔"的方法，即将蜘蛛丝的部分基因直接注入蚕卵中。使用 piggyBac 载体创建转基因蚕，以编码嵌合蚕和蜘蛛丝蛋白。通过在载体中使用 Fhc 启动子，进一步在空间和时间上调节了嵌合蚕和蜘蛛丝蛋白的表达，从而稳定地产生了嵌合丝蛋白。利用这种方法将构建好的大腹园蛛牵引丝和家蚕丝素重链融合基因转入家蚕基因组中，使得蚕丝的韧性提高了 53%，一些纤维的拉伸强度甚至大于天然丝。虽然没有报道确切的产量，但已经证明转基因蚕作为工业生产蜘蛛丝的技术可行性，是迄今为止报道的最经济的人造蜘蛛丝生产技术。

4.4.1.3　毛虫产蜘蛛丝

昆虫细胞系也被用于重组蜘蛛蛋白的生产。昆虫细胞与天然蜘蛛细胞的胞浆环境非常接近，理论上提供了适合重组蜘蛛丝生产的环境。一项报道中将秋黏虫（草地贪夜蛾）的细胞用作杆状病毒介导的重组蜘蛛丝蛋白生产，得到蛋白质量为 60 kDa 的重组蜘蛛蛋白，质量分数为 50 mg/L。

4.4.2　蜘蛛丝蛋白原液

使用蜘蛛丝仿生工艺制备蜘蛛丝仿生材料，必须首先解决原料溶液问题。1998 年，美国杜邦公司曾用六氟异丙醇溶解天然蜘蛛丝蛋白进行人工纺丝研究，但由于纺丝方法与蜘蛛吐丝过程并不一样，且所用溶剂有很强的极性作用，因此结果并不理想。2002 年，美国陆军生物化学部首次用水作溶剂对蜘蛛丝蛋白进行了纺丝探索，但由于得到的丝极少，强度也较低。在蜘蛛中识别出含这些蛋白质的基因之后，人们将这些基因分离出来，并植入酵母和细菌细胞中，用来生成丝蛋白。这些简单的生物体生成丝的那种高度重复的结构并不是很容易的，但是，它们形成了非天然的短蛋白质。此法是将蜘蛛丝基因转移到能在大培养容器里生长的细菌上，通过细菌发酵的方法来获得蜘蛛丝蛋白质，再把这种蛋白质从微孔中挤出，就可得到极细的丝线。

图 4.23 给出了重组蜘蛛丝蛋白生产简史。1996 年，在毕赤酵母中生产合成蜘蛛丝蛋白。1997 年，在大肠杆菌中生产合成蜘蛛丝蛋白及其生产；2001 年，在烟草和马铃薯中生产蜘蛛丝蛋白；2002 年，由哺乳动物细胞中产生的可溶性重组丝纺制的蜘蛛丝纤维；2007 年，在 BmN 细胞和家蚕幼虫中表达 EGFP 蜘蛛丝融合蛋白，表明可溶性是蜘蛛丝蛋白产量的主要限制；2007 年，构建了编码人造蜘蛛拖丝蛋白的合成基因，并在转基因小鼠的乳汁中表达；2009 年，在蚕茧中生产重组蜘蛛拖丝的转基因家蚕；2009 年，设计沙门氏菌Ⅲ型分泌系统以出口蜘蛛丝单体；2010 年，首次在代谢工程大肠杆菌中生产天然大小的重组蜘蛛丝蛋白，产生了 Kevlar 强度纤维；2012 年，用嵌合蚕-蜘蛛丝基因转化的转基因蚕生产了力学性能改善的复合丝纤维。

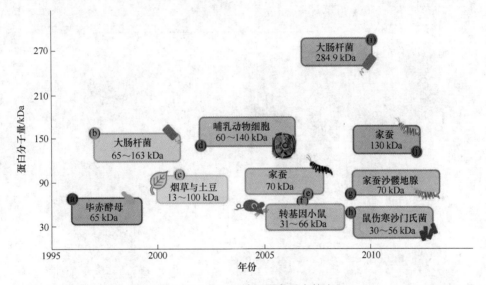

图 4.23 重组蜘蛛丝蛋白生产简史

采取了多种合成生物学方法，包括生物信息学、定向进化和使用不同的宿主系统来优化重组蜘蛛蛋白的生产。重组蜘蛛蛋白已在细菌、酵母、哺乳动物和昆虫细胞中产生。由于这些替代宿主不是蜘蛛丝蛋白的天然生产者，因此通过代谢和细胞工程优化宿主，以生产具有足够数量的所需结构和相对分子质量的蜘蛛丝蛋白。表 4.7 为不同异源宿主及其蛋白表达。

表 4.7 制造蜘蛛丝蛋白的异源宿主及蛋白表达

宿主类别	宿主	来源	蛋白描述	蛋白质量/kDa	备注
酵母菌	毕赤酵母	金丝蛛	MaSp1	65	15%、663 mg/L
植物	烟草、土豆	金丝蛛	MaSp1	13~100	0.5%
动物	哺乳动物细胞	园蛛	ADF2	60~140	25~50 mg/L
昆虫	蚕蛾	金丝蛛	MaSp1	70	40%
动物	转基因鼠	金丝蛛	MaSp1	31~66	11.7 mg/L
细菌	大肠杆菌	金丝蛛	ADF1	285	500~2700 mg/L

异源生产大于 285 kDa 的蜘蛛蛋白已被证明具有挑战性。然而，通过应用 tRNA 上调、DNA 部分组装和两种天然大小蜘蛛蛋白的蛋白间介导连接能够以 1240 mg/L 的产量生产出 556 kDa 的重组蜘蛛蛋白。从这种大蛋白中纺出的纤维含有 192 个重复单位的棒状杆菌拖丝蜘蛛蛋白。尽管革兰氏阴性细菌大肠杆菌（E coli Gram negative）的代谢工程成功地用于蜘蛛蛋白的生产，但宿主仍受到两个关键因素的限制：一是无法将蜘蛛蛋白组装成纤维；二是需要大量的纯化步骤。

利用基因重组方法制造蜘蛛丝仿生材料的工艺分为湿法和干法两种。制造分为干法产丝和湿法产丝两种，如图 4.24 所示。

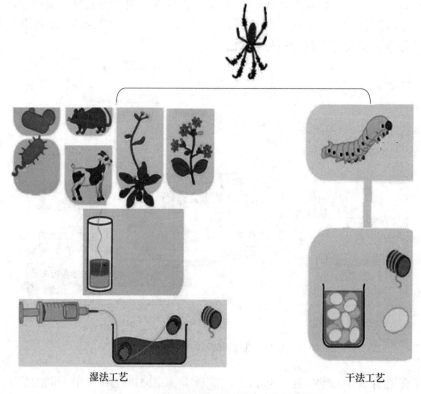

湿法工艺　　　　　　　　　　　　　　　　　　干法工艺

图 4.24　两种蜘蛛丝仿生制备工艺示意图

干法制造以天然产丝生物（如蚕蛾）为宿主，产生重组蜘蛛蛋白丝，使用传统的抽丝工艺获得丝材料；湿法制造利用这些所有能够产生蛋白的生物（包括微生物、植物和动物）产生重组蜘蛛蛋白，通过合适的溶剂制备蛋白原液，利用喷纺工艺将蛋白原液转变成固体纤维。人工纺制丝蛋白纤维大多数工作都涉及湿纺重组家蚕或天然蜘蛛丝。重组丝蛋白需要采用苛刻的溶剂如六氟异丙醇作为稀释剂或浓缩甲酸中的稀释蛋白溶液进行纺丝。2017 年美国马德里大学率先研制成功湿法工艺。通过蜘蛛丝蛋白在大肠杆菌中表达制得一种拥有 NT2RepCT 结构的水溶性蜘蛛丝蛋白，其在水溶液中的溶解度超过了 50%。设计出一种模拟蜘蛛吐丝过程的仿生学吐丝装置，并利用该装置制造出与蜘蛛丝相似的千米长人造蛛丝纤维，在此过程中，重组蛋白溶液通过人造喷丝头（如注射器）挤出到凝固浴（通常含有甲醇或异丙醇）中，这促使蜘蛛丝蛋白沉淀成纤维。在纺丝的过程中调节剪切力以及 pH 梯度，利用蛋白质中的 N-端基和 C-端基对 pH 值降低呈现的不同变化，生产出具有两种不同氨基酸序列的蜘蛛丝蛋白。另外，还借鉴了蜘蛛拉伸新产蜘蛛丝的动作，增加一个后续的机械牵引以提高丝材的性能。图 4.25 为后续机械牵引对人工蜘蛛丝力学性能的影响。经 4 倍拉伸可以显著提高人工合成蜘蛛丝的韧性和弹性模量。

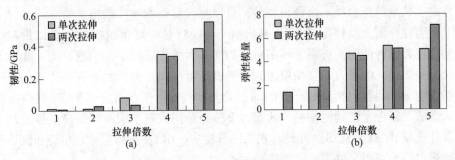

图 4.25 牵引拉伸对人工合成蜘蛛丝力学性能的影响
(a) 韧性；(b) 弹性模量

受蜘蛛丝微观结构的启发，通过嵌段、接枝等合成手段制备基于合成高分子的人造蜘蛛丝。使用部分野生型蜘蛛丝蛋白序列（称为 ADF3）和具有重复共有序列的工程版本（称为 eADF3），然后在其两端的每一端添加纤维素结合模块（CBM）。最后，修饰的 DNA 用于生产具有三嵌段蛋白质结构的蛋白质 CBM-ADF3-CBM 和 CBM-eADF3-CBM。具有三嵌段结构的重组蛋白将结构修饰的蜘蛛丝与末端纤维素亲和模块相结合，如图 4.26 所示。纤维素纳米纤丝（CNF）和三嵌段蛋白的流动排列允许连续纤维生产。蛋白质组装涉及相分离成浓缩凝聚层，随后构象从无序结构转变为 β 折叠。这一过程赋予了基体坚韧的黏合性，形成了一种具有高强度和刚度并增加了韧性的新型复合材料。随着蜘蛛丝蛋白比例的增加，复合纤维的硬度显著增加。

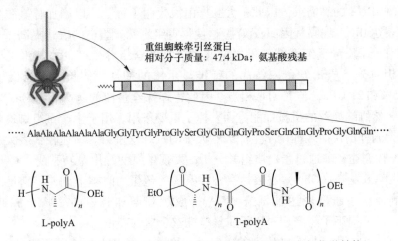

图 4.26 基于 ADF3 的三嵌段结构的重组蜘蛛丝蛋白的化学结构

4.4.2.1 微生物产蜘蛛丝蛋白

微生物产蜘蛛丝蛋白又称为代谢与细胞工程，具有基因操作和代谢工程的简单方便、容易、成本低廉，已被广泛研究作为生产蜘蛛丝蛋白的宿主系统。单细胞生物是研究最多的异源生产蜘蛛蛋白的生物宿主。微生物表达具有培养条件简单、宿主生长快、表达周期短、产量高、遗传背景明晰等优点，是目前研究最多的蜘蛛丝蛋白基因的表达系统。在此领域中，大肠杆菌作为表达系统相对研究较成熟。2016 年推出了全球第一款合成蜘蛛丝材料。基于天然蜘蛛丝的灵感，不依赖石油化学原料，开发了一种全新的蛋白质材料，利用微生物发酵工艺酿造蛋白质。这种材料号称可以与天然蜘蛛丝性能相媲美。

革兰氏阴性杆菌大肠杆菌（Ecolo Gram negative）是生产重组蜘蛛丝蛋白最广泛使用的宿主系统。大肠杆菌的流行源于其相对容易的基因操作、较短的生成时间、相对较低的成本以及工业规模化的潜力。早期报道的重组蜘蛛蛋白都是使用大肠杆菌生产的。大肠杆菌表达系统的早期问题包括蜘蛛丝基因的产量低和稳定性差。除了 DNA 序列中的碱基缺失外，转录错误还带来了其他问题。这归因于核心结构域氨基酸序列的高度重复性，促使丙氨酰和甘氨酰 tRNA 库耗尽。此外，在大肠杆菌中，tRNA 耗竭导致过早终止密码子的引入，导致蛋白质在获得足够产量之前终止。

2010 年，在大肠杆菌中成功生产了一种天然大小（284.9 kDa）的蜘蛛蛋白。这是通过大肠杆菌的代谢工程实现的，以拥有升高的甘氨酰 tRNA 库。此外，这些工程化大肠杆菌产生了能够纺成合成纤维的蛋白质，其机械性能与由 Nephila clavipes 生产的天然拉绳丝相当。蜘蛛制造的蜘蛛丝蛋白的大小为 250~320 kDa。相反，2009 年之前生产的重组蜘蛛丝蛋白的最大规模为 163 kDa，这是因为生产高度重复的富含甘氨酸-丙氨酸的蛋白极其困难。因此，有理由认为重组蜘蛛丝蛋白的相对分子质量较低可能是材料性能较差的原因。系统代谢工程策略被应用于开发一种大肠杆菌菌株，该菌株能够生产 284.9 kDa 的重组蜘蛛丝蛋白。首先，通过头尾连接策略合成了含有 96 个重复单元拷贝的大型重组蜘蛛丝基因。当该重组基因在大肠杆菌中表达时，可以产生少量 284.9 kDa 的蜘蛛丝蛋白。重组菌株和对照菌株的比较蛋白质组分析表明，重组菌株中甘氨酰 tRNA 合成酶的丝氨酸羟甲基转移酶（GlyA）和 b 亚基（GlyS）上调，归因于细胞在表达富含甘氨酸的蜘蛛丝蛋白时增加对甘氨酰-tRNA 的高需求。因此，大肠杆菌被代谢工程化，以增加甘氨酸生物合成途径，并过度表达 tRNA 编码基因 glyVXY。这使得重组蜘蛛丝蛋白的表达提高了 10 倍以上。这种超高相对分子质量重组蜘蛛丝蛋白是通过分批补料培养生产的，其水平为 2.7 g/L。用这种超高相对分子质量丝蛋白纺成的纤维显示出的韧性、伸长率和杨氏模量分别为 508 MPa、15% 和 21 GPa，与 Kevlar 相当。因此，蜘蛛丝蛋白的超高相对分子质量确实在赋予类似于天然蜘蛛拖丝的机械性能方面发挥了重要作用。用于生产重组蜘蛛丝蛋白的代表性策略。大肠杆菌代谢工程用于生产天然大小的蜘蛛丝蛋白。该途径代表大肠杆菌中的甘氨酰 tRNA 代谢途径。通过蛋白质组学分析，发现丝氨酸羟甲基转移酶（GlyA）和甘氨酰 tRNA 合成酶 b 亚基（GlyS）在表达富含甘氨酸的丝蛋白时被上调，以满足细胞对甘氨酰-tRNA 的高需求。通过表达甘氨酰 tRNA 合成酶和增加甘氨酸生物合成通量来提高 tRNAGly 库，从而提高了超高相对分子质量蜘蛛丝蛋白的产量。

在异源宿主中，由于核苷酸序列的重复性，蜘蛛丝 mRNA 形成了不希望的二级结构，阻碍了有效翻译。尽管重组丝蛋白可以在细菌中相对较好地生产，但由于其不溶性，其纯化和用于各种应用的纤维纺丝仍然存在问题。为了从细胞中纯化不溶性重组蜘蛛丝蛋白，使用尿素、盐酸胍和甲酸等溶剂将其溶解。这种增溶过程进一步增加了成本，特别是在大规模中，因此也研究了重组蜘蛛丝蛋白在细菌中的分泌生产。沙门氏菌致病岛 I 型 III 型分泌系统（T3SS）的合成基因允许多肽通过内外膜易位，用于设计鼠伤寒沙门氏菌出口蜘蛛丝蛋白，从而消除了化学纯化过程的需要。

致病细菌鼠伤寒沙门氏菌是少数能够通过其内膜和外膜输出蛋白质的革兰氏阴性菌之一，这是重组蛋白表达的一个有利特征。利用鼠伤寒沙门氏菌的Ⅲ型分泌系统，将蜘蛛蛋白直接输出到培养基中，而无需在回收后进行额外的纯化步骤。致病细菌鼠伤寒沙门氏菌已被成功用于从欧洲花园蜘蛛（araneus diadematus）中产生三种 25~56 kDa 的丝单体。

甲基营养酵母（pichia pastoris）是一个非常适合工业规模发酵的系统，能够表达比大肠杆菌更大的重组基因，而不会过早终止翻译。此外，甲基营养酵母能够将重组蛋白直接分泌到生长培养基中，理论上最小化纯化步骤，同时最大化产量。这种分泌系统机制使其发酵时间比大肠杆菌更长，在大肠杆菌中重组蛋白积累到裂解点，制备的蜘蛛丝蛋白相对分子质量达到 65 kDa，基因的表达水平约为 663 mg/L。

一种工程化酿酒酵母菌株能够通过两阶段发酵过程产生高达 450 mg/L 的重组蜘蛛精 1F9（一种 94 kDa 的 MaSp1 类似物），是生产蜘蛛蛋白的有潜力的单细胞生物宿主。

谷氨酸棒杆菌（corynebacterium glutamicum）是一种革兰氏阳性非孢子形成兼性厌氧细菌，已广泛用于化学品、燃料和生物聚合物的工业生产。最近，谷氨酸梭菌也被认为是分泌生产重组蛋白的一个有吸引力的宿主，因为它具有几个显著的优势：谷氨酸梭菌很少向细胞外培养基分泌内源性蛋白，这有利于简单的纯化过程和高纯度的靶蛋白；未检测到细胞外蛋白水解活性；谷氨酰胺不含内毒素、安全可靠；可以在相对便宜的培养基中生长，建立工业规模发酵。

转座子（piggyBac）载体可以有效地转化蚕，被专门设计来携带几个关键特征。为了在后丝腺中表达外源蜘蛛丝蛋白，引入了家蚕丝素重链（fhc）启动子。为了将丝蛋白组装成纤维，包括 fhc 增强子，还插入了 A2S814，这是一种 78 kDa 的合成蜘蛛丝蛋白，含有弹性（GPGGA）和强度（接头-丙氨酸）基序，两侧是家蚕 fhc 蛋白的 N 端和 C 端结构域。

从两种圆网编织蜘蛛（araneus diadematus：ADF-3 和 ADF-4；Nephila clavipes：MaSp1 和 MaSp2）中分离并鉴定了编码拖丝两种蛋白质成分的部分 cDNA 克隆。拖曳丝基因编码含有重复肽基序（14）的蛋白质，呈现出交替的富含 Ala 的结晶形成嵌段（ASAAAAAAA 嵌段）模式，赋予丝的机械性能和富含 Gly 的无定形嵌段［GGYGPG，(GPGQQ)$_n$］，这与提供丝的弹性有关。蜘蛛将可溶性丝蛋白纺成结实的液晶纤维的过程是 4 亿年进化的产物。在蜘蛛的丝腺内，用非常小的力从酸化的液体结晶状溶液（蛋白质浓度为 30%~50%）开始形成丝纤维，然后在纤维离开蜘蛛的身体后吸入空气。蜘蛛丝的独特力学性能和无法驯化蜘蛛，促使人们尝试人工制造用于工业和医疗应用的蜘蛛牵引丝。重组（rc）蜘蛛丝蛋白已在细菌和酵母系统中生产，但成功率有限。高度重复的结构和不寻常的 mRNA 二级结构导致翻译效率低下，从而限制了产生的蜘蛛丝的大小。最近报道了在转基因植物中使用合成基因（MaSp1）生产可溶性 rc-蜘蛛丝（高达 100 kDa）的可行性。

使用合成基因而不是使用 cDNA 是特别有用的，因为人们可以设计具有期望特性的蜘蛛丝蛋白。使用该分泌系统，可以产生 25~56 kDa 的重组蜘蛛丝蛋白，占总分泌蛋白的 14%。一些公司正在使用合成生物学方法来设计和生产更好的蜘蛛丝蛋白，以及模拟蜘蛛纤维纺丝过程的微流体系统。还努力提高蜘蛛丝蛋白的力学性能。昆虫角质层中积累的金属元素显示了外骨骼结构的力学性能（如硬度和韧性）的增强。基于这一概念，锌、钛或铝渗透到蜘蛛丝中，从而提高了韧性。通过在重复结构域中引入突变，蛋白质的力学性能也得到了改善。例如，当双半胱氨酸突变被引入 4RepCT 的第一个聚丙氨酸结构域（由四个聚丙氨酸-甘氨酸串联重复序列和一个非重复的 C 末端结构域组成）时，蜘蛛丝蛋白产生时没有聚集，由于非重复的 C 末端结构域之间的共价相互作用，其硬度和拉伸强度增加。然而，在第四个聚丙氨酸结构域中引入相同的突变导致蜘蛛丝蛋白过早聚集，因为 C 末端结构域中保守半胱氨酸之间存在二硫键。在后一种情况下，与天然蜘蛛丝蛋白相比，用丝氨酸取代半胱氨酸残基导致较低的热稳定性，力学性能没有明显改善。这些策略使得重组蜘蛛丝蛋白在一定程度上具有改进的力学特性。

4.4.2.2　植物宿主产蜘蛛丝蛋白

由于蜘蛛丝蛋白（也称为蜘蛛蛋白）主要由甘氨酸和丙氨酸组成，如果蜘蛛蛋白要由快速生长的微生物（如酵母或细菌）产生，必须提供大量的这些氨基酸。细菌生产的另一个困难是由于重组导致的遗传不稳定，这是由编码重复组成的蜘蛛蛋白的高度重复基因造成的。为了克服这些和其他限制，生产合成蜘蛛精的植物。植物已成功地用于生产不同的转基因产品。在一些情况下，通过保留在内质网中，功能性蛋白质已达到高水平的稳定积累。通过类似的保留方法，可以在转基因烟草和马铃薯植物中高效、稳定地生产合成蜘蛛素。此外，这些植物生产的合成蜘蛛丝蛋白的极端热稳定性已用于开发简单的纯化工艺。使用基因合成制备的重组蛋白与天然蜘蛛丝有大于 90% 的同源性。

A　马铃薯和烟草

将植物基因插入一些植物如马铃薯和烟草植物以使这些植物在它们的组织中制造大量的丝蛋白。为了在烟草和马铃薯中表达重组蜘蛛丝蛋白，设计了合成的 MaSp1 基因，以匹配蜘蛛棒状软疣的基因。重组丝蛋白由 420~3600 个碱基对的合成基因编码，分别达到烟草、马铃薯叶和马铃薯块茎内质网（ER）中可溶性蛋白总量的至少 2%，在植物组织中检测到高达 100 kDa 的蜘蛛丝蛋白。当在植物中生产时，重组蜘蛛蛋白表现出极高的热稳定性，这一特性可用于通过简单有效的方法纯化蜘蛛蛋白。

与细菌相比，植物表达系统为更大的蛋白质序列提供了更高的遗传稳定性，并且与替代真核宿主相比成本更低。单个植物具有多种重组基因表达系统（即种子、叶片或块茎）。此外，植物细胞具有在特定细胞器内积累重组蛋白的能力，有助于重组蛋白的稳定性和简化纯化过程。然而，与微生物表达系统相比，植物系统仍然存在表达产量低的问题，并且与哺乳动物表达系统相比，通常产生质量较差的产品。

B　拟南芥

将两个植物优化的基因（分别编码棒状杆菌拖丝的 64 kDa 和 127 kDa 同源物）导入拟南芥。35S 启动子和 β-伴球蛋白 α′亚基启动子驱动的表达分别将蜘蛛精蛋白的产生定位于叶片和种子。在同一研究中，在 β-伴球蛋白 α′亚基启动子控制下的体细胞大豆胚也能够表达拟南芥中表达的两种蜘蛛蛋白基因。拟南芥种子的总可溶性蛋白产量提高到 18%。

C　苜蓿

蜘蛛丝基因已被插入苜蓿（medicago sativa）。已经产生了高达 80 kDa 的重组蜘蛛蛋白。德国制成了金黄色球形蜘蛛丝蛋白基因的人造变体并把它们拼接入几种植物的基因组。苜蓿能产生大量的蛋白质（该植物所含蛋白质占重量的24%）。

D 其他

通过根癌农杆菌介导的水稻转化创建了产生 22 kDa 重组蜘蛛蛋白的转基因水稻。在玉米（zea mays）胚乳和微藻（chlamydomonas reinhardtii）中生产重组蜘蛛蛋白的方法。目前这方面的研究资料不多。

4.4.2.3 哺乳动物产蜘蛛丝蛋白

A 哺乳动物单细胞

天然蜘蛛丝的机械性能没有用重组或 rc-蜘蛛丝蛋白复制。截短合成一直是在大肠杆菌和毕赤酵母中表达高相对分子质量丝的限制因素。为了研究哺乳动物细胞系统是否能够有效地克服这一限制，我们使用蜘蛛拖丝基因 cDNA 在哺乳动物细胞中生成了两个系列表达 rc-蜘蛛丝蛋白的构建体：MaSp1 或 MaSp2 cDNA 和 ADF-3 cDNA。此外，还生成了含有侧链 cDNA 多聚体（ADF-33、ADF-333 和 MaSp1）的表达载体，以产生编码与蜘蛛大壶腹丝腺中发现的蛋白质大小相似的蛋白质的基因。选择两种细胞系，即用大 T 细胞（MACT）永生化的牛乳腺上皮肺泡细胞和幼仓鼠肾细胞（BHK）作为表达系统。

哺乳动物细胞系是另一种被研究作为生产重组蜘蛛丝蛋白平台的宿主系统，因为与细菌或酵母相比，它们具有正确表达更大蛋白的潜力。蜘蛛拖丝基因，包括 ADF-3、MaSp1 和 MaSp2，在牛乳腺上皮肺泡细胞（MAC-T）和幼仓鼠肾细胞（BHK）中表达，可产生 60~140 kDa 的可溶性重组拖丝蛋白。哺乳动物上皮细胞产生 rc-蜘蛛丝蛋白的能力，其相对分子质量与蜘蛛丝腺中观察到的丝蛋白相似。条件培养基的分析揭示了预测大小的 rc-蜘蛛丝蛋白的存在（110~140 kDa）分别由 ADF-3 基因（ADF-33 和 ADF-333）和 MaSp1 二聚体的连接体产生。在所有情况下，所使用的不同表达载体能够在培养基中分泌可溶性丝蛋白。在棒肠杆菌的壶腹腺中发现了相对分子质量大小为 120 kDa、150 kDa、190 kDa、250 kDa 和 750 kDa 的不同蜘蛛丝蛋白。BHK 细胞分泌的 110~140 kDa 蜘蛛丝蛋白的表达远低于 60 kDa 单体。这可能归因于由于高二级结构、较大蛋白质的分泌不足、被转染的构建体的低拷贝数或细胞翻译机制的限制而导致的低效转录。在丝合成过程中，蜘蛛产生甘氨酸和丙氨酸的腺体特异性 tRNA 池，以满足对限制性氨基酸的需求增加。鉴于丝蛋白的独特氨基酸组成（例如，MaSp2：32%甘氨酸，16%丙氨酸），体外生长的上皮细胞的氨基酰基 tRNA 池可能耗尽。ADF-3 His 和 ADF-3 rc-蜘蛛丝蛋白（每种 25~50 mg/L）在 BHK 细胞中产生。由于与高度重复的蛋白质序列相关的转录受限，因此采用哺乳动物单细胞生产重组蜘蛛丝蛋白的产量较低。

B 乳汁

重组蜘蛛丝蛋白也通过乳腺分泌到乳汁中的方式在转基因小鼠中表达。在测试的 58 只转基因小鼠中，其中九只小鼠显示重组蜘蛛拖丝蛋白阳性表达，重组蜘蛛丝蛋白的含量为 11.7 mg/L。此外，还开发了通过乳腺分泌重组蜘蛛丝蛋白的转基因山羊。

与细菌和酵母相比，哺乳动物细胞系有潜力以更高的效率表达更大的真核基因。哺乳动物细胞也能够分泌蛋白质，理论上可以提高产量，同时简化纯化。因此，各种哺乳动物细胞系已被用于实现高相对分子质量重组蜘蛛蛋白的生产。在 BHK 和牛乳腺上皮肺泡细胞中成功地产生了一系列范围在 60~140 kDa 之间的拖链丝基因（MaSp1、MaSp2 和 ADF-

3)。此外，在生长培养基中检测到 110 kDa 和 140 kDa 的可溶性蜘蛛蛋白，证实了细胞外分泌的活力。然而，这些较大分泌的蜘蛛蛋白的产生水平显著低于 BHK 细胞内产生的 60 kDa 蜘蛛蛋白（25~50 mg/L）的水平。作者假设，由于其二级结构、被转染质粒的低拷贝数以及细胞翻译机制的一般限制，导致 mRNA 转录效率低下。

美国科学家利用转基因法，将黑寡妇蜘蛛丝蛋白基因放入奶牛的胎盘内进行特殊培育，等到奶牛长大后，所产奶含有黑寡妇蜘蛛丝蛋白，再用乳品加工设备将蜘蛛丝蛋白从牛奶中提取出来，然后纺丝成纤维，其强度比钢大十倍，因此被称为"牛奶钢"，又称"生物蛋白钢"。加拿大内夏（Nexia）生物技术公司初期所用的哺乳动物细胞也是取自乳牛，但是现在他们发现，采用山羊进行转基因处理更为有利。

将蜘蛛丝基因注入山羊卵细胞中，制备了重组的蜘蛛丝蛋白质，并用这种蛋白质与水体系完成了环境友好纺丝过程，本质上更接近于天然蜘蛛丝蛋白质的组成和纺丝过程，从而成功地模仿了蜘蛛，于 2002 年 1 月生产出世界上首例"人工蜘蛛丝"。加拿大 Nexia 生物科技公司和美国陆军 Natick 研究中心的学者率先在牛乳腺上皮泡状细胞和仓鼠肾细胞表达蜘蛛丝蛋白。

4.4.2.4 其他宿主产蜘蛛丝蛋白

利用真核原生动物寄生虫利什曼原虫作为产丝宿主。Tarentolae 是一种单细胞昆虫载体寄生虫，自然分泌高相对分子质量蛋白质。先前的研究表明，可以在相对简单的培养基中快速生长到高密度。成功地生产了以棒肠杆菌 MaSp1/MaSp2 为模型并含有八个重复单元（73~81 kDa）的重组蜘蛛蛋白，但蛋白质产量较低。使用生物反应器控制细胞增殖可以用于提高重组蜘蛛丝蛋白产量的途径。在异源宿主中生产的大多数重组蜘蛛丝蛋白质的大小（<250 kDa）比天然丝小得多，无论选择何种宿主系统，产量低都是一个普遍的问题。金丝蜘蛛（N. clavipes）天然拖丝蛋白重复区域内存在磷酸化位点。据推测，这些位点的磷酸化和去磷酸化分别调节蜘蛛蛋白的溶解度和聚集。

4.4.3 仿蜘蛛丝材料的化学合成

天然蜘蛛丝蛋白实际上是一种由不同氨基酸单元（主要为丙氨酸和甘氨酸单元）组成的链段共聚物，其二次结构主要包括 β 折叠构象和螺旋构象。丙氨酸富集的链段易于形成 β 折叠构象，β 折叠链通过氢键作用堆砌形成 β 折叠片纳米晶分散在材料中，从而提高天然蜘蛛丝的强度；而甘氨酸富集的链段易于形成螺旋构象，赋予天然蜘蛛丝优良的弹性。基于对天然蜘蛛丝蛋白链段结构和二次结构的认识，采用化学合成的方法，即模仿天然蜘蛛丝的链段结构和二次结构，在分子主链或侧链中引入 β 折叠片，如聚（丙氨酸甘氨酸）段、聚丙氨酸链等，合成出主链仿生链段共聚物或者侧链仿生聚合物。通过链段及二次结构仿生化学合成法，从分子结构出发，设计具有天然蜘蛛丝蛋白链段结构和二次结构类似的各种聚合物，为天然蜘蛛丝材料仿生的发展开拓了一个崭新方向，也大大丰富了天然蜘蛛丝材料仿生的研究内容。目前所得共聚物的相对分子质量（低于 5×10^4）与天然蜘蛛丝蛋白的相对分子质量（2×10^5~7.5×10^5）相比较低，导致最终合成的材料仿生性能和天然蜘蛛丝相差较大。

在模仿天然蜘蛛丝微观结构的基础上，通过引入特殊的纳米材料如碳纳米管、纳米黏土稀土等对聚合物如聚乙烯醇、聚氨酯等进行物理复合增强，制备天然蜘蛛丝仿生复合材料。该方法在增韧的同时还可赋予材料特别的功能如电性能、热稳定性、气体阻隔性能等。为了获得可以与天然蜘蛛丝性能相媲美的单壁碳纳米管/聚乙烯醇复合纤维（强度18 GPa、模量80 GPa、伸长率100%、断裂能600 J/g）制备过程中需加入经十二烷基硫酸锂表面活性剂处理的、质量分数为60%的碳纳米管，需采用专门的共凝固纺用特别的溶剂交换加工技术，从而使纳米黏土能够均匀分散并专门增强聚氨酯的结晶微区。通过原位聚合的方法制备的高强度微晶纤维素/聚氨酯复合材料，在原位复合前，微晶纤维素必须借助溶剂和离子作用进行特殊的溶胀处理。天然蜘蛛丝为单纯的高分子体系，具有较低的密度，并且其中均匀分散的高分子纳米晶是通过分子自组装形成，在材料中具有天然精细均匀的分散；可见，与天然蜘蛛丝相比，一方面，采用微观结构仿生物理复合法，通常较难实现纳米材料在聚合物中的均匀分散，另一方面，纳米材料密度一般比聚合物基体大，导致复合材料密度比聚合物基体高，这将对材料的轻质要求有不利影响。

天然蜘蛛丝为氨基酸链段共聚物（分子尺度），包含β折叠片和螺旋构象（纳米尺度），丝的直径为1~10 μm，同其他天然生物材料，如木材、骨骼、牙齿、动物壳等一样，具有多层次结构。将一种侧链带叔胺基团水溶性聚氨酯和聚丙烯酸溶液在玻璃片上通过自组装形成双分子层膜，然后层层叠压，制备出具有从纳米到微米尺度范围多层次结构的聚氨酯/聚丙烯酸（PU/PAA）纳米复合材料。展示了聚氨酯/聚丙烯酸层层组装复合材料膜的固化过程，所制备的复合材料具有单一组分三倍的强度和韧性。通过这种多层次结构仿生层层组装法，制备高强度高分子复合体系材料，打破了传统物理复合增强方法局限于特殊纳米材料/高分子体系的格局。高分子材料通常具有较低的密度，以高分子复合体系制备的天然蜘蛛丝材料仿生具有轻质特点。

天然蜘蛛丝蛋白侧链结构中带有多种功能性基团，包括极性基团、非极性基团、芳香基团、阴离子或阳离子基团。这些功能基团的存在，使天然蜘蛛丝蛋白分子链间存在大量的超分子作用，主要为氢键、π键、疏水作用及离子静电吸引等。这些超分子作用的存在，为在天然蜘蛛丝中形成β折叠片和螺旋结构做出了巨大贡献，材料结构的稳定性由此也被加强。据此，可进行天然蜘蛛丝超分子作用仿生，即在材料结构中构筑并加强超分子作用（如氢键）。

通过将多肽连接到顺应性聚合物片段来合成蜘蛛丝纤维。使用聚谷氨酸苄酯模拟蜘蛛丝中的α-螺旋和β-折叠结构，并进一步连接到由聚四亚甲基醚二醇组成的无规卷曲链段。所得材料具有极高的韧性和抗拉强度。拉伸实验表明，聚合物的模量随着肽组分的增加而增加。多肽含量为41.5%的聚合物纤维，其拉伸强度约为100 MPa，断裂伸长率为750%。所得蜘蛛丝纤维的韧性（387 MJ/m³）是普通蜘蛛丝拉伸韧性（160 MJ/m³）的两倍以上。与结构相似的聚氨酯材料相比，这种材料具有前所未有的抗拉强度，其断裂应变和强度也有显著提高。蜘蛛丝的超收缩具有典型的水响应形状记忆功能。基于已有的超收缩机理研究工作和对形状记忆聚合物的认识，受到蜘蛛丝形状记忆行为的启发，提出了一种具有β-折叠结构的热响应形状记忆肽。通过将具有β-折叠结构的蜘蛛丝蛋白掺入聚乙烯醇中，开发了一种新型的水敏双向形状记忆材料。β-折叠结构使材料具有良好的形状恢复能力和较高的形状固定性。

4.5 蜘蛛丝及其仿生材料的应用

蜘蛛丝及其仿生材料具有优良的力学性能、较低的密度、优良的生物相容性和生物可降解性等优点，因此在生物医学、军事工业、材料科学等领域有广泛而巨大的应用价值。

（1）生物医学。在生物材料方向上，利用蜘蛛丝韧性好、强度大、容易降解、与人体的相容性良好等优点，可制成伤口封闭材料和生理组织工程材料，如人工关节、韧带、人工肌腱、组织修复、假肢、神经外科及眼科等手术中的可降解超细伤口缝合线等产品。将具有光学透明性的蚕丝编织材料应用于角膜组织生长，具有促进人类及小鼠角膜成纤细胞黏附增殖的作用。

医学中使用蜘蛛丝由来已久。据报道，古罗马的医生使用蜘蛛丝来包扎开放的战斗伤口。现代医学研究表明，利用涂有重组蜘蛛丝蛋白的硅胶植入物可降低大鼠的炎症反应，用重组蜘蛛丝功能化的蚕丝能够融合到细胞结合基序、细胞生长因子和抗菌肽，用肽聚糖降解酶功能化的重组蜘蛛丝表现出溶菌作用并防止生物膜形成。因此，重组蜘蛛蛋白丝在医用植入物上涂上丝可增强其生物相容性，在伤口敷料、皮肤替代方面有巨大的应用潜力。此外，重组丝也是一种用于药物输送的有效生物材料。由重组丝蛋白组装而成的微胶囊已经证明了化疗药物的有效装载和释放，蜘蛛丝微球也被证明是酶辅助药物递送的有效手段。

近年来，许多生物衍生材料在医学领域受到关注。受天然蜘蛛丝止血和促进伤口愈合能力的启发，研究人员希望开发一种新的血管移植物。当今人造血管的一个显著缺点是它们的不稳定性和缺乏血管阻力。因此，有必要寻找替代的生物学方法来改善人造血管壁的物理性能。蜘蛛丝在研究中已被证明是可降解的、柔韧的，并且具有很强的机械性能和良好的生物质容性。例如，达斯塔吉尔等人，开发了一种以天然蜘蛛丝为支撑基质的新型人造血管。将 C2C12 和 ST1.6R 细胞分别接种在蜘蛛丝支架的两个表面，在生物反应器中在脉动流下培养，最后诱导形成血管假体。这种人造血管具有极高的生物质容性，具有与天然血管相当的力学性能，可以使细胞黏附、分化和增殖。

在进行广泛的手术或其他类型的医疗保健实践后，医生通常会用手术缝合线固定和连接伤口组织的边缘，以促进伤口愈合并避免感染。但缝线本身易受细菌感染，容易引起生物膜感染，难以治疗。为了防止细菌生物膜的形成，在缝线处添加了一层额外的基于抗生素的抗菌涂层。然而，微生物的抵抗力越来越强，这促使研究人员寻找具有抗菌能力的新替代品。蜘蛛丝蛋白以其独特的化学和物理性质、优异的生物质容性、最小的免疫反应和可控的生物降解性，解决了生物医学领域的许多问题。使用重组 DNA 技术对嵌合蜘蛛丝蛋白进行了修饰，具有抗菌特性，并开发了一种缝合涂层，可有效避免伤口感染。该涂层在手术器械、生物移植物等领域也有很大的应用空间。

（2）军事工业。在军事工业材料方面，美国已经利用蜘蛛丝成功制作了防弹背心。由于牵引丝在重量基础上优于凯夫拉的韧性，因此已被确定为适合用于装甲和各种防护服的材料。例如，重组丝已被美国和英国武装部队确定为适合用于重型蜘蛛丝内衣的材料，以防弹道碎片。利用蜘蛛丝织造的降落伞，具有重量轻、防缠绕、展开力强大、抗风性能良好的特点，坚固耐用。另外，蜘蛛丝还可用于结构材料、复合材料和宇航服装等高强度材料。

（3）过滤材料。使用简单的静电纺丝技术制备聚合物和低聚物的混合蜘蛛网状垫子。将黏性尼龙添加到甲氧基聚乙二醇中，并在静电纺丝过程中向纺丝溶液施加高电压，聚乙二醇和尼龙分子之间的氢键出现了。制备了具有黏性尼龙支持溶液的聚乙二醇低聚物。与厚尼龙纳米纤维紧密互连的薄聚乙二醇蜘蛛网状纳米纤维负责增加尼龙垫的机械强度和亲水性。这种材料可用于有效的空气过滤和工业治污等领域。

（4）面料与服装。德国生物技术公司 AMSilk 与运动服装公司阿迪达斯合作开发了合成蜘蛛丝制成的鞋子。日本公司 Spiber Inc. 与 The North Face 合作，生产由合成蜘蛛丝制成的夹克。美国博尔特线程公司生产了一系列含有合成蜘蛛丝的服装，包括连衣裙、帽子和领带。

2016 年推出了全球第一款合成蜘蛛丝材料。基于天然蜘蛛丝的灵感，不依赖石油化学原料，开发了一种全新的蛋白质材料，利用微生物发酵工艺酿造蛋白质。这种材料号称可以与天然蜘蛛丝性能相媲美。斯皮伯（Spiber）公司透露，这种合成蜘蛛丝材料的韧性是相同尺寸钢的四倍，弹性可与尼龙相媲美，耐热性表现良好，温度高达 300 ℃，同时这种材料清洁无害并可实现生物降解。现在，这种合成蜘蛛丝材料已经被作为毛衣、夹克等原材料，用这种蜘蛛丝制成的衣服，柔软、耐穿、环保可生物降解，能兼顾消费者保护环境和时尚消费的需求，实现了"环保"和"时尚"的和谐统一。在 2019 年，斯皮伯公司推出了全球首款由合成蜘蛛丝制成的户外夹克，这是全球第一件由微生物发酵产生的蛋白质材料制成的外套，一时间受到了时尚行业的广泛关注。

2020 年 11 月，日本运动服饰制造商 Goldwin 推出了一款采用 Brewed Protein™ 制成的毛衣，如图 4.27 所示。其中 Brewed Protein™ 含量约为 30%，售价为 800 美元，而 Spiber 与 Goldwin 推出的 Moon Parka 户外冲锋衣定价为 15 万日元（9368 元）。其定价相比成本已经偏低。而降低价格的一大路径就是降低合成蜘蛛丝制造成本，这是合成蜘蛛丝面临的最大挑战之一。一家美国的功能性材料研发公司 Bolt Threads 曾表示，与使用大肠杆菌相比，使用酵母成本更低。他们希望合成蜘蛛丝的成本能与高档羊毛或自然蜘蛛丝等高级面料持平。对于消费者来说，价廉物美能吸引更多的消费者，合成蜘蛛丝的价格要与其价值相匹配。如果价格过于昂贵，消费者则更倾向于选择价格更实惠的替代品。

(a)　　　　　　　　　　　　　(b)

图 4.27　人造蜘蛛丝服装

（a）Spiber™ 时装；（b）Brewed Protein™ 棉衣

知识点小结

蜘蛛丝中含有丰富的丙氨酸和甘氨酸，而含有丙氨酸的蛋白质分子排列紧密，呈结晶状，使蜘蛛丝变得极强。含甘氨酸的蛋白质分子无序排列，使蜘蛛丝具有良好的弹性和延展性。天然蜘蛛丝具有无定形软段区域和结晶硬段区域的微相分离结构，结晶相以纳米晶的形式分散在无定形相中，拉伸时沿轴向取向，赋予天然蜘蛛丝高强度。

天然蜘蛛丝蛋白从蜘蛛丝腺体中分泌成丝的过程，实际上是一个微纳米超分子自组装挤出成丝的过程，驱动力主要为氢键和疏水作用。首先形成 β 折叠片（1~10 nm），β 折叠片进一步自组装成胶粒（10~100 nm），胶粒由于含水而具有强亲水性；胶粒水含量逐渐减少，蛋白浓度相对提高，先形成液晶（100~500 nm），然后凝胶化生成亚稳态液晶相（500~1000 nm）；在环境（如压力、低 pH 值、溶剂等）的触动下，液晶相变成更多 β 折叠片，并在受限丝腺体中形成原纤维；原纤维高度有序，从丝腺体中被挤出，形成天然蜘蛛丝（<10 μm）。

蜘蛛丝已被证明比钢强五倍（按重量计），比凯夫拉强三倍。此外，蜘蛛丝具有生物相容性和生物可降解性，这使其成为医疗应用的良好材料。由于这些特性，蜘蛛丝可用于制造降落伞绳索、飞机中的复合材料、高速弹丸防护服、止血和促进伤口愈合的绷带、伤口缝合线、药物输送血管，以及生长细胞和组织的支架等。

复习思考题

1. 蜘蛛丝有哪些类型，各自起哪些作用？
2. 对比说明蜘蛛丝与蚕丝的异同。
3. 画图说明蜘蛛丝的分子结构模型。
4. 分析说明蜘蛛丝高强度的原因。
5. 分析说明蜘蛛丝高弹性的原因。
6. 分析说明蜘蛛丝滞后弹性回缩的原因。
7. 对比说明蜘蛛与蚕在纺丝方面的异同。
8. 什么是牛奶钢或生物蛋白钢或生物钢？
9. 为什么蜘蛛没有像蚕一样通过人工饲养获得蜘蛛丝？

5 贝壳仿生与刚韧材料

贝壳是介壳软体动物的外套膜，是天然的坚硬的有机-无机复合材料。贝壳是一种由生物矿化作用形成的生物矿物材料，具有独特的微结构、光学和力学性能。贝壳是由95%左右的碳酸钙和5%的胶原蛋白（生物高分子）组成的一种天然陶瓷/聚合物复合材料，其断裂韧性比碳酸钙高几个数量级。贝壳优良的性能源自其内部复杂的分层结构。本章介绍贝壳微观组织、力学性能，以及贝壳仿生材料制备技术。

5.1 贝壳概述

古希腊哲学家亚里士多德（Aristotle，公元前384~前322年）是公认的最早记述贝壳的人之一，亚里士多德创造了"软体动物"（Mollusca）的名字，意思是柔软的身体。与软体动物科相关的动物表现为贝壳。因此，贝壳是一种身体柔软的食肉动物的坚硬、通常不灵活的外壳。软体动物的外壳经过长期进化已经适应了其生存条件，可以保护其柔软的身体不受外来捕食者侵害，或被河流或海浪冲走的岩石碎片所造成的伤害。

5.1.1 贝壳的种类

软体动物主要分为双壳类和腹足类两大类。按照介壳软体动物的体态是否对称，以及壳、鳃、外套膜、神经、行动器官等，一般地可以分为七个纲，分别为头足纲、腹足纲、掘足纲、双壳纲、单板纲、多板纲、无板纲等。不同纲的介壳软体动物有不同形态的外壳，因此介壳软体动物种类繁多，贝壳的形态也多姿多彩，如图5.1所示。

以双壳（Bivalvia）类贝壳为例，目前有超过15000种蛤蜊、牡蛎、贻贝、扇贝和软体动物。贝壳类生物是由软体动物进化而来的，至今仍保留软体动物吸食海水中的沉积物为生的本性。不过在大多数软体动物物种中，呼吸鳃变成了过滤器官。为了与大部分久坐不动和沉积物喂养或悬浮喂养的生活方式保持一致，双壳类已经失去了大多数软体动物典型的头部和放射状锉形器官。双壳类的大小从约1 mm（0.04 in）到南太平洋珊瑚礁的巨型蛤蜊（Tridacna gigas）不等，长度可能超过137 cm，质量达264 kg，如图5.2所示。这种动物的寿命可能约为40年。双壳类通常有两部分壳，两个瓣膜，由韧带连接。两个贝壳瓣通常使用沿铰链线的称为"齿"的结构相互铰接。这种外骨骼不仅用于肌肉附着，还用于保护免受捕食者和机械损伤。

双壳类软体生物既可以在海水中也可以在淡水中生存。双壳类是全球海洋动物（扇贝、蛤蜊、牡蛎、贻贝等）的常见部分。海洋双壳类的贝壳通常在海滩上被冲走（通常作为单独的壳瓣），淡水物种的贝壳有时可以在河流的洪泛平原和其他淡水栖息地找到。地表穴居物种可能具有放射状肋骨和同心线的外部贝壳结构，其突起可增强外壳对捕食者和伤害的抵抗力。

图 5.1　不同形态的贝壳

图 5.2　南太平洋珊瑚礁的巨型蛤蜊

　　一些浅海贝壳通过脚上的腺体分泌的黏性蛋白质牢固地附着在坚硬物体表面（如岩石、绳索、船底等），并在那里繁衍生息，如贻贝（图 5.3（a））、牡蛎（图 5.3（b））等。一些双壳类软体动物通过限制贝壳厚度（从而减轻重量），平滑贝壳轮廓（从而减少阻力），以及塑造成翼型前缘等途径提高其运动速度，这种贝壳，如扇贝（图 5.3（c）），一次开合可以游出数米。一些深穴居住贝壳，如蚬子（图 5.3（d）），体型细长、外表光滑，允许在泥沙中更快地移动。这些深穴居住贝壳还发育成长虹吸管，允许它们在泥沙中快速挖洞，免受底层捕食者的侵害；同时利用虹吸管在泥沙中进行呼吸和捕食。可见，贝壳的外形和内部构造与其生存环境密切相关。

　　软体动物身体通过环绕身体的壳幔分泌物产生贝壳壳瓣、韧带和铰链齿。同时，壳幔本身通过许多小肌肉附着在壳上，这些肌肉沿着壳内部的长度排列成一条窄线，其位置通常在双壳类壳的每个瓣膜内侧，清晰可见。两块内收肌使双壳类能够紧紧地闭合贝壳，还

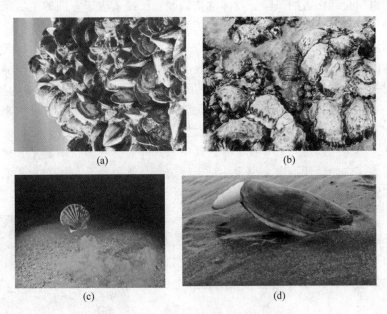

图 5.3 双壳软体动物的一些种类
（a）贻贝；（b）牡蛎；（c）扇贝；（d）蚬子蛤蜊

原肌则用于打开贝壳瓣。在一些双壳类中，壳幔边缘融合形成虹吸管，虹吸管在悬浮喂食期间吸收和排出水。生活在沉积物中的物种通常有长虹吸管。当双壳类需要关闭其外壳时，这些虹吸管缩回壳幔中的口袋状空间内。蛤蜊的外部形貌和内部结构如图 5.4 所示。

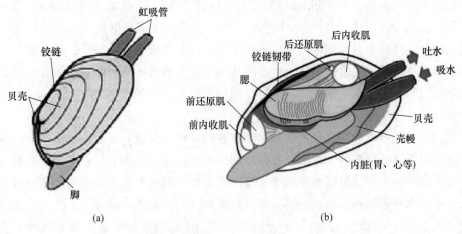

图 5.4 蛤蜊的外部形貌（a）和内部结构（b）示意图

5.1.2 贝壳的作用与价值

贝壳是坚硬的生物结构，是经过亿万年自然选择的优化设计方案，能够有效地保护软体动物免受捕猎者的伤害。当贝壳的外表面暴露在垂直方向的集中力下时，例如捕食者的咬伤，贝壳的硬质陶瓷层可以防止穿孔，而内层可以吸收机械能，有效地降低因贝壳破裂导致内部生物组织受到伤害的风险。软体动物的硬壳已经适应了它们的生活条件，以保护它们的柔软身体免受捕食者、岩石或被水流或海浪冲走的碎片的侵袭。

贝壳是海洋中非常美丽的部分。海贝在许多不同的文化中被用作货币、艺术品、珠宝等。世界各地的偏远地区都发现了美丽的贝壳收藏。鲍鱼拥有形状巨大的华丽外壳。它有一个珍珠层般的内部镂空。许多人喜欢将鲍鱼作为食物。生活在这个壳中的生物有触手，生活在海洋中。鲍鱼自古以来就被美洲原住民等人使用。鲍鱼也是珍珠母的来源。海贝可以制成箭矢和其他类型的武器。在亚马孙的女性墓葬中发现了许多贝壳祭坛。这些贝壳的外壳非常特殊，因为当暴露在紫外线下时，其中一些外壳会在黑暗中发光。它们是细长的贝壳，非常精致。它的设计很窄，很像一对天使翅膀。凯尔特人在他们的艺术作品中使用了许多螺旋图案。螺旋形的灵感可能来自贝壳形状。

5.1.2.1　贝壳的文化价值

在印度尼西亚爪哇岛上考古发现了 50 万年前直立人骨骼周围的一堆贝壳，其中一些贝壳上带有明显人工刻画图案，如图 5.5 所示。这些贝壳是世界上已知最古老的雕刻品。

大约 10 万年前古人类就在海螺壳上钻孔，以制造珠子，并串在一定长度的纤维上。这些经加工后的海螺作为珠宝用于交易。这些珠宝随后从海滨传到内陆。生活于 2000 年前亚利桑那州沙漠的霍霍卡姆人戴着用太平洋蛤壳制成的环箍手镯。这些佩戴贝壳首饰的内

图 5.5　直立人雕刻在贝壳上的锯齿形图案

陆人们甚至不知道海洋，更不知道这些首饰来自海洋生物。正是稀少和异国情调赋予了贝壳的价值。根据史料记载，大约从 11 世纪开始阿拉伯商人将玛瑙贝（cowries）带进撒哈拉，进入西非。这种来自印度洋的玛瑙贝圆形顶部看起来像孕妇的肚子，在世界多个不同的文化中玛瑙贝都赋予生命的象征。世界各地的宗教大多与贝壳有联系，例如印度教的创造者毗湿奴（Vishnu）右手拿着一只海螺，而罗马的爱与生育女神维纳斯（Venus）经常被描绘成在蛤壳中从海中升起。

海螺壳是一种可以放在耳朵上听到海洋声音的贝壳。海螺壳来自大型海螺。海螺壳内所有部分的肉都是可食用的。海螺壳也可以用作乐器。在海螺壳上钻一个精确的孔后，它就能够发出自然的声音。海螺壳被玛雅人等用作乐器。玛雅人最好的抄写员用海螺壳来携带墨水。在日本神道教和其他东方宗教中，海螺喇叭发出神圣的声音。一个右盘绕的海螺是佛教的八个吉祥象征之一，暗示了力量和坚韧，远在内陆的青藏高原都被尊为吉祥象征。贝壳是人类早期认识的一种物质。"贝"字出现在中国的甲骨文中，沿用至今（图5.6）。

图 5.6　贝字的演化

5.1.2.2　贝壳的商业价值

在历史长河中，贝类和人类关系非常密切，一直被赋予难以尽说的文化色彩。贝壳由于其独特的稀缺性和美观性，成为中国最早的实物货币。贝壳远在五万年前山顶洞人时期，就被穿成串链作为装饰。5000~6000年前，我国沿海地区及其附近岛屿，生活着众多的原始人群，他们依靠海洋生活，他们居住的地方现在都堆积有大量的贝丘，贝丘中有蛤蜊、鲍鱼、海螺、长蛎、玉螺等20余种贝类化石，还有许多贝壳上有钻孔，显然曾经作为装饰品使用。1987年在河南濮阳西水坡发现的有关巫觋的墓葬，还发现有三组用蚌壳摆塑的动物形象。商代到秦代，贝类中的一种，被打磨穿孔后，长期当作货币使用，这就是贝币，如图5.7所示。贝壳是一种很好的货币形式，统一的高质量贝壳很难买到，而且这些贝壳很耐用。通常情况下，只有富有且地位稳固的贵族才能定期使用贝壳作为货币。在北京周口店的山顶洞人遗址中，发现了山顶洞人使用的青鱼骨和海贝壳，说明在新石器时代，中国先民就已经和海洋开始打交道。在《禹贡》的记载中，就出现沿海地区向中原进贡的记录，"岛夷卉服。厥篚织贝，厥包桔柚，锡贡"。岛夷指的是沿海小岛上的居民，他们穿着草编的衣服，向夏王朝供奉的物品有海贝。商朝妇好墓出土了大量的打孔贝壳（6880枚）。这些贝壳当中，最常见的是阿文绶贝。这种贝类分布在东南沿海，从福建厦门以南近海岛屿到南沙群岛都有，而这里离河南安阳超过1600 km。

图5.7　中国古代的贝币

春秋战国时期，贝壳被普遍制成项链、臂饰、腰饰、服饰等，甚至还出现了马饰、车饰。春秋战国时期，鲁国的三成将士都用红线穿贝壳作坠饰，以壮军威。贝类装饰品是中国最原始的艺术品之一。秦汉时期，冶炼技术的提高和普及为贝壳的雕琢开辟了新途径。艺人们利用贝壳的色泽，将一种较平整的贝壳磨成薄片，再雕出简单的鸟兽纹图样，镶嵌在铜器、镜子、屏风和桌椅上作装饰，俗称"螺钿"，如图5.8所示。

这种工艺目前不少地区仍然保留着。宋、元前后，中国民间的螺钿镶嵌和贝贴等工艺已经十分流行。品种有各种人物、动物、花卉、挂屏等陈设品；各种文具、烟具、台灯等生活用品。色彩绚丽，形状奇异，自然美观。贝壳装饰物在很多古代遗址中也有发现。卡若遗址（卡若遗址是中国澜沧江上游地区的新石器时代遗址，位于西藏自治区卡若村，1978~1979年发掘）出土的贝饰有3件，完成的1件，其中的海壳腹部有磨光的痕迹，部

图 5.8　中国古代家具上的螺钿装饰

分海贝为原貌，可以断定这是 4000 年前的藏人所用的装饰品。来自深海的贝壳带着大自然的神秘力量。世界各民族的宗教多少都与贝壳有关，或制成法器，或为崇拜的神祇，或成为与宗教有关的饰品。一些关于贝壳的民间传说，都足以证明贝壳在人们心目中重要的位置。凤尾螺、神法螺被视作佛教的重要法器之一，也是藏传佛教的神圣贡品。伊斯兰教徒每年都要到圣地麦加进行朝拜，这时每个人的脖子上都要挂一串马蹄螺串珠，以示虔诚之意。欧美及笃信天主或基督教的国家，用砗磲来装圣水；印度教以铅螺为圣贝制成法器。可见，贝壳在众多宗教中都被视为珍贵的宝物。

5.1.2.3　贝壳的实用价值

贝壳在工业和日常生活中也应用广泛。贝壳的主要成分为碳酸钙，是烧制石灰的原料，还可制作油漆的调和剂、贝雕等工艺美术品。以天然海洋贝壳砂为主要原料，辅以长石、石英、高岭土等原料，经过特殊工艺烧制的陶瓷称为贝壳瓷或海瓷。相比陶瓷，贝壳瓷的表面更加光泽柔和。

建于 1750~1922 年间的巴西的九座历史建筑的砂浆的主要黏合剂是从贝壳的燃烧中获得熟石灰，在某些情况下与水硬性材料（黏土、磨制瓷砖或砖以及水硬性石灰）混合。热 HCl 侵蚀的结果显示了三种平均黏合剂/骨料比率。黏合剂的特性允许将砂浆分类为典型的石灰砂浆、碎砖石灰砂浆、毛石砌体砂浆、水泥砂浆和石膏砂浆。然而，这些研究并没有调查石灰的来源，石灰可能是贻贝壳、天然石灰石或其他来源。巴西使用的第一种黏合剂是钙质，来自 16 世纪萨尔瓦多市巴伊亚德托多斯桑托斯（全圣湾）海床上的贝壳沉积物。当地人报告说，"贝壳石灰"、沙子、鲸鱼油或鱼油的混合物被用于生产巴西许多历史建筑建造用的砂浆。

《本草纲目》记载贝具有镇心、安神之功效。贝壳所含的微量元素，壳角蛋白、氨基酸，具有很高的医学价值，有促进身体代谢的功能，抗衰老以及防止骨质疏松的功效，能助人稳定情绪、去除杂念、改善失眠。不少贝类还是不可缺少的优良中药材，在历代中医药书籍中都可以看到关于药用贝壳的记载，"有平肝清热，明目去翳的功效。"不同的贝壳有不同的中药名称，石决明为鲍科动物杂色鲍、皱纹盘鲍、耳鲍、羊鲍等的贝壳。《雷公炮炙论》称为真珠母，《本草经集注》称鰒鱼甲，《日华子本草》称九孔螺，《本草纲目》称千里光，《药材学》称真海决、海决明、关海决、贝壳、九孔石决明等。民间自古将贝壳视为消灾解厄、避邪镇煞、保平安之物。

5.2 贝壳的组织结构

5.2.1 贝壳的宏观结构

5.2.1.1 单壳贝壳的宏观结构

A 单壳贝壳的外观

海洋生物的外壳会受到风暴和潮汐、岩石海岸和锋利的捕食者的影响。但正如最近的研究表明,有一种贝壳的韧性比其他所有贝壳都更突出,它就是海螺。腹足类贝壳(如海螺)是自然界最坚硬的材料之一,也是进化适应的身体盔甲的完美例子。海螺的外壳足够坚硬,可以提供保护,免受食肉动物的巨大挤压力,如海龟的撕咬或螃蟹的剪刀状切割。虽然海螺壳的抗拉强度是珍珠的一半,但断裂功高出近十倍。

海螺是海洋中一种单壳软体生物,有数千个物种。种类繁多的海洋蜗牛有多种形状和大小。所有物种都有一个圆锥形的螺旋壳。绝大多数海螺都有一个高而卷曲的尖顶,这是贝壳末端的扭曲点,如图 5.9 所示。它们还有一个突出的虹吸管,远离壳另一端的尖顶。虹吸管本质上是虹吸槽边缘向外的延长突出物。海螺分布广泛,在世界各地都可以找到。有些分布在浅沙地区,有些在海草床中,有些在热带珊瑚礁中。许多物种存在于温暖的热带水域,少量物种存在于较冷的温带水域。海螺的食物因海螺种类而异,有些物种主要是草食性的,而另一些物种本质上是肉食性的。食草物种主要以藻类和水下植物为食,食肉物种以其他动物为食。食肉物种会吃蠕虫和其他小型无脊椎动物、鱼类和腐肉。每个物种都有不同的饮食需求,有些食物单一,有些则是杂食,几乎可以吃任何东西。

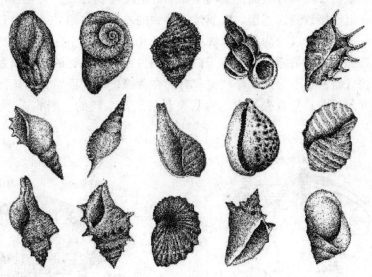

图 5.9 海螺的外观示意图

B 海螺的内部结构

海螺的宏观解剖结构如图 5.10 所示。海螺贝壳在自然界中是从前缘生长而成的。其整体尺寸的增加仅通过在一端连续添加材料来实现。通过对实际贝壳横截面的检查,整体上，先前形成的旧贝壳部分在生产后未受影响，几何结构不变。简单的贝壳可以被认为是沿着围绕贝壳轴线的螺旋路径形成的旋转表面。生成的横截面形状不变，但随着横截面扫过曲线，其尺寸以恒定的比例增加。

(a) (b)

图 5.10　海螺的内部构造

（a）内表面；（b）纵剖面

5.2.1.2　双壳贝壳的宏观结构

双壳贝壳由两个背侧铰接的瓣膜组成，通常带有带壳状互锁齿（铰链），并且始终带有角质韧带，该韧带沿其背表面连接两个瓣膜并迫使瓣膜分开。贝壳铰链边缘通常由非钙化韧带和一组铰接铰链齿连接。瓣膜位于动物的左侧和右侧，贝壳沿背缘某处保持喙状突起。每个贝壳瓣可以分为背缘、腹缘、前缘和后缘等几个区域。喙状突起将背缘分为前背和后鼻部分。如果喙状突起位于内侧，则贝壳瓣是等侧的；但如果喙状突起位于中线的前面或后面，则不等侧。喙状突起有的在背缘上彼此面对，即正回，也有的指向前、后角弓方向。在一些双壳类中，喙状突起甚至是盘绕的。图 5.11 为蛤蜊贝壳的表面形貌。

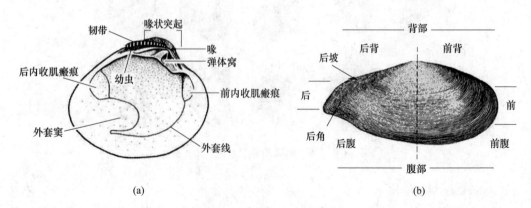

(a) (b)

图 5.11　蛤蜊贝壳的表面形貌

（a）内表面；（b）外表面

双壳贝壳的外表通常出现不同纹理和不同粗糙度的浮雕图案。常见的纹理有同心圆状、放射线状等；刻痕深度则从光滑、细线状、条状到沟壑状，甚至出现棘刺状突起，如图 5.12 所示。

| 细纹圆弧 | 细纹圆弧+辐射线 | 粗纹放射线 | 结节/棘突 | 棘刺 |

图 5.12　双壳贝壳的外部纹理图案

贝壳一般主要分为三层，褐色的角质层（壳皮），薄而透明，有防止碳酸侵蚀的作用，由外套膜边缘分泌的壳质素构成；中层为棱柱层（壳层），较厚，由外套膜边缘分泌的棱柱状的方解石构成，外层和中层可扩大贝壳的面积，但不增加厚度；内层为珍珠层（底层），由外套膜整个表面分泌的叶片状碳酸钙叠成，具有美丽光泽，可随身体增长而加厚。

5.2.2　贝壳的微观结构

5.2.2.1　单壳贝壳

图 5.13 为鲍鱼贝壳的不同尺度下的微观结构。从外至内，依次是厚为 $100 \sim 200$ μm 的棕色有机角质层、厚为 $0.5 \sim 3$ mm 的红色方解石层（棱柱状方解石）和厚为 $0 \sim 12$ mm 的珍珠光泽碳酸钙层。棱柱方解石层和珍珠碳酸钙层都是天然复合材料，其中含有 95% 的质地较硬的碳酸钙晶体和约占 5% 的质地较软的有机蛋白质。碳酸钙晶体以一种平行交错的方式均匀排列在有机质基体内，形成了一种所谓的"砖-砂浆"结构。

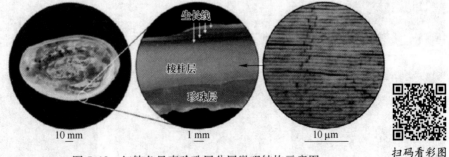

扫码看彩图

图 5.13　红鲍鱼贝壳珍珠层分层微观结构示意图

图 5.14 为海螺壳的微观组织。海螺壳与鲍鱼壳的微观组织基本一致，具有碳酸钙薄片堆叠组成的分层结构。图中还可以看到，碳酸钙晶体的基本单元为纳米纤维。这些碳酸钙晶体纤维平行组装在一起构成纳米厚度碳酸钙晶体条片，条片厚度为 $60 \sim 130$ nm，宽度为 $100 \sim 380$ nm，长度为数微米，并被薄的有机鞘所包围。纳米条片进一步组装成微米厚

度的碳酸钙晶体板条，厚度和宽度为 5~30 μm；两个相邻的碳酸钙晶体板条通过晶体方向的交叉（方向变化范围为 90°~140°）叠合成碳酸钙晶体板块。

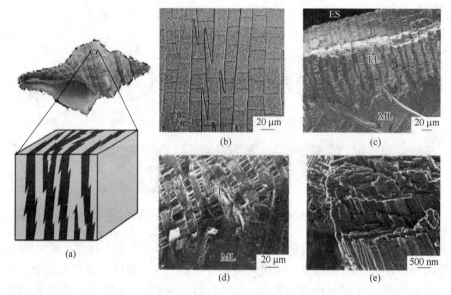

图 5.14　海螺壳珍珠层的碳酸钙晶体

（a）海螺壳外观；（b）螺外壳层的显微组织；（c）~（e）海螺断裂面的显微组织

万宝螺为弧形平行层状结构，单层厚度 100~1000 μm，整体结构由大致沿两个方向延伸的棱柱状碳酸钙构成。沿同一方向延伸的棱柱状碳酸钙平行排列构成 A 棱柱层，与相邻 B 棱柱层延伸方向近于垂直，两组近于垂直的棱柱层交替排列构成每个单层，如图 5.15 所示，即同一单层相邻碳酸钙棱柱光性方位近于垂直，相间碳酸钙棱柱光性方位基本一

图 5.15　万宝螺的碳酸钙片层分布

（a）弧形平行层状结构；（b）结构正视图；（c）结构侧视图；
（d）相邻碳酸钙棱柱层交角；（e）碳酸钙棱柱层纵向；（f）碳酸钙棱柱层横向

致。每个棱柱层由细长的纤维状碳酸钙棱柱组成，棱柱宽度 100~200 nm。

胭脂螺的微观结构与万宝螺微观结构相似，均为弧形平行层状结构，单层结构由两组近于垂直的碳酸钙棱柱层交替排列构成，如图 5.16 所示。相比于万宝螺，胭脂螺的弧形平行层排列更加细密，单层厚度较小，大多在几十微米。棱柱层的纤维状碳酸钙棱柱也更加细小，大部分宽度仅几十纳米。图 5.17 给出了胭脂螺和万宝螺微观组织结构模型。

图 5.16　胭脂螺的微观组织

（a）沿螺蜿蜒方向弧形平行层状结构；（b）平行层放大观察；
（c）交错的棱柱层；（d）结构正视图；（e），（f）纤维状碳酸钙棱柱

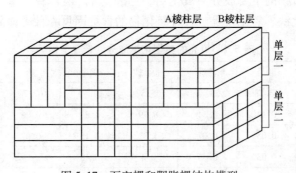

图 5.17　万宝螺和胭脂螺结构模型

5.2.2.2　双壳贝壳

双壳贝壳的微观结构与海螺相似，也是碳酸钙或方解石组成的分层结构。图 5.18 所示为贻贝壳的微观组织。可以看到其主要组成是珍珠层。贝壳珍珠层是一种天然复合物，呈板片状堆叠结构，板片的厚度约为数微米，板片间距数百纳米。三角帆蚌贝壳的棱柱层表面各多边形边长大小不一且随机分布，表面边长为 1.8~15.3 μm，厚度为 37~595.3 μm，占棱柱层加珍珠层总厚度的 1%~35%，珍珠层碳酸钙晶体晶片表面边长为 1.4~6.5 μm，厚度为 360~975 nm。

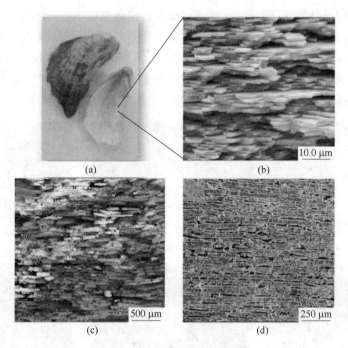

图 5.18 蓝色贻贝壳的形貌

（a）宏观照片；（b)~(d) 珍珠层的微观组织

5.2.3 贝壳的珍珠层

5.2.3.1 文石片

贝壳珍珠层无机物的主要成分为氧化钙，见表 5.1，还含有少量的或痕量的其他氧化物，如氧化铝、氧化铁、氧化镁等。各种氧化物的含量因贝壳种类而异。

表 5.1   贝壳的典型化学成分（质量分数）   （%）

成分	蚌	贻贝	牡蛎	玉黍螺	蜗牛	蛤	海贝	石灰石
CaO	53.99	53.38	53.59	55.53	61.95	67.70	52.34	53.08
Al_2O_3	0.14	0.13	0.14	8.79	4.81	0.28	1.15	0.73
Fe_2O_3	0.06	0.05	0.07	4.82	3.15	0.02	0.2	0.26
MgO	0.08	0.03	0.46	0.4	0.18		0.42	0.25
K_2O	0.03	0.02	0.02	0.2	0.05		0.13	0.13
Na_2O	0.39	0.44	0.23	0.25	0.04		0.35	0.03
SiO_2	0.84	0.73	1.01	26.26	10.2	0.39	3.65	4.27
SO_3	0.16	0.34	0.75	0.18	0.03		0.47	
Cl	0.02	0.02	0.01				0.038	
SO_4	0.06	0.11	0.43					
$CaCO_3$	96.8	95.6	96.8					

扇贝和珍珠母贝壳都是由约 95% 的碳酸钙和约 5% 的有机质组成的。扇贝的无机相几

乎由 100% 的方解石组成，而珍珠母贝壳的无机相由约 95% 的碳酸钙和约 5% 的方解石组成。

有机-无机界面对珍珠层的力学行为至关重要。低强度和高变形性的有机基质在珍珠结构的力学行为中起着重要作用。基质与碳酸钙片紧密结合，水化水平影响变形。例如，将有机界面脱水将珍珠层从准韧性材料变为脆性材料。珍珠片之间的有机基质由两个蛋白质层之间的一层 β-甲壳素原纤维组成，其中已公开了 40 个蛋白质序列。蛋白质层、甲壳素纤维和矿物质在珍珠片之间紧密结合。这些弱界面与珍珠层的分层结构一起工作，通过依赖不同的技术（如塑性变形、摩擦滑动和分子能量耗散）来偏转裂纹并产生非弹性变形。

5.2.3.2 层间有机质

贝壳珍珠层是一种生物复合材料，由碳酸钙（碳酸钙的多晶型）的六边形片组成，宽 10~20 mm，厚 0.2~0.9 mm，排列在连续的平行薄层中。这些层由一层有机基质（10~50 nm 厚）隔开，有机基质由弹性生物聚合物组成，如甲壳素、光泽素和类丝蛋白。贝壳珍珠层的有机质因贝壳种类略有不同，表 5.2 给出了几种贝壳样品的有机质含量测量结果，可以看出贝壳珍珠层的有机质含量为 0.88%~0.93%，蛋白质含量为 1.58%~1.71%。珍珠粉的有机质和蛋白质含量高于贝壳珍珠层。

表 5.2 贝壳粉末和珍珠粉末中的有机质含量（质量分数）　　　　（%）

样品	珍珠粉 1	珍珠粉 2	贝壳粉 1	贝壳粉 2
有机质含量	1.14	1.39	0.88	0.93
蛋白质含量	2.20	2.22	1.71	1.58

贝壳碳酸钙片层间基质是在矿物发育之前形成的。根据层间基质模型，珍珠层结构由甲壳素核心层组成，夹在由富含丙氨酸和甘氨酸的蛋白质组成的两个外层之间。酸性蛋白负责成核，覆盖在丝状蛋白层的表面，而在另一个模型中，甲壳素被认为是主要成分水凝胶，在矿化之前填充两层甲壳素之间的空间。类丝蛋白提供疏水微环境，有助于控制晶体形成。碳酸钙片层间有机质主要由 β-甲壳素、类丝蛋白、酸性蛋白和许多其他蛋白质构成。这种珍珠层微观结构特点，使得裂纹开裂在碳酸钙片层间被阻挡，而不能穿透至相邻的碳酸钙晶体块中，如图 5.19 所示。

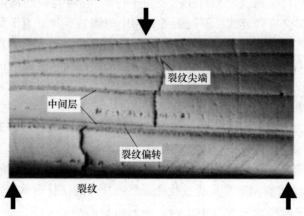

图 5.19 贝壳珍珠层中的裂纹扩展路径

有机相主要由蛋白质和多糖组成。作为重要的珍珠层蛋白之一，有机相具有丰富的多肽，呈锯齿形蛋白质片以多个数量彼此接近时，可能呈平面鞘状结构或桶形，形成一个结构域。蛋白质中一种常见的二级结构基序为片状。蛋白质片中的氢键从一股延伸到另一股，形成股间氢键。股线的方向性、它们的相对平面位置、股线之间氢键的数量和位置产生了不同的特征，如扭曲、卷曲等，最终构成了蛋白域的三级结构。在许多情况下，已经发现蛋白质片以非常高的程度扭曲和卷曲，从而形成主要具有疏水性内芯的封闭桶状结构。另一种常见的三级结构是平面板状，其中股线彼此相邻放置。这些薄片位于同一平面上，并由氢键连接。自然界中存在许多蛋白质，它们的结构域由桶状结构或平面片组成，有时由两者一起组成。根据结构域的三级结构，不同的蛋白质在机械刺激下表现不同。

5.2.3.3　堆垛结构

贝壳珍珠层的结构珍珠层是在有机基质精确调控下，无机物晶体有序沉积所形成的多重微层结构。碳酸钙板片是构成珍珠层的基本结构单元，可呈假六边形、浑圆形和不规则多边形等多种形态。碳酸钙板片的横向生长使邻近晶体相互聚合形成微层，微层间以厚的有机基质连接构成珍珠层。根据珍珠层中碳酸钙板片的排列方式，通常将其分为砌砖型和堆垛型两类。

（1）砌砖型结构。这种结构主要存在于双壳类中，其生长面呈现叠瓦状形貌，微层以类似阶梯的方式重叠，新生晶体沉积在台阶的边缘，通过横向延伸与微层聚合。在纵断面上，碳酸钙板片呈无规则排列状态。

（2）堆珠型结构。这种结构主要存在于腹足类中，在生长缘处呈现均匀排列的堆垛状结构，新生晶体沉积在堆垛的顶端。由于不同微层的晶体在横向上的生长速度近似相等，使得堆垛保持了锥型形貌。在同一堆垛中，纵向上相邻的碳酸钙板片中心位置基本一致，仅在水平方向上错开一定距离，与有机基质层中微孔的偏移相对应。

图 5.20 显示了在贝壳中发现的另一种碳酸钙微结构。从图 5.20 中可以看到，无机质碳酸钙具有近似直条的形状，仔细观察发现这些碳酸钙条并不完全平行，碳酸钙条的直径是变化的，一些碳酸钙条具有锥形的形状。这样的碳酸钙条微结构也增加了其拔出阻力，进而提高了贝壳的断裂韧性。在对此贝壳的观察中也发现，碳酸钙片或碳酸钙条在贝壳的不同位置有各种不同的排列或铺设方式。靠近贝壳表面的一种碳酸钙片排列方式，长而细的碳酸钙片整齐地平行排列（也与贝壳的表面平行）。在贝壳中间部位观察到的两种独特的碳酸钙片正交和斜交排列方式：不同碳酸钙层中的碳酸钙片垂直于所在的铺层，并保持与相邻铺层中的碳酸钙片成一个固定的夹角，形成正交和斜交碳酸钙片铺层。例如，贝壳经常可能受到的外力为横力弯曲，在横力弯曲条件下，内层承受最大的拉伸载荷，而作为贝壳类脆性材料抗拉能力较差，贝壳根据"越细越强"的原则让靠近内层的碳酸钙比靠近外层的碳酸钙尺寸更为细小。

碳酸钙片在微观尺度上呈波浪形。在横截面图中，这种燕尾形的碳酸钙片看起来像一个双凹面透镜。在绿色贻贝壳中，碳酸钙片在壳边缘弯曲成圆顶形状。碳酸钙片层表面还具有一定的纳米粗糙度，部分珍珠母材料中的片层形状也表现出一定的波纹状曲面，如图 5.21 所示。这种波纹状曲面通常是通过改变碳酸钙片层的拓扑形状来实现的，且在变形过程中会在相邻片层之间形成一种互锁结构和纳米粗糙度均可以增强片层之间的相互作用，使变形传播到更广的范围内。

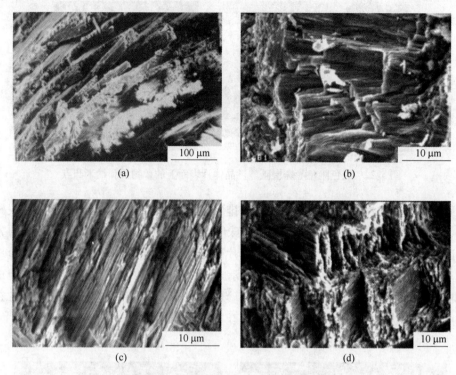

图 5.20 贝壳珍珠层文石片层及其分布

(a) 弯曲片层形状；(b) 条锤形状；(c) 平铺交叉；(d) 立式交叉

图 5.21 红色鲍鱼珍珠层纳米凸点

碳酸钙晶体片表面具有纳米的凹凸结构，凸点的尺寸为 3~10 nm，使得碳酸钙晶体片表面具有一定的粗糙度。其中部分凹凸结构将相邻两块碳酸钙晶体接起来，形成矿物桥，如图 5.22 所示。

根据软体动物的分类，珍珠母有两种不同的矿化类型。因此，从微观尺度，珍珠母具有两种不同的微结构，分别为柱状珍珠母和片状珍珠母。通常，柱状珍珠母结构多发现于腹足类（如鲍鱼），片状珍珠母则多发现于双壳类（如珍珠贝）。这两种微结构的不同之处主要在于碳酸钙片层的堆叠方式。在柱状珍珠母中，碳酸钙片层大小相对一致，以一种柱状方式相互堆叠，但不是完全重叠，而是交错堆叠。因此，从中任取一个横截面都可以

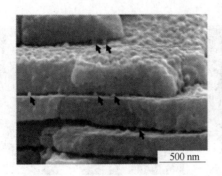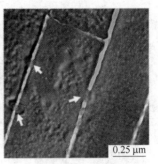

图 5.22　红色鲍鱼珍珠层碳酸钙晶体片表面上的矿物桥和纳米凸点

观察到碳酸钙片层之间的连接处整齐划一地排列在另一层上，像一栋用很长的砖块砌成的墙一样，如图 5.23（a）所示。而在片状珍珠母中碳酸钙片层则是以一种更随机的方式堆叠在一起。此外，在柱状珍珠母中，碳酸钙片层之间相互重叠约 1/3，而在片状珍珠母中则没有观察到这种现象，如图 5.23（b）所示。珍珠层由 95%体积的矿物包裹体组成，形成由蛋白质和多糖薄层结合的三维网络。在珍珠层中，矿物包裹体呈多边形片状，在柱状珍珠层中或在片状珍珠层中以明确的距离相互重叠。

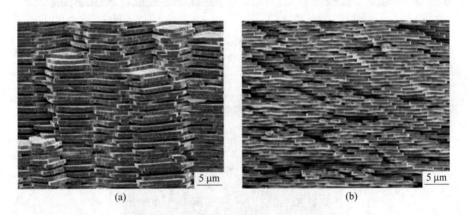

(a)　　　　　　　　　　　　　　　(b)

图 5.23　贝壳珍珠层的碳酸钙片排列方式
(a) 柱状；(b) 片状

5.3　贝壳的力学性能与构效关系

由于多数贝壳体态较小、形状不规则，其力学性能的测定往往不能采用其他工程材料通用的测试标准。贝壳力学性能测定常用的方法主要有拉伸、三点弯曲、显微硬度和纳米压痕等。珍珠母材料内部的碳酸钙片层还存在矿物桥、表面粗糙度及波纹状片层等微结构，这些都对珍珠母材料的力学性能产生了显著的影响。珍珠层其碳酸钙晶体的硬度与普通碳酸钙晶体相近，而其破裂韧度却是普通碳酸钙晶体的数倍。如此优越的力学特性与其微结构及晶体的规则排列有着密不可分的关系。

5.3.1　力学性能

5.3.1.1　拉伸性能

贝壳的拉伸强度与多种因素有关。这些因素包括贝壳的种类、取样位置、拉伸方向、干湿环境等。图 5.24 为贝壳珍珠层试样的拉伸应力-应变曲线。干燥贝壳珍珠层试样拉伸变形行为与陶瓷片相近，呈脆性断裂。珍珠层的线性弹性模量为 90 GPa、极限抗拉强度为 95~135 MPa，低于致密的文石碳酸钙（约 160 MPa）。经过浸泡后的湿贝壳珍珠层试样拉伸时呈现较大的塑性变形，为典型的塑性材料。湿珍珠层试样的线性弹性模量约为 80 GPa，极限抗拉强度约为 70 MPa。湿试样的线性弹性模量和极限抗拉强度相比干试样均略有降低。图 5.24（b）显示，干燥条件下的泊松比 $\nu = 0.3$，水合条件下的泊松比 $\nu = 0.4$。表明经水泡的湿珍珠层中文石片间的滑动性增加（拉伸应变>0.002），横向收缩停止，观察到轻微扩张。碳酸钙片滑动是主要的变形模式，碳酸钙片内没有产生额外的应变。当板块相互滑动时，也有可能在横向产生一些膨胀，这会抵消泊松效应。最近在珍珠层的简单剪切试验中也观察到了剪切层的横向膨胀。

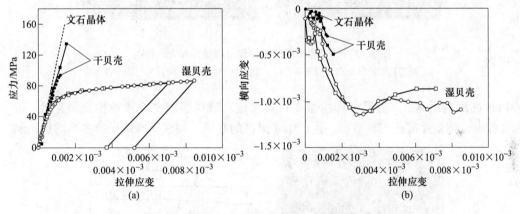

图 5.24　贝壳珍珠层的拉伸力学性能
（a）应力-应变曲线；（b）相应的横向应变

图 5.25 给出了贝壳珍珠层拉伸变形及断裂失效示意图。可以看出，断裂发生在文石片层间，典型的失效机制为文石片被拉出。如前所示，珍珠层文石片上存在纳米级凸点。这些纳米凸点对变形过程中文石片片层间滑动有一定的阻碍作用，有助于提高珍珠层的拉伸强度。

文石片的波纹度是导致珍珠层硬化的关键特征，文石片并非规则矩形，而是呈中间略薄、两端略厚的透镜状，相邻文石片组成燕尾榫卯装配，如图 5.26 所示。当珍珠层沿着板块承受拉伸载荷时，燕尾榫卯结构在滑动区域产生三轴应力状态，正常压缩叠加剪切。正常压缩会对板块的滑动和拉出产生额外的阻力。值得注意的是，界面处的力平衡需要碳酸钙片芯部的拉力。燕尾形几何形状通常用于机械装配中，以互锁零件并在零件之间产生极强的结合。然而，在珍珠层中燕尾榫的角度非常小（为 1°~5°），锁定效果较弱。因此，可以拔出碳酸钙片，但同时伴有逐渐锁定和硬化。数值模型分析结果表明，即使在界面材料没有硬化的情况下，碳酸钙片的波纹度也能够解释实验观察到的硬化率。在 100 ~

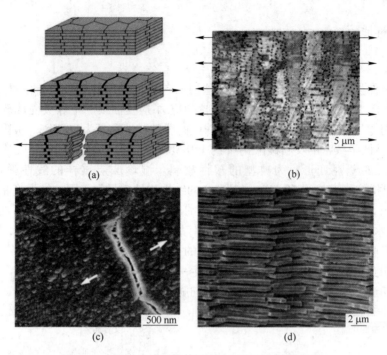

图 5.25　贝壳珍珠层拉伸过程中的变形和失效机制

（a）断裂模型；（b）开裂点分布；（c）文石片平行方向；（d）文石片垂直方向

200 nm 的滑动距离后，燕尾榫卯构型变得不稳定，珍珠层因文石片被拉出而失效。在加载过程中，陶瓷片彼此相对滑动。这产生了渐进的互锁，构成了珍珠层的主要增韧机制。

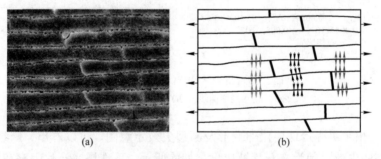

图 5.26　贝壳珍珠层的燕尾榫卯结构特征

（a）显微照片；（b）拉伸过程中的受力分析

　　文石片层间的有机质以及矿物桥对珍珠层的拉伸强度也有影响。珍珠层文石片层间有机基质层重叠区域内两个相邻矿物桥之间变形如图 5.27 所示。矿物桥和有机基质均施加剪切应力，珍珠层在弹性状态下横向收缩。当拉伸应力达到珍珠层的屈服强度时，应变量超过矿物桥的弹性极限，矿物桥发生断裂。相邻两个断裂矿物桥的其余部分侵入有机基质，并开始沿有机基质层的相反方向滑动。随着变形量增加，相邻的断裂矿物桥的其余部分滑动相接，并开始相互攀爬。当相邻的断裂矿物桥的其余部分互相攀爬到达顶部时，坚硬的矿物桥断面开始对变形有机质产生剪切作用，有机质断裂，该处的珍珠层文石片被拔出。当超过一定数量的文石片被拔出时，整个珍珠层试样发生拉伸断裂失效。

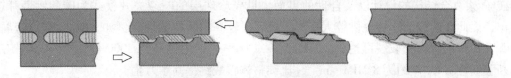

图 5.27　拉伸变形过程中珍珠层矿物桥和有机质的变形行为

基于珍珠层力学性质的有效方法已成功应用于定量解释力学强度与砖和砂浆结构之间的关系，其拉伸强度可以通过简单剪切滞后模型进行描述。由于碳酸钙片之间的界面坚固，界面剪切强度（τ_i）大于屈服剪切强度（τ_y）。复合材料的极限抗拉强度（σ_c）可计算如下：

$$\sigma_c = V_p\sigma_p + (1 - V_p)\sigma_m \approx V_p\sigma_p \tag{5.1}$$

式中，V_p 是无机碳酸钙片的体积分数；σ_p 是碳酸钙片中的平均拉伸应力。

碳酸钙片纵横比的临界值（σ_c）可以表示为：

$$\sigma_c = \sigma_p/\tau_y \tag{5.2}$$

如果实际纵横比大于固有临界值，则脆性断裂占主导地位，因为发生了碳酸钙片断裂（见图 5.28）。考虑到相邻碳酸钙片之间的相互作用，此时

$$\sigma_c = V_p\sigma_{pu}/2 \tag{5.3}$$

σ_{pu} 是碳酸钙片的最终断裂应力。对于无相互作用的碳酸钙片断裂，σ_c 由下式给出：

$$\sigma_c = V_p\sigma_{pu}[1 - S_c/(2S)] \tag{5.4}$$

相反，当纵横比小于临界值时，碳酸钙片开始相互滑动，并从软基质中拉出。与相邻碳酸钙片之间的相互作用无关，σ_c 如下：

$$\sigma_c = V_p\tau_y S[1 - S_c/(2S)] \tag{5.5}$$

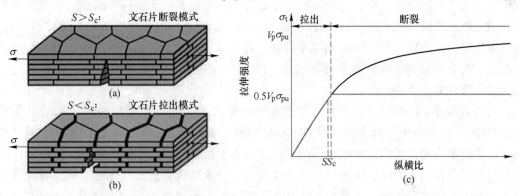

图 5.28　贝壳珍珠层的断裂机制

（a）文石片断裂；（b）文石片拉出；（c）应力-应变曲线

需要指出，碳酸钙片之间的相互作用实际上发生了，因为碳酸钙桥和纳米凹凸作为界面的增强物。

一般来说，由于基体屈服前的碳酸钙片断裂，含有高体积分数无机组分的复合材料强度很高，但容易发生脆性断裂，且对缺陷敏感。贝壳珍珠层含有极高的碳酸钙含量，单个碳酸钙片的强度估计超过 300 MPa，使得珍珠层的强度与纯碳酸钙晶体相近。然而基于精

细砖-砂浆复合结构的设计以及合理的界面，贝壳珍珠层的断裂失效模式为碳酸钙薄片被拉出，因此在断裂前能够提供较大变形，表现出较高的断裂韧性。例如，双壳纲软体动物叠瓦珠母贝的水合壳破裂可达到 1.24 kJ/m^2，比整体碳酸钙高约 3000 倍。同时，红鲍鱼的断裂韧性（K_{IC}）约为 8 MPa·m$^{1/2}$，比纯整体碳酸钙提高了八倍。

珍珠层由非常高体积分数（0.90~0.95）的板状无机片（0.4~0.5 μm 厚，5~10 μm 长）制成，片之间有少量软基质（厚度为 20~30 nm）。微观力学模型基于剪切滞后理论，用于推导碳酸钙片中的轴向和剪切应力分布，其基本假设是碳酸钙片承载的载荷保持恒定，碳酸钙片间的载荷传递通过基质的剪切变形发生，由下面的等式（5.6）给出，揭示了生物复合材料高刚度的原因。

$$\frac{1}{E} = \frac{4(1-\varphi)}{G_p \varphi^2 \rho^2} + \frac{1}{\varphi E_m} \tag{5.6}$$

根据等式（5.6）给出的数学表达式，复合材料刚度估计值（E）取决于各种因素，即碳酸钙杨氏模量（E_m）、蛋白质剪切模量（G_p）、矿物体积分数（φ）和矿物晶体的纵横比（ρ）。此外，超过某个纵横比值时，复合材料刚度（E）变得几乎恒定。此外，TSC模型以合理的高精度预测刚度。

5.3.1.2　压缩性能

当珍珠层沿碳酸钙片受到准静态压缩时，其表现出高达 0.5%~8% 塑性变形量。珍珠层的动态抗压强度比准静态强度高 3~30 倍。在压缩载荷下珍珠层的主要增韧机制包括裂纹缺陷、微屈曲、碳酸钙片拉出以及有机层变形。裂纹终止了片间空间的扩展，并以穿晶方式直接撞击碳酸钙片。

在弹性阶段之后发生了两个硬化阶段，即初始适度硬化直至应变 5%，并且随后在较大应变下发生强烈硬化。前者与碳酸钙片滑动有关，而后者与碳酸钙片的横向压缩抗力有关。循环试验中的加载/卸载曲线表现出滞后现象，能量通过内摩擦消散。当位移固定时，珍珠层试样的应力以 1 MPa/min 的速率降低，这意味着能量通过黏塑性界面耗散。在断裂表面上，沿着碳酸钙片观察到平行滑移线。压力-应变曲线在干燥和水合珍珠层破坏之前表现出实质性的非弹性变形。

当负载垂直于碳酸钙片层时，力学性能出现最大值。当负载与碳酸钙片层的夹角为 15°~60° 时，珍珠层的失效为跨板层和跨片层断裂。碳酸钙片之间的界面在水化方面通常比有机基质更均匀，矿物桥和纳米凹凸对珍珠的力学行为也至关重要。另外，碳酸钙片间存在相互嵌合作用，因此，碳酸钙片之间界面对于珍珠结构的抗压性也有影响。皱纹盘鲍垂直于贝壳表面方向的压缩强度为 540 MPa，平行于贝壳表面的压缩强度为 235 MPa；动态压缩实验时垂直于贝壳表面方向的压缩强度为 735 MPa，平行于贝壳表面的压缩强度为 548 MPa。垂直于贝壳方向性能好于平行于贝壳方向，动态压缩强度比准静态压缩强度高 50%。垂直与平行于贝壳方向的抗弯强度分别为 197 MPa 与 177 MPa。抗压强度与抗弯强度之比为 1.5~3，低于陶瓷材料。

5.3.1.3　剪切性能

贝壳珍珠层的比例极限和剪切强度分别为 12 MPa 和 30 MPa。最大剪切应变为 0.45。在 200 μm 间隙处，脆性破坏时测得的剪切强度为（36.9±15.8）MPa。这是因为在大间隙试样内发生了更多的碳酸钙片滑动，导致在比例极限之后出现应变硬化期。采用直接剪切试验，研究深海鹦鹉螺和淡水褶皱珊瑚壳中的珍珠层。有机基质含量越高（4.1%），纵横比越大。较大的纳米凹凸产生了更高的界面强度（30.7 MPa）（有机基质含量为3.2%，纵横比为4.57，剪切强度为118 MPa）。

图5.29是珍珠层剪切试样和剪切应力-应变曲线试样以约 0.002 s^{-1}的工程剪切应变率加载。在界面层之后，沿碳酸钙片平面发生失效。破裂表面大部分光滑，呈珍珠层状，台阶很少。在初始线性响应（干燥条件下的剪切模量 14 GPa，水合条件下为 10 GPa）后，大剪切应变和硬化区域在约 20 MPa 的剪切应力下开始，直至约 0.15 的破坏剪切应变。应变在应变计中均匀分布，没有局部化迹象。该试验中的应力水平远低于碳酸钙片的强度，因此界面的剪切是该试验中突出的变形机制。随着应力的增加，碳酸钙片层彼此滑动，产生阶梯状变形，并产生较大变形。界面硬化是这种行为的要求。尽管屈服时的剪切应力更高（55 MPa），破坏时的剪切应变更小（0.1），但干燥试样也显示出显著的剪切变形。与拉伸配置相比，剪切配置似乎更稳定，并产生更多的硬化。界面是珍珠层硬化的来源，由于在剪切试验期间界面的整个区域都被剪切，因此观察到了更明显的硬化。在拉伸试验期间，界面仅在重叠区域（界面面积的 30%）剪切，这将解释拉伸硬化率低于剪切硬化率的原因。对于干燥和水合情况，剪切伴随着层间的显著膨胀，水合情况高达 0.02，干燥情况高达 0.015。在珍珠层中首次观察到这种行为，这清楚地表明，碳酸钙片为了在彼此之间滑动，必须攀爬其界面间的障碍物。

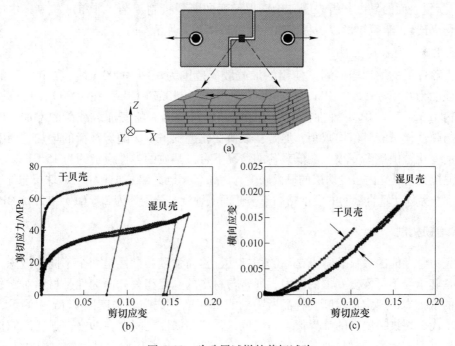

图5.29　珍珠层试样的剪切试验

（a）剪切试样；（b）剪切应力-应变曲线；（c）横向应变

5.3.1.4　弯曲性能

白蛤的珍珠层的硬度值最高为 300 HV，角质层次之为 273 HV，棱柱层的硬度最低为

240 HV。弯曲强度的平均值为 110.2 MPa，压缩强度的平均值为 80.1 MPa。三角帆蚌贝壳珍珠层的平均抗拉强度与平均拉伸弹性模量为 32.4 MPa 和 3 GPa，棱柱层加珍珠层的平均抗拉强度与平均拉伸弹性模量为 28.9 MPa 和 2.7 GPa。三角帆蚌珍珠层的平均抗弯强度与平均弯曲弹性模量为 166.1 MPa 和 36.2 GPa，棱柱层加珍珠层的平均抗弯强度与平均弯曲弹性模量为 182.7 MPa 和 35.8 GPa，棱柱层加珍珠层比珍珠层抗弯强度高约 10%，失效应变率高约 12.2%。在平行于贝壳方向受力时，珍珠层性能较优于棱柱层加珍珠层整体性能；在垂直于贝壳方向受力时，棱柱层起承力作用，珍珠层变形吸能。纳米压痕实验中，在压入深度为 2000 nm 时，棱柱层较珍珠层的平均压入载荷、硬度、弹性模量分别高 37%、52.4%、31.4%。

　　带缺口的珍珠层样品的三点弯曲破坏强度在 56~116 MPa 之间。在断裂表面发现了明显的非弹性变形区。扩展的裂纹沿着锯齿形轨迹侵入碳酸钙片，而地质碳酸钙单晶中的裂纹以直线方式扩展。珍珠层在弯曲过程通过非弹性变形在单个碳酸钙片中引发无序转变。另外，贝壳珍珠层样品的三点弯曲行为强烈依赖于样品的厚度。随着片间界面数量的增加，弯曲强度增加到一定值（100~150 MPa），而单位体积的断裂功继续增加。在相同厚度下，由于存在压缩和拉伸区域，在珍珠层变形过程中，弯曲对界面和碳酸钙片之间的分离行为不起作用。

　　红鲍鱼和珍珠牡蛎珍珠层的平均四点弯曲断裂韧性（10 MPa/m$^{1/2}$）和强度（180 MPa）值约为合成的整体碳酸钙多晶体的 20~50 倍，优于大多数单片陶瓷（如 Si_3N_4、SiC 和 ZrO_2）。断裂表面的显微分析表明，珍珠层的弯曲断裂机制复杂，非单一机制，主要包括裂纹钝化/分叉、微裂纹形成、板拔出、裂纹桥接和薄片滑动等。

5.3.1.5　纳米压痕性能

　　贝壳珍珠层的纳米压痕测试使用的加载载荷范围为 10~10000 μN。在 10 μN 的载荷下，其硬度为 0.69~19.32 GPa、弹性模量为 14.85~113.74 GPa，在 10000 μN 的载荷下，其硬度为 1.32~3.1 GPa、弹性模量为 40.95~56.71 GPa。随着加载载荷的增加，珍珠层的硬度与弹性模量测量值均减小，但是从数值变化范围来看，随着载荷的增加，硬度与弹性模量的变化范围逐渐变小。在低载荷的情况下有机基质的弹性模量约为 15 GPa。

　　马尼拉文蛤贝壳内层珍珠层的显微硬度约为 3.00 GPa，略高于其中层珍珠层与外层珍珠层的硬度。另外，垂直截面的硬度略高于横截面上硬度，分别约为 2.6 GPa 和 2.15 GPa。

5.3.2　增韧机制

　　贝壳力学性能的最显著特点是高的强韧性，然而强度和韧性是两个不同的概念。强度本质上是其承受不可恢复变形的能力，通常与材料的刚度相关；而韧性是材料对断裂和裂纹扩展的抵抗力，通常通过断裂样品所需的能量（W_f）或临界强度因子 K_{IC} 来测量，临界强度因子代表裂纹扩展力的临界值。一般地，强度和韧性之间存在冲突，强度高的材料通常比较脆，而韧性高的材料通常强度不高。图 5.30 给出了几种常见生物材料和人造工程材料的韧性性能比较。可以看出贝壳是一种刚-韧综合性能优良的材料。

　　贝壳主要是由棱柱层和珍珠层构成的，微观上都是碳酸钙片层结构，并且都表现为高韧性。已经公认的几种增韧机制包括裂纹尖端的塑性变形、裂纹偏转、裂纹钝化和碳酸钙片层拔出等。牛角江珧蛤的断裂韧性大约为 1.15 MPa·m$^{1/2}$，河蚌的断裂韧性大约为

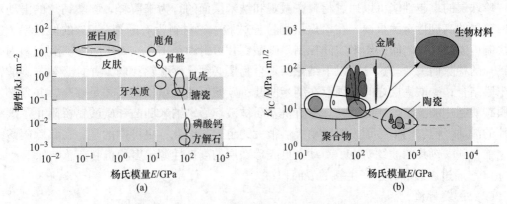

图 5.30　常见生物材料和工程材料的性能比较
(a) 天然生物材料；(b) 人造材料

$0.87 \text{ MPa} \cdot \text{m}^{1/2}$，而天然方解石的断裂韧性只有 $0.2 \text{ MPa} \cdot \text{m}^{1/2}$。造成这一结果的原因，一是由于棱柱层内部的晶粒细化，二是由于棱柱层的有机基质可以抑制裂纹，从而提高断裂韧性。贝壳珍珠层是构成许多腹足类和双壳类动物内层的物质。由 95% 的碳酸钙（碳酸钙的一种形式，接近方解石）制成，珍珠层坚硬（$E = 60 \sim 80 \text{ GPa}$），同时保持相对较高的韧性（$K_{IC} = 1.5 \text{ MPa} \cdot \text{m}^{1/2}$，约为碳酸钙韧性的 1000 倍）。

　　贝壳作为天然生物材料，其原材料是比较脆弱的，然而可通过微调微观结构弥补强度与韧性的冲突，从而获得强韧性综合效果。表 5.3 总结了贝壳珍珠层及其组成物质的一些力学特性。珍珠层的弹性模量和拉伸强度介于文石和有机质之间，更接近高的一方；而珍珠层的韧性远高于文石和有机质，分别约为后二者的 50 倍和 100 倍。

表 5.3　贝壳珍珠层及其组成物质的力学性能对比

物质	弹性模量/GPa	拉伸强度/MPa	韧性/kJ·m^{-2}
珍珠层	70~80	700~1000	0.1~1.5
文石	100	1600	0.002~0.01
有机质	1.5	250	0.001~0.003

　　表 5.4 列出贝壳珍珠层与常见几种无机材料的相对脆性。可以看出，贝壳珍珠层的脆性是最低的，约为热压碳化硅的 3%。

表 5.4　贝壳珍珠层与常见无机材料的相对脆性

物质	珍珠层	氯化钠单晶	热压碳化硅	热压氮化硅	热压碳化硼
相对脆性	0.15	0.6	5	3	13

　　珍珠是鲍鱼壳中发现的天然材料之一，尽管含有 95% 的脆性碳酸钙陶瓷，但其强度和韧性都非常显著。由于其层次结构，珍珠层比纯碳酸钙陶瓷坚硬几个数量级。在微观尺度上，珍珠层类似于砖和砂浆结构，其中碳酸钙陶瓷片是砖，片的生物聚合物衬里是砂浆。在加载情况下，已经表明，砖片彼此相对滑动，随着它们滑动而逐渐联锁，从而在整个样品上分散损伤。由于珍珠层抗损伤扩散能力强，能够在大面积上消耗能量，使其具有优异的韧性。

　　珍珠层的卓越性能可以通过材料在微观和纳米层面的行为来解释。碳酸钙片的滑动对于珍珠层的高韧性至关重要。在珍珠层的拉伸试验中，材料没有断裂到2%的伸长率。这一机制由碳酸钙片之间的纳米空间控制。碳酸钙片可滑动至100～200 nm，直到材料因碳酸钙片的移除而失效。这导致以下结论：聚合物层必须比碳酸钙片弱，并且必须与碳酸钙片牢固结合；碳酸钙层之间必须存在纳米凹陷；碳酸钙片的纵横比必须足够高，并且必须克服碳酸钙片的波纹度才能滑动。在有机基质被破坏后，纳米凹凸和碳酸钙桥阻止了碳酸钙片的滑动，但它们不会预先对滑动提供很大的阻力。因此，更可能的是，在移除碳酸钙片之前，碳酸钙片的波纹防止了滑动。贝壳珍珠层的高韧性源于多种机制，总结如下：

　　（1）通过断裂和分层产生新的表面积；

　　（2）裂缝导流；

　　（3）陶瓷相从次要有机组分中拔出，可能由碳酸钙片表面的凹凸（来自矿物桥）辅助，这提供了抵抗碳酸钙片拔出的摩擦阻力；

　　（4）在较大变形时，在位移的陶瓷相元件端部形成孔洞（这似乎类似于聚合物中的应力变白）；

　　（5）有机黏合剂相的高水平锚固；

　　（6）有机相中的配体或细丝形成，具有黏弹性，以及高度弹性；

　　（7）有机相韧带桥接裂缝；

　　（8）链的展开、交联的断裂，以及变形过程中有机相的永久重新定向；

　　（9）水分对蛋白质层具有显著的增塑作用，从而导致压裂所需的能量增加；

　　（10）残余应力对能量吸收的贡献。

5.3.2.1　结构材料的变形和破坏模式

　　对于结构材料，韧性通常指断裂韧性，或材料对裂纹扩展的抵抗力。对于初始裂纹尺寸为c的完全脆性和弹性材料，断裂应力用式（5.7）表示：

$$\sigma_f = \left[2\gamma E/(\pi c) \right]^{1/2} \tag{5.7}$$

式中，σ_f是断裂应力；γ是表面能；E是弹性模量；c是现有或初始裂纹长度。

　　式（5.7）是由格里菲斯（Griffith）提出的，被称为格里菲斯方程（Griffith equation）。在格里菲斯的理论中，当初始裂纹长度达到临界尺寸时，与施加应力相关的弹性能等于形成两个新生表面的表面能。对于能够塑性变形的晶体材料，奥罗万（Orowan）将格里菲斯方程中的表面能项修改为：

$$\sigma_f = \left[2(\gamma + p)E/(\pi c) \right]^{1/2} \tag{5.8}$$

式中，p是塑性项，比γ大几个数量级。

　　像贝壳这种由高含量的无机矿物质组成的天然复合材料中，由于少量蛋白质等有机物质的存在，使得材料的性能发生重大变化，不再显示无机矿物质典型的脆性，力学性能更像具有韧性的金属材料。

　　贝壳材料的断裂破坏包括新表面的形成、界面处的分层、裂纹转移、裂纹分支和裂纹桥接；较新的模式包括珍珠层的砖和砂浆结构中的陶瓷"砖"的拔出、在拔出阶段对薄片（或砖）表面上的凹凸进行的摩擦功、有机相中的分子重排以及新形式的裂缝桥接，使得次要有机黏合剂相的韧带限制陶瓷部件分离（类似于裂缝开口的延迟）。尽管这种断裂力学方法与考虑能量耗散的方法之间存在重要差异，但有许多与天然陶瓷和玻璃基复合材料相关的因素，可以用式（5.9）描述。

$$\sigma^* = \left[GcE/(\pi c) \right]^{1/2} \tag{5.9}$$

式中，σ^* 是在具有尺寸为 c 的预先存在裂纹的材料中导致断裂所需的应力；G 是能量释放率，按下式计算：

$$G = \sigma 2\pi c/E \tag{5.10}$$

材料的韧性不仅取决于裂纹界面形成的结构和方式，而且界面裂纹通常在混合模式加载条件下扩展，包括裂纹张开模式（模式 I）和剪切模式（模式 II）。当处理具有砖和砂浆、交叉层状或同心圆柱形弯曲结构的复合结构时，这些模式变得更加复杂和多变。对于双壳类外壳而言，壳体呈弯曲形态，导致应力模式、曲率等各处不同，裂纹扩展路径变得更加复杂。

5.3.2.2　断裂过程中的能量耗散

通过诸如有机层从其基底上剥离、新表面的形成、微裂纹、裂纹转移和裂纹桥接等过程耗散了大量能量。然而，很少有人提到非常薄的有机黏合剂相的裂纹延迟，以及这种有机层对能量耗散的影响，厚度为 5 ~ 25 nm。陶瓷/有机复合材料中有机相的小体积分数的临界性与能量耗散过程中变形和断裂所涉及的各种机制之间的能量分配有关。这种能量耗散的组合可以表示为：

$$dET = dES + dEdiv + dEdel + dECB + dEVF + dEFR + dEMR + dEVD \tag{5.11}$$

式中，dET 为总耗散能量；dES 为创建的新表面的能量，包括涉及多个微裂纹的那些；dEdiv 为与裂纹发散相关的能量；dEdel 为与分层相关的能量；dECB 为与裂纹桥接相关的能量；dEVF 为与空隙形成（珍珠层）相关的能量；dEFR 为抵抗摩擦约束（表面粗糙度和其他表面效应，如机械联锁）耗散的功；dEMR 为耗散的能量通过分子重排，如蛋白质的展开；其中一些是永久变形，一些是部分可恢复的；dEVD 为与黏弹性变形过程中的损失相关的能量。

5.3.2.3　裂纹偏转

贝壳的断裂韧性（K_{IC}）值高于牙釉质，与牙本质的断裂韧性值相当，这意味着复合材料应能够以类似于天然牙组织的方式吸收能量。裂纹扩展路径的 SEM 图像（图 5.31）显示了陶瓷砖周围的裂纹偏转，这意味着裂纹扩展路径增加、产生断面面积增大，因此需要消耗更多的能量。

这种裂纹的频繁偏转必然导致材料韧化，主要原因有两点：

（1）与直线扩展相比，裂纹的频繁偏转造成扩展途径的延长，从而使吸收的断裂功增加；

（2）当裂纹从一个应力状态有利的方向转向另一个应力状态不利的方向扩展时，将导致扩展阻力的明显增加，从而引起外力增加使材料韧化。

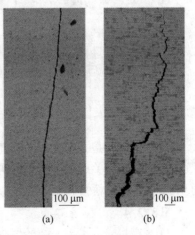

图 5.31　裂纹扩展形态
（a）致密陶瓷；（b）贝壳仿生陶瓷

当珍珠层沿垂直碳酸钙晶体层面断裂时，由于有机基质的强度相对较弱，在有机/无机界面上易于诱导产生裂纹的频繁偏转，造成裂纹扩展路径的增长，从而使裂纹扩展过程吸收了更多的能量，而且导致裂纹从应力有利状态转为不利状态，增大了扩展的阻力，提高了材料的韧性。在珍珠层的形变和断裂过程中，裂纹偏转的同时经常伴随着纤维拔出作用的发生（珍珠层中的纤维是指碳酸钙晶体板片），由于在有机相-无机相间存在着相对较强的结合界面，有机基质与碳酸钙晶体片间的结合力和摩擦力将阻止裂纹的进一步延伸，而且有机基质的塑性形变可降低裂纹尖端的应力场强度因子，从而使断裂所需的能量提高，达到增韧的目的。

有机质基体的存在提供了一个裂纹偏转层。有机质是黏塑性材料，断裂韧性显著高于脆性的碳酸钙片。这意味着碳酸钙片层内的裂纹到达碳酸钙片层间的有机质时会停顿下来。在珍珠层内碳酸钙片间是错位排布的，并且碳酸钙片层会在相邻片层的上方相对旋转一个小角度，导致上层碳酸钙片层渗透到下层中形成联锁。当承受与片层相平行的载荷时，围绕着片层的有机质层提供了可变形介质，在碳酸钙片层互锁失效前产生额外变形，对珍珠母层的强度和韧性都会产生较大贡献，如图 5.32 所示。

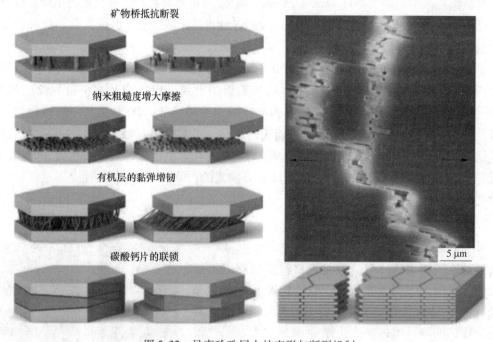

图 5.32　贝壳珍珠层中的变形与断裂机制

值得注意的是，在软体动物壳中，新表面的产生也与碳酸钙板的滑动、分层、裂缝发散和裂缝桥接有关。在巨型粉红色皇后海螺的交叉层状结构中，变形过程中发生了大量的裂纹转移、裂纹桥接和新表面区域的形成。

5.3.2.4　黏弹性界面

贝壳在断裂过程中，碳酸钙晶体层间的有机质发生塑性变形，提高了相邻晶片间的滑移阻力，强化了纤维拔出韧化机制的作用，表明生物大分子和碳酸钙晶体晶片间较强的结合界面。约占贝壳重量5%的有机大分子使本质上各向异性的矿物质自组装成各向同性的纳米结构体，其在贝壳增韧机制中起到了不可替代的作用。珍珠层发生变形与断裂时，碳酸钙晶体层间的有机基质发生塑性变形并且与相邻晶片黏结良好。这是珍珠层中的一种普遍存在的现象，这种现象在韧化过程中的作用是不可忽视的。首先，它提高了相邻晶片间的滑移阻力，因此强化了"纤维拔出"韧化机制的作用；另外，发生塑性变形仍与碳酸钙晶体晶片保持良好结合的有机层在互相分离的晶片间起到桥接作用，从而降低了裂纹尖端的应力场强度因子，增加了裂纹扩张阻力并提高韧性。矿物桥的总面积约占碳酸钙晶体板片总面积的1/6，其对珍珠层的整体力学特性的影响也不可忽略。在珍珠层的断裂过程中，由于矿物桥的存在及其位置的随机性，加强了裂纹扩展的偏转作用；在裂纹穿过有机基质后，由于有机基质和矿物桥的作用，上下碳酸钙晶体片间仍然保持着紧密连接，除有机相和碳酸钙晶体间的结合力和摩擦力将阻止晶片的拔出外，要拔出晶片必须先"剪断"晶片上所有的矿物桥；此外，有机基质与碳酸钙晶体晶片的紧密结合既保护了矿物桥，又和矿物桥共同阻止了晶片间的相互分离，从而使材料的韧性得以强化。可见，珍珠层的优异力学特性与其微结构特征和有机基质密切相关，其高韧性是在不同尺度上多极强韧化机制共同作用的结果。

珍珠层含有约95%的脆性碳酸钙，而韧性却是普通碳酸钙的数倍，可见，存在于碳酸钙片层间的少量蛋白质膜起到黏结和增韧的双重作用，而且对韧性的贡献很大。表5.5中列出了几种具有黏结作用的生物分子。这些黏性生物分子（蛋白质）在不同的生物材料中发挥着难以置信的功能特性。黏性生物分子的作用通常取决于氢键、配位化学和疏水性、范德华和离子相互作用的组合。重要的是，整体相互作用的选择性和特异性取决于以合作方式累积的多个单独弱相互作用的精确定向和定位。例如，涉及分子构象的精确排列可以导致蛋白质选择性地结合到冰的不同晶面。

表 5.5　天然固体材料结合蛋白的实例

蛋白质	目标材料	生物功能	性能
疏水蛋白	疏水-亲水界面	真菌胶黏剂和表面能的控制	强两亲性，通过分子内二硫化物稳定
纤维素集域	纤维素	微生物水解酶锚定在纤维素上	芳香基团与纤维素糖环结合
甲壳素集域	甲壳素	微生物水解酶锚定在甲壳素上	芳香基团与甲壳素糖环结合
贻贝胶	非特异	贻贝附着在水中的固体上	改性氨基酸交联
藤壶结合蛋白	非特异	藤壶附着在水中的固体上	不依赖于翻译后修饰的多蛋白复合物
生物矿化蛋白	碳酸钙	软体动物壳内粘接生物材料	带高负电荷
釉质苷元	磷酸钙	动物牙釉质中羟基磷灰石矿化	自组装成纳米球，残留丰富谷氨酰胺
抗冻蛋白	冰	通过防止冰晶生长来保护生物体	形状互补性、疏水以及氢键

生物侵位或生物形态矿化是一种利用生物基质作为矿化模板复制生物结构的方法。已成功尝试在涂有天然生物分子和生物分子修饰纳米材料的固体表面上进行生物模板化。通过利用自组装分子，人工模板可用于创建仿生结构。例如，结合微图案的自组装重组硅蛋白可用于制造微电子电路的绝缘体。油和水界面上两亲性蛋白质自组装层顶部的矿化形成了具有受控气体渗透的中空微胶囊。在这种情况下，生物分子的编程能力被有效地用于受控材料的形成。通过基因修饰生物分子的黏附力及其与矿物的相互作用，在遗传信息和材料特性之间建立了直接联系。贝类，如贻贝和藤壶，进化出了在自身壳体内部以及与外部

固体表面不同的黏附机制。在贻贝中,黏附系统是由几种蛋白质组成的复合体,但修饰的氨基酸二羟基苯丙氨酸（DOPA）起着显著的作用。甚至更简单的接枝有 DOPA 功能的聚合物也显示出良好的黏合性。藤壶黏合剂是基于蛋白质的,似乎不依赖翻译后修饰,而是依赖于协同自组装过程。在这两种情况下,黏合剂都能够与各种不同的材料结合,这有利于它们在材料科学中的应用。这些海洋黏合剂的独特之处在于其强度和在潮湿条件下与多种不同材料结合的能力。重组 DNA 技术的工具使我们能够设计蛋白质的特性,以优化其用途。使用噬菌体展示的所谓定向进化是一种在噬菌体（一种感染细菌的病毒）表面展示相对较短肽的方法。可以将大量变体引入这些肽中,然后选择具有最佳黏附性能的肽。含有特异性结合肽的分子可以允许由全新的材料组合制造复合材料,对于这些材料组合,通过其他方法难以实现组分之间的黏附。

珍珠层的硬薄片之间的胶不仅使薄片结合在一起,而且通过能量耗散机制在提高材料韧性方面具有更大的功能。当施加外力将颗粒拉开时,刚性颗粒与黏合剂分子交联。颗粒之间的连接体将延伸并伸直,直到最终断裂或从颗粒上松开。然而,如果连接体具有需要大量能量输入才能延伸的结构,则延伸所消耗的能量将增加,因此材料将变得更硬。连接分子可以携带具有紧密排列构象的亚基,能够以可逆的方式依次打开。如果在连接体断裂之前力被放松,它将通过折叠过程恢复其原始形态,将能量作为热量消散。有许多蛋白质具有优异的弹簧状特性,一些研究已经表明,这些蛋白质可以被重新设计,以在可塑性和弹性方面具有可调节的特性。这些研究是在凝胶状材料上进行的,似乎通过这种途径对复合材料性能的分子调节还没有达到其全部潜力。这些类型的分子被描述为熵弹簧。表 5.6 列出了具有复合材料基质蛋白中预期的特性或可用于复合材料的特性的蛋白质的实例。例如,节肢弹性蛋白（resilin）是一种在昆虫中发现的蛋白质,具有很强的弹性,这意味着它可以可逆地变形而不损失能量。相比之下,理想的弹性蛋白也已被设计以产生蛋白质基材料,这些材料充当减震器,可以非常有效地耗散能量。

表 5.6　生物材料中弹性蛋白的实例

性能	蛋白	生物学作用	结构特征
能量吸收性能：高弹性和应变	弹力蛋白	对脊椎动物结缔组织（例如皮肤和血管壁）产生弹性	弹性和致密无定形疏水结构域的重复,交叉的亲水结构域端
	节肢弹性蛋白	能量存储和快速释放,用于昆虫飞行、运动和声音产生	重复亲水序列残基交联
	闭壳肌蛋白	韧带的可压缩弹性,在肌肉松弛时打开软体动物壳	重复序列残基交联
减震性能：低回弹性和高应变和拉伸强度	丝素蛋白和蜘蛛丝蛋白	蚕产生的保护茧,以及蜘蛛的网和逃生线	形成匣的无定形区域和螺旋结构,形成非共价交联的富含 B 片的疏水区域
	肌联蛋白	在肌肉肌原纤维中产生弹性	非常大的蛋白质,由随机线圈区域组成,两侧是串联的折叠结构域
	足丝蛋白	将软体动物固定在固体上的线的韧性和延展性	利用其残基或 Precol 蛋白和贻贝足蛋白中的 3,4-二羟基苯丙氨酸修饰的 TYR 残基的金属配位进行可逆交联

5.3.2.5 纳米凸点互锁

珍珠层的变形依赖相邻文石片之间发生相对滑动。文石片表面存在的纳米凹凸点可以在层间边界处形成多个膨胀带。这些纳米颗粒的滑动导致弹性摩擦，除了对裂纹扩展的高阻力外，弹性摩擦还会导致碳酸钙片的互锁，从而增加了断裂所需的能量。需要指出，干湿环境对矿物-蛋白质互锁过程起着重要作用，在这种相互作用中，当界面蛋白质被拉紧时，承压水会引起黏附。在纳米尺度上，水在珍珠层强度中起着重要作用。湿样品和干样品的珍珠层的整体机械性能都较低。

在自然界中，珍珠层是由软体动物产生的，如贝壳或牡蛎。典型的外壳由两层组成。外层含有大的方解石晶体，内层含有与聚合物结合的碳酸钙晶体。在划痕测试中，外层和内层表现出非常相似的行为。随着划痕深度的增加，划痕力线性增加。外层的硬度在干燥条件下高于在潮湿条件下。随着含水量的进一步增加，硬度首先急剧下降，然后再次升高。在内层，硬度随着润湿度的增加而略有下降，这可能是由于珍珠层中存在的聚合物的膨胀。这表明珍珠层的结构和性能使其具有优异的机械性能，甚至被认为是一种近乎理想的材料。

碳酸钙片层的几何形状和排列方式是珍珠母在力学性能和能量吸收方面不断进化和优化的结果。珍珠母层的有机基质吸收的水分在其力学响应中起重要作用。其中，珍珠母在干燥和湿润两种状态下的杨氏模量分别为 70 GPa 和 60 GPa，拉伸强度分别为 170 MPa 和 140 MPa。断裂功则取决于试样的跨度与高度之比及湿润度，变化范围在 $350 \sim 1240 \ J/m^2$ 之间，同样湿润状态下的珍珠母通过相应塑性功的引入表现出优异的韧性。水分会通过降低有机质基体的剪切模量和剪切强度来影响珍珠母的杨氏模量和拉伸强度。水分通过塑化有机质基体使之产生更强的裂纹钝化和裂纹偏转能力来提高珍珠母的韧性。从红鲍鱼贝壳单边切口试样的四点弯和三点弯实验，确定了其断裂拉伸强度和断裂韧性，得到的强度为 185 MPa，断裂韧性为 $8 \ MPa \cdot m^{1/2}$。作为对比，这个韧性值较单个块体的碳酸钙提升了 8 倍，强度则提升了 20~30 倍。垂直于层状结构方向的拉伸强度为 5 MPa。贝壳牺牲了在垂直于层状结构方向上的强度，而使之在平行于层状结构方向上的强度有所提高。

红鲍鱼珍珠母的弹性模量在 60~80 GPa。圆锥形壳珍珠母刚解剖的试样弹性模量在 114~143 GPa 之间，经海水浸泡后的弹性模量在 101~126 GPa 之间，作为对比，单个碳酸钙片层的弹性模量为 79 GPa，与块体碳酸钙的弹性模量（81 GPa）相接近。碳酸钙片层之间的有机质基体弹性模量大致在 2.84~15 GPa 之间。通过对压痕实验的观测，可以看到在片层之间的有机质基体层出现很明显的残余压痕及周围堆积等塑性变形现象，压痕角处出现细小裂纹，压痕对角线与碳酸钙片层平行，并沿着片层的边界扩展，且在与之相邻的角处表现出一种由碳酸钙片层之间塑性剪切引起的条纹富集现象。

在水合条件下，材料能够在张力下发生相对较大的非弹性变形，这是由碳酸钙片相互之间的微观滑动产生的。该机制主要由接口控制。先前的分析集中在界面（生物聚合物、纳米凹凸、矿物桥）和碳酸钙片本身的纳米尺度机制。珍珠层的结构如何控制其力学性能（硬度、强度、韧性）一直是几个模型的焦点。珍珠层是一种具有分层结构的材料，其中不同长度尺度的机制有助于整体机械响应。例如，界面处的纳米尺度机制有助于在大的碳酸钙片分离距离（高达 500 nm）上保持碳酸钙片的内聚力。同样，特定的增韧机制在更大范围内发挥作用。在微观尺度上，碳酸钙片的波纹度是珍珠层性能的关键特征。这样的板块波纹使得当板块彼此滑动时能够逐步锁定。

珍珠层的力学性能，特别是冲击韧性，高度依赖于其结构。典型的应力-应变曲线呈现的首先是线性弹性区域，然后是断裂前的塑性变形区域。在塑性变形范围内，硬化完成的应变几乎达到1%，成千上万的微观板块同时相互滑动。值得注意的是，碳酸钙片的滑动不是局部的，而是通过样本的大体积滑动，这在宏观尺度上转化为相对较大的应变。界面处的有机材料承受巨大的拉伸，经历黏塑性变形，从而大量耗散能量。珍珠层中的蛋白质作为高性能黏合剂，也包括折叠的模块，这些模块可以在负载下顺序展开。单个蛋白质的负载延伸呈现锯齿状模式，其中每个峰值对应于模块的顺序展开，产生局部应变硬化。这种应变硬化以阶梯方式累积，并平行于碳酸钙片扩散，直到材料在碳酸钙片拉出模式下失效。除了第二等级中微观薄片之间的大规模黏合剂层的黏塑性变形外，由于应变硬化，第一等级中微小有机网络的塑性变形也可能大量发生。因此，大量能量耗散可能归因于碳酸钙片间和碳酸钙片内生物聚合物在多尺度协同作用下的黏塑性变形。

5.4 贝壳的天然生长

5.4.1 海洋软体动物的生长周期

以女王海螺为例说明海洋贝类生物的生长周期。女王海螺的生长周期如图5.33所示。女王贝壳软体动物是卵生的，在其生命周期里经历产卵、担轮幼虫、蜕变体、幼年海螺、成年海螺等几个阶段。幼年海螺从周围的水中吸收盐和化学物质。当有足够的合适的成分

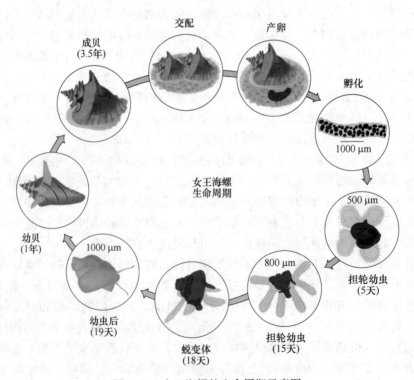

图 5.33 女王海螺的生命周期示意图

时，海螺利用这些物质在其外围通过生物矿化作用沉积一层碳酸钙晶体。这就是最初的贝壳。在海螺的一生中，碳酸钙晶体沉积一层又一层，从而形成了贝壳。贝壳可以想象成人类的头发。头发会生长，是人类的一部分。和人类其他器官组织不同，人类头发生长出来之后就不再参与生物代谢。海螺同人类头发一样，生长出来之后也就失去生物代谢。当女王海螺软体动物死亡后，海螺壳保留下来。这些空的海螺可能成为一些小鱼和寄居蟹的居所，甚至为鸟类提供了巢穴材料。

在软体动物的生命早期，壳的构造就开始了，壳的生长或多或少是持续的，直到它死亡。在幼年软体动物，即担轮幼虫（Trochophore larva）中，壳的构建由有机薄片的分泌开始，有机薄片为早期矿化提供支持，在某些情况下，为无定形碳酸钙。后来，在个体发育过程中，这个有机薄片变成了外壳的皮质外层。在成年标本中，壳生长发生在壳的边缘，在一个由外介层和钙化地幔封闭的微小空间中。在这个右旋空间中，钙化地幔的上皮细胞释放了所有矿化前体：矿物离子，主要是钙和碳酸氢盐，它们由离子泵从细胞质中主动挤出，壳基质的有机成分由胞吐分泌。这些壳基质成分代表蛋白质、糖蛋白、酸性多糖和甲壳素的混合物。在过饱和的生物液环境中非常精确地自组装，并与矿物离子相互作用。最终的产物，即外壳，是由方解石或碳酸钙组成的叠加矿化层的集合体，呈现出不同的微观结构。壳蛋白是矿化的关键调节因子。

5.4.2 贝壳的成长

从贝壳的横截面可以观察到其每年的生长情况。通常可识别为大的白色带与较薄的深色带或环交替出现。一个深色增量和一个白色增量的组合代表壳生长的年度周期。黑环对应于贝壳外部的环（也可能有虚假的干扰痕迹），并且可以响应多种因素导致的贝壳钙化率降低，包括寒冷的冬季或温暖的夏季温度、年产卵周期等。贝壳的主要成分为95%的碳酸钙和少量的壳质素。一般可分为3层，最外层为黑褐色的角质层（壳皮），薄而透明，有防止碳酸侵蚀的作用，由外套膜边缘分泌的壳质素构成；中层为棱柱层（壳层），较厚，由外套膜边缘分泌的棱柱状的方解石构成，外层和中层可扩大贝壳的面积，但不增加厚度；内层为珍珠层（底层），由外套膜整个表面分泌的叶片状霰石（文石）叠成，具有美丽光泽，可随身体增长而加厚。

珍珠层生长过程中，首先沉积棱柱层。当其增加到一定厚度后，开始沉淀出珍珠层。碳酸钙片看起来像"硬币堆"，在底层板块还未完成闭合时，上一层板块就已经成核，然后碳酸钙片在水平方向上生长，直到该层闭合。关于单个碳酸钙片的形成机制，有三个重要的假设，即单晶生长、纳米颗粒的一致聚集，以及从无定形碳酸钙（ACC）或亚稳态球碳酸钙到稳定碳酸钙的相变。

有机膜层对钙和碳酸盐离子是可渗透的，这些离子促进了横向生长。一般认为，碳酸钙组分的生长是通过碳酸钙晶体的连续成核并通过蛋白质介导机制限制其形状。其中，连接相邻层的矿物桥是保证碳酸钙晶体连续生长的关键。图5.34说明了通过矿物桥的生长顺序，包括有机支架形成为片层之间的层间膜；碳酸钙通过多孔膜向各个方向生长，但沿着c轴生长得更快；沉积了新的多孔有机膜，阻止新生成的碳酸钙矿物桥在c轴的生长厚度，同时允许a轴和b轴继续生长，同时，矿物桥开始穿过第二有机膜突出，而次膜瓷砖继续沿着a轴和b轴生长，并最终彼此邻接，然后第三层瓷砖开始在膜上方生长。如前所述，腹足类和双壳类矿化之间存在结构差异，在腹足类动物中，碳酸钙片层中的成核以"圣诞树"模式发生，而双壳类动物生长时，其上下各层的板块相互抵消。

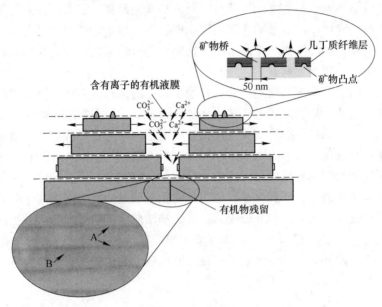

图 5.34　贝壳的矿物桥生长模式示意图
A—矿物质层的层间膜；B—矿物质层的层内次膜

　　单壳和双壳贝壳的碳酸钙片晶体的排列、这些晶体排列的晶轴以及它们的沉积方式存在显著差异。当在中尺度上观察珍珠层的生长表面时，可以看到成堆的碳酸钙片在腹足类贝壳中形成了一个圆柱状图案，而台阶状或梯田状的碳酸钙在双壳类动物中构成了螺旋或迷宫状图案。有机膜层对贝壳生长图案起着决定性作用。含有小而稀少孔的有机膜层生长出双壳贝壳的螺旋或迷宫状图案；而含有大而密集孔的有机膜生长出腹足类贝壳的圆柱状图案。在稳态平铺碳酸钙腹足类红鲍鱼珍珠层的生长表面上观察到的"圣诞树"图案，如图 5.35 所示。

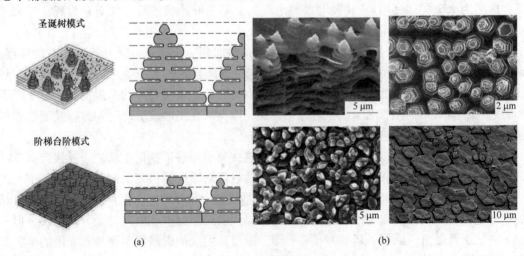

图 5.35　贝壳珍珠层的生长模式
（a）示意图；（b）组织结构

贝壳的形成是典型的生物矿化机制。生物矿化是通过在植入基底上沉积有机片开始的，随后是具有优选取向的方解石层的生长，最后是珍珠碳酸钙的生长。方解石层在结构上类似于原生贝壳珍珠层的绿色有机/方解石杂层。它包含 $0.2 \sim 2.0~\mu m$ 直径的细长微晶，具有各向异性的特征。外壳还含有一层取向的棱柱状方解石外层，沉积在一颗扁平珍珠的一边，其形态与取向的方解石层相似。在贝壳和扁平珍珠中，从取向的方解石到碳酸钙的转变是突然的。体外碳酸钙生长实验表明，添加从碳酸钙珍珠分离的可溶性蛋白质，可以诱导类似的方解石到碳酸钙的转变。扁平珍珠的生长对非生物基质的物理和化学性质非常敏感。粗糙的或疏水的基底导致基底方解石层的异常排列，通过生物矿化过程的重新启动（从有机薄片的沉积开始）来纠正。然而，插入扁平珍珠作为基底会导致珍珠层继续生长，而不会沉积有机薄片和方解石层。生物矿物是由多种生物形成的，具有多种功能。然而，根据其形成的生物调节程度，所有生物矿物都可以分为生物诱导的或生物控制的。生物控制的生物矿物由植物和动物形成。这些材料是有机/无机复合材料，其通常表现出纳米级的有序性。在生物控制的生物矿化中，晶体成核、相、形态和生长动力学是由生物分子在时空生长实现的。所得材料通常包含有序的单分散亚基阵列。当结晶时，亚基通常具有优选的取向和不寻常的形状和大小。

碳酸钙板片轴的取向与胶原蛋白纤维平行，而垂直于珍珠层面。同一碳酸钙片层中相邻碳酸钙的结晶学取向相同或者相差一个小的角度。例如，贻贝珍珠层中的相邻碳酸钙结晶学取向相同，而大珠母贝和企鹅珍珠贝珍珠层中的相邻碳酸钙结晶取向相差约 5°。堆垛型珍珠层碳酸钙晶体的取向性在同一堆垛中碳酸钙片的结晶学轴定向排列，构成取向结构畴；但不同结构畴的碳酸钙片结晶学方向是随机分布的。砌砖型结构往往存在一个或多个与贝壳生长纹方向相关的择优取向。显然，珍珠层的结构与碳酸钙晶体的取向性之间并不存在简单的对应关系，碳酸钙晶体的取向性主要取决于其成核蛋白的组织程度，直接受软体动物种类及其遗传特性的控制，珍珠层间的有机基质的中心是由两层富含疏水性蛋白质夹一个薄层甲壳素所构成，疏水核心两侧为亲水性蛋白质，与矿物质紧密相连。在晶体的成核、定向、生长、形态控制等方面起调控作用，同时可能还具有控制离子运输的功能，而主要作为生物矿化的构架蛋白，为晶体的核化、生长提供结构支撑。

5.4.3 生物矿化机制

贝壳珍珠层的矿化是一个漫长的过程。对于贝壳珍珠层的形成过程，比较成熟的理论认为：首先由细胞分泌的有机质自组装成层状隔室，每一层有机质上有纳米级小孔（43~49 nm），导致上下层隔室相通。然后，在有机-无机间的分子识别作用下，碳酸钙晶体从最下面一层有机质开始定向成核，并往外生长。由于隔室相通，下一层隔室长满之后可通过小孔继续往上一层隔室中生长，而小孔可以保证所需要的离子的运输。因此上一层的晶体填充不需要重新成核，从而保证了珍珠层中每一层的碳酸钙晶体具有一致的取相，又保证了碳酸钙层和有机层交替堆叠，从而使珍珠层具有优异的力学性能。贝壳是通过有机质的调节作用形成的，其矿化过程为：（1）有机大分子自组装。软体动物的外套膜分泌蛋白质等有机大分子，在生物信息的控制下，有机分子自组装形成高度有序的超分子结构。该过程在矿物沉积前构造一个有组织的反应环境，决定了无机物成核的位置。（2）界面分子识别。在已形成的有机大分子组装体的控制下，碳酸钙从溶液中在有机/无机界面处成核。（3）生长调制。碳酸钙通过晶体生长进行组装得到亚单元，同时形态、大小、取向和结构受到有机分子组装体的控制。（4）细胞加工。在细胞参与下亚单元组装成高级的结构。该阶段是造成天然生物矿化材料与人工材料差别的主要原因。

贝壳生物矿化过程是生物有机大分子指导无机晶体的晶核形成、定向、形态及晶体生长动力学的过程，其研究的核心问题在于有机大分子如何控制无机晶体的成核、生长、形貌以及定位，并最终决定生物矿物的微观结构。有机大分子对无机晶体的控制作用是一个相当复杂的过程，目前一般将这种作用称为分子识别，在有机化学领域，分子识别的概念早已建立，但将其引入生物矿化研究领域只是最近十年的事情，其中有机相-无机相界面分子识别的过程也是贝壳生物矿化研究中最为薄弱的方面。目前，通常认为生物矿化中的有机相-无机相分子识别中的互补性与以下几方面有关：晶格几何匹配，有机基质表面结构和无机晶体的晶格尺寸匹配；静电势相互作用，有机基质表面的带电基团与无机离子之间的静电作用；立体化学互补；极性；空间对称性；基质形貌等，如图 5.36 所示。通常认为生物矿化中的有机相-无机相分子识别中的互补性与以下几方面有关。

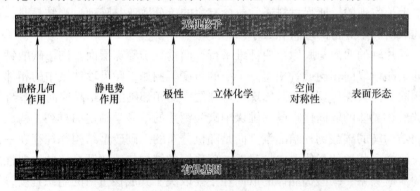

图 5.36   生物矿化的有机-无机界面作用示意图

晶格几何匹配，有机基质表面结构和无机晶体的晶格尺寸匹配；当无机相的某一面网的结晶学周期正好与带活性基团有机基质的结构周期相匹配时，会降低无机相晶体的成核活化能并诱导晶体沿该面网方向生长，从而导致晶体呈有序定向的结构。一些有机大分子官能团在界面与无机晶体离子相互作用，直接参与控制无机矿物的成核和生长，即分子识别。有机基体的生物矿化过程中降低形核活化能的作用，被认为包括了不同类型的大分子表面的官能团与过饱和溶液中的离子之间的界面间相互作用。

模板模型对珍珠层中的碳酸钙晶体的受控成核、形貌及结晶学定向控制等给出了很好的解释，但对有机质对碳酸钙多型、珍珠层碳酸钙晶体的结晶学定向畴等的控制难以做出较好的解释。模板模型的体系是比较完整的，尤其是它的提出分子识别的认识直接导致了生物矿化概念的形成和完善，目前许多仿生合成都是基于模板模型的指导。

5.5   贝壳珍珠层仿生材料的制备

目前贝壳珍珠层仿生材料制造方法分为六类：大块陶瓷材料的常规方法、冷冻铸造、逐层沉积、电泳沉积、机械组装和化学自组装。大块陶瓷材料的传统方法适合于组装几百微米厚的薄片，比碳酸钙薄片厚两个数量级以上。几微米厚度的无机层的组装最好通过冷冻铸造技术实现。逐层沉积和电泳沉积仅限于制备具有纳米厚碳酸钙片的超薄薄膜。大块材料和薄膜都可以使用机械组装快速制造，碳酸钙片构建块的尺寸从纳米到微米不等。化学自组装代替了预先存在的无机构建块，适合于从分子前体制造珍珠层类似物，更接近于生物材料的自然加工。

5.5.1 沉积法

5.5.1.1 化学沉积

逐层组装是通过交替地浸入两个带同位电荷的溶液中来顺序沉积纳米厚的沉积层，该溶液通过各种可能的相互作用（如静电相互作用、氢键、电荷转移、共价键或疏水相互作用）吸收在基底上。每层的吸附时间从几秒到数小时，取决于溶液的浓度。该方法的关键特征是能够在对材料结构进行精确控制的情况下制造几乎没有相分离的均匀膜。分段硅酸盐的逐层组装工艺被广泛用于制备层状纳米结构。

在这方面，低浓度的蒙脱土（MMT）在硬度和强度方面表现出显著的提高，而高浓度显著降低了复合材料的强度。通过顺序沉积制备了蒙脱土/聚（二烯丙基二甲基氯化铵）纳米复合材料。在吸附阶段，蒙脱土自身平行于衬底定向，由于吸引静电力和范德瓦尔相互作用产生的黏合效应，观察到蒙脱土/聚（二烯丙基二甲基氯化铵）之间的强键。

为了提高从聚合物到黏土片的负载转移效率，利用壳聚糖、PVA、DOPA 基 MMT 等不同材料制备了纳米复合材料。在 PVA/MMT 的情况下，通过氢键的高效性以及 PVA 和 MMT 之间的交联，最大化了两个基元之间的相互作用，负载转移效率得到了改善。所有传统的逐层沉积方法都受到沉降速度低、耗时的限制。为了提高沉积速率，将 MMT 片掺入聚乙烯亚胺和聚丙烯酸中，由此带来的问题是聚合物体系中的黏土含量过低。

逐层（LBL）组装通过将衬底交替浸入两种溶液中来制造叠层结构复合材料。LBL 组装的驱动力主要包括静电相互作用、氢键、电荷转移、共价键和亲疏水相互作用等。LBL 可用于将硬无机物质与软有机相结合，从而合并每种材料的性质。它允许对材料的结构进行精确控制，并能够在混合材料中加入高负载的无机填料。因此，珍珠层的分层结构很容易被 LBL 技术复制。由于单个纳米片的低成本和高强度，层状硅酸盐被广泛用于制备分段层状纳米结构。通过分子动力学模拟，测定了典型层状硅酸盐蒙脱石（MTM）的面内弹性模量，达到 270 GPa。层状固体的单个 MTM 纳米片由两层 Si^{4+} 的角形四面体和一层 Al^{3+} 或 Mg^{2+} 的中间八面体组成，其厚度约为 1 nm，长度和宽度均大于 100 nm。由于它们能够取代四面体和八面体层中的各种原子，例如 Al^{3+} 被 Mg^{2+} 取代，Si^{4+} 被 Al^{3+} 取代，因此产生了薄片的净负电荷，这允许 LBL 在静电吸引下与带相反电荷的聚电解质组装。

尽管传统共混物在 MTM 纳米碳酸钙片含量较低的情况下实现了硬度和强度的显著提高，但在高碳酸钙片浓度下无法通过实验实现预期的理论最大值。碳酸钙片浓度的进一步增加甚至会导致聚合物复合材料的强度和脆性断裂急剧下降。主要原因是难以在无机片的大体积分数下剥离成单个纳米片，有机-无机界面较弱，纳米片缺乏可控排列。LBL 组件允许精确控制复合材料的结构，并将高负载的填料结合到混合材料中，因此可用于解决 MTM/聚合物复合材料中的长期问题。为了复制有序的砖和砂浆排列以及紧密折叠的珍珠层生物聚合物的离子交联，通过顺序沉积制备了 MTM/PDA 纳米复合材料。由于界面处的强吸引静电和范德华相互作用，厚度为 0.9 nm 的 MTM 片与大分子相容，并平行于膜表面排列。如图 5.37（a）所示，获得了具有层波纹度的分段分层微观结构。在低应力下发生大塑性变形后，观察到突然硬化（图 5.37（b））。拉伸曲线的微分形式呈现锯齿状行为（图 5.37（c）），这也是通过单分子力谱法在珍珠层中拉伸生物聚合物时观察到的。虽然最初的线性弹性区域归因于弱短程范德华相互作用的破坏，但硬化区域归因于当碳酸钙片彼此相对时，不同特征能量的更强离子键的顺序断裂。拉伸强度和刚度分别达到 106 MPa 和 11 GPa，这与天然珍珠非常接近。

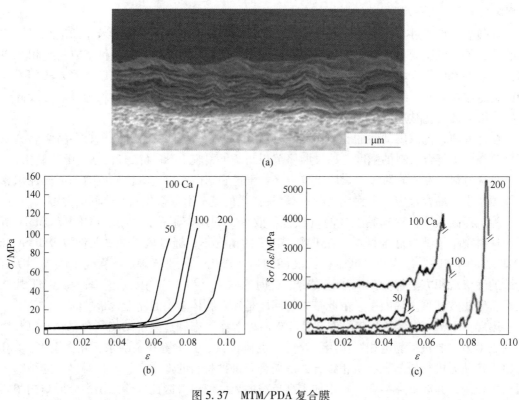

图 5.37　MTM/PDA 复合膜
（a）截面组织；（b）应力-应变曲线；（c）应力微分曲线

　　为了增强界面强度并改善从基质到 MTM 碳酸钙片的载荷传递，需要选择聚合物基质和交联剂化学成分，以调整碳酸钙片-聚合物界面反应。通过用高强度的壳聚糖（108 MPa）代替相对较弱的 PDDA（12 MPa）成功制备了具有高含量（质量分数为 80%）均匀膜材料。然而，其极限强度仅为 80 MPa，低于壳聚糖和 PDDA/MTM 组装膜的极限强度。这归因于壳聚糖骨架的分子刚性，导致形成直线型分子链的壳聚糖（图 5.38），这与复合材料中 PDDA 的卷曲构型明显不同。与卷曲型分子链相比，直线型分子链与 MTM 基体表面的结合力较小，不利于提高复合材料的力学性能。引入增强界面结合力的因素可以提高性能，例如，在 Fe^{3+} 存在下的强自交联导致强度比 PDDA/MTM 层状纳米复合材料高两倍。与珍珠层相比，DOPA/MTM 的强度和韧性分别提高了 2~3 倍。然而，这种人造珍珠层材料的弹性模量仅为天然珍珠层的 40%。

　　另一种选择的聚合物是聚乙烯醇（PVA），交错层状结构如珍珠层。PVA 在 MTM 片

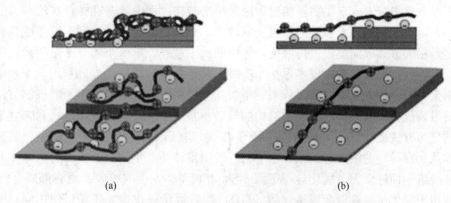

图 5.38　吸附具有折叠和推测结构的聚电解质链

（a）PDDA/MTM；（b）壳聚糖/MTM

材表面和 MTM 片材边缘形成高效的氢键和对 Al 取代的环状交联。对于含有 50%（体积分数）MTM 的复合材料，拉伸强度和模量分别达到 150 MPa 和 13 GPa。用聚乙烯醇交联剂戊二醛处理后，强度和模量急剧增加，分别达到 400 MPa 和 106 GPa。同时，材料具有脆性断裂，极限应变仅为 0.33%。最近，PVA 的另一种交联方法，即 Cu^{2+} 或 Al^{3+} 的离子交联，用于处理具有 50%（体积分数）MTM 的珍珠状纳米复合材料的 LBL 膜。当 MTM 纳米片彼此滑动时，氢和范德华键断裂并重新形成，类似于珍珠层和 PDDA/MTM 纳米复合材料中的离子键。再次，观察到非交联薄膜的差异应变曲线中的特征锯齿图案，这是珍珠层生物聚合物的典型特征。交联后，拉伸强度从 150 MPa 增加到 320 MPa，是珍珠层的两倍多。模量从 13 GPa 增加到 60 GPa，接近珍珠层。

　　通过连续沉积无机和有机层制备了氧化铝/壳聚糖膜，制备工艺流程如图 5.39 所示。胺改性的亚微米氧化铝片首先通过胶体技术在空气-水界面组装成定向的二维单层。然后，在壳聚糖溶液的有机层旋涂，将二维单层转移到基底上。所得的混合膜显示出砖-砂浆结构，其中氧化铝片排列整齐、分散均匀。这种方法制备的膜材料的最高拉伸强度和杨氏模量分别达到 160 MPa 和 12.7 GPa。失效机制为氧化铝片拉脱开裂。

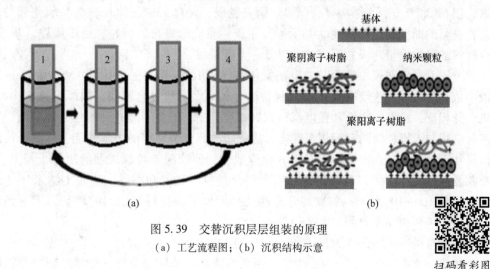

图 5.39　交替沉积层层组装的原理

（a）工艺流程图；（b）沉积结构示意

扫码看彩图

　　自下而上自组装方式在生物体构建多级次精细结构过程中普遍存在，在这种方式的组装过程中，以有机相为模板控制晶体生长的取向，无机相晶体在过饱和溶液中成核，通过消耗无定形相的方式取向生长。仿照生物体中的加工过程，自单个的分子至纳米尺度、微米尺度、宏观尺度逐级组装实现多尺度、多级次复杂结构的构建。尝试利用双亲水聚合物组分影响无机组分的成核及生长过程来制备层状生物陶瓷材料，但由于不能控制有机相与陶瓷片的组装过程而未能实现多层次结构的构建。将浸涂手段与自组装结合起来并采用溶剂蒸发诱导的方式成功制备了规整的层状有机-无机复合材料。该实验组首先配制出氧化硅溶胶体系，在随后的浸涂过程中，乙醇的挥发引发体系产生凝胶，使得有机单体和引发剂富集在胶束表面进而促进氧化硅-表面活性剂-有机单体发生共组装，最终形成有机-无机层状结构用半导体材料铟锡金属氧化物（ITO）代替氧化硅作为无机相，使用同样的工艺方法制备出聚二缩三丙二醇二丙烯酸酯［Poly（TPGDA）］/ITO 纳米复合薄膜。但是在共组装过程中，有机单体的聚合与无机相的聚集结晶同时各自进行，限制了两相界面间的结合作用。

　　在纳米尺度上，已经通过逐层组装技术从聚乙烯醇（PVA）和 Na^+ 蒙脱石黏土纳米片制备了高强度和高透明度的珍珠状纳米复合材料，通过聚（二烯丙基二甲基氯化铵）聚阳离子（PDDA）的逐层（LBL）组装制备"类纳米复合材料"（NC），如图 5.40（a）所示。所得膜坚固、柔韧，但也高度透明，这归因于无机相的纳米尺度（图 5.40（b））和 Na^+-蒙脱石（MTM）的无机黏土纳米片的高取向。AFM 相位成像显示了表面的完全碳酸钙片覆盖，类似珍珠层（图 5.40（c））。SEM 成像显示，MTM 有序度很高，形成了清晰的层状结构（图 5.40（d））。

　　层层组装法是一种自下而上的加工技术，可以对纳米级单元进行精确组装。该技术的基本步骤为将基材交替浸入两种不同性质的溶液中，这些溶液在各种驱动力下发生相互作用并进行组装。驱动力主要包括静电相互作用、氢键、电荷转移、共价键、疏水相互作用等。可以将无机材料和有机材料相结合，并且可以精确控制单层的厚度和层间的界面，已经被广泛用于制备仿贝壳结构复合材料。层层组装法可以组装的材料种类丰富，其中常用的无机相材料主要有氧化铝纳米片、二氧化钛纳米颗粒、黏土片等。利用层层组装法制备了氧化铝/壳聚糖仿贝壳结构复合薄膜。研究发现，含有 15%（体积分数）氧化铝纳米片的复合材料的断裂强度和断裂功都明显高于天然贝壳珍珠母。但是，由于陶瓷含量较低，复合材料的弹性模量比天然贝壳珍珠母低一个数量级。

　　将玻璃片分别在聚二烯丙基二甲基氯化铵（PDDA）阳离子（P）溶液和蒙脱土（C）溶液中依靠静电作用连续交替沉积，制备出（P/C）$_n$ 层状复合薄膜，膜厚可达 5 μm。与有机组分相比，涂层的刚性和强度都得到大幅度提高，但并不能达到增强的理论值。为了提高有机相与无机相间的载荷传递性能，进一步改善复合材料的力学性能，从纳米尺度的几何尺寸设计出发，在两相界面间引入化学成分，使蒙脱土片层表面的铝原子与 PVA 形成交联及氢键相互作用，可以显著地提高复合材料的强度和刚性。蒙脱土纳米片（厚约 1 nm，径长 100~1000 nm）的良好分散性及高度取向，使得两相间的相互作用达到最优化，进而实现两相间高效的载荷传递效果。

　　利用壳聚糖-蒙脱土（MMT）杂化组分自组装制备了类贝壳珍珠层结构的 MMT/壳聚糖复合薄膜。首先将制备的 MMT 纳米片的水溶液与壳聚糖水溶液混合搅拌使壳聚糖能够

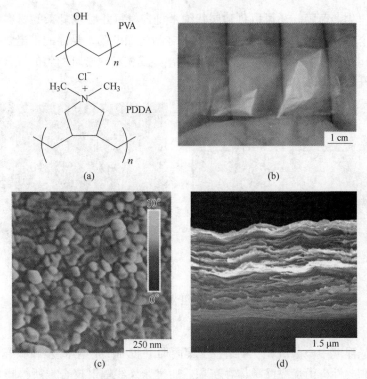

图 5.40 逐层组装制备的 PVA/Na-PDDA 层状复合膜

（a）复合反应；（b）膜的宏观照片；（c）膜表面形貌；（d）膜截面组织

充分吸附在 MMT 表面，随后利用水分蒸发或真空过滤诱导壳聚糖-MMT 杂化组分发生取向进行自组装。该方法制备的杂化膜具有高度规整的"砖-砂浆"类贝壳珍珠层结构，表现出良好的力学性能、透光性。

利用层层组装法制备了蒙脱土/聚乙烯醇复合材料，并使用戊二醛进行交联，使聚乙烯醇链中羟基基团与蒙脱土纳米片上的羟基基团反应，从而增加聚合物基体与黏土片之间的界面强度。研究发现，通过该方法制备得到的复合薄膜的双层厚度约为 5 nm。当蒙脱土的含量为 50%（体积分数）时，交联的复合薄膜的最大抗拉强度高达 480 MPa，比未交联的复合薄膜的强度高 3 倍，是纯聚乙烯醇的强度的 10 倍。交联的复合薄膜的模量高达 125 GPa，比未交联的复合薄膜的模量高出一个数量级，比纯聚乙烯醇的模量高出两个数量级。虽然复合材料的断裂强度和模量都优于天然贝壳珍珠母，但是断裂应变（0.3%）明显低于珍珠母（1%）。利用层层组装法制备了二氧化钛/聚电解质仿贝壳结构复合薄膜。纳米压痕测试显示该复合材料的强度为 245 MPa，与天然贝壳珍珠母的强度相当。但是由于陶瓷含量较低，复合材料的弹性模量仅为（17.6±1.4）GPa，低于天然贝壳珍珠母。使用层层组装法制备仿贝壳结构复合材料具有显著的优势，包括可以将片层的厚度控制在纳米级别，可以精确控制分层结构，可以精确控制界面厚度，可以实现高负载的无机相等。但是制备过程耗时、难以大规模生产等缺点在一定程度上限制了该方法的实际应用。

5.5.1.2 电化学沉积

电化学沉积又称电泳沉积，带电粒子被迫向反电极移动（电泳），然后在外部电场的作用下在电极表面凝结（沉积）（图 5.41）。这是一种简单、廉价、可扩展的技术，可以在大面积上快速生产薄膜。还可以创建层状纳米复合材料并实现复杂的材料组合。电泳沉积过程涉及两个步骤：（1）电泳，在两个电极之间施加电场，悬浮的带电粒子朝着相反的带电电极移动；（2）沉积，粒子在电极处聚集，形成相对致密且均匀的混合物。该技术已被广泛应用于开发珍珠状结构和材料。

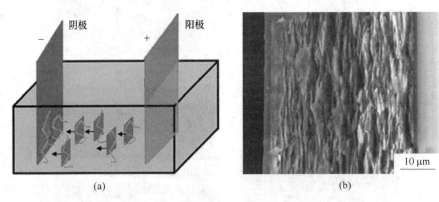

图 5.41　电泳沉积组装制备层状复合膜
(a) 电沉积原理；(b) MTM 层状复合膜

通过在水悬浮液中电泳沉积 TM 制备了聚丙烯酰胺/MTM 纳米复合材料。MTM 用丙烯酰胺单体分散和改性，丙烯酰胺单体在沉积后通过紫外线辐射聚合。所得膜显示出层状结构，其中数十纳米厚的 MTM 片作为无机层，聚丙烯酰胺作为层间相。通过热重分析测定的无机含量约为 95.3%（质量分数），这与珍珠层中的无机含量相似。膜的硬度和模量分别为 0.95 GPa 和 16.92 GPa，高于通过电泳沉积获得的纯 MTM 膜。

使用水热法将丙烯酸阳极电泳树脂插入 TM 的层间空间，之后，通过电泳沉积制备聚合物/MTM 层压结构。在电泳沉积之前，插入的三角体的厚度从 23.4 nm 减小到 11.3 nm，纳米压痕测量表明杨氏模量从 2.9 GPa 增加到 5.0 GPa。通过电泳将 MTM 纳米颗粒排列成层状，并发现 MTM 聚集导致的非板颗粒的截留使层状结构恶化。

通过 MMT 的电泳沉积制备了聚丙烯酰胺/MMT 纳米层状复合材料，其中 MMT 被改性并分散在丙烯酰胺单体中，然后进行紫外聚合。最终复合材料产物中的 MMT 含量为 95.3%，与天然贝壳珍珠层中的矿物含量相当。使用水热法将阳极电泳树脂插入 MMT 的层间空间，然后进行电泳沉积。通过该技术开发了符合珍珠层结构的三水铝石纳米颗粒。PEI 三水铝石纳米复合材料可以通过电势差在阴极上形成。在这一过程中，三水铝石纳米片已与电极表面平行排列。利用光固化单体沉积了三水铝石膜，3-(三甲氧基甲硅烷基)丙基改性三水铝石在基底上排列，MMT 层之间的间隙填充了单体。光固化单体的聚合产生了光学透明且牢固的薄膜层，无机含量为 50%（质量分数）。

通过快速电沉积技术将三水铝石纳米片组装成珍珠状结构。三水铝石结构是 Al-OH 层的堆叠，每个 Al^{3+} 都被六个羟基包围。由于表面羟基与水的反应，三水铝石纳米片在水中带正电荷，通过硅烷偶联反应，然后电泳沉积，用甲基丙烯酸 3-(三甲氧基硅烷基)丙酯修饰三水铝石纳米片。定向组装后，用光固化单体填充排列的纳米片之间的间隙，然后聚合反应形成具有光学透明层状薄膜。通过改变胶体三水铝石悬浮液的浓度来精确控制薄膜的厚度。含有未改性三水铝石的陶瓷-聚合物复合材料显示出比纯聚合物膜高两倍的拉伸强度和三倍的模量。值得注意的是，用改性纳米片制备的复合材料获得了比纯聚合物高四倍的拉伸强度和一个数量级的模量。

为了增加表面粗糙度以模拟珍珠层中碳酸钙片的粗糙度，在电泳沉积之前，在光滑的三水铝石纳米片上制备了一薄层溶胶-凝胶二氧化硅。电沉积后，通过光聚合用相同的基质填充纳米片之间的间隙。有趣的是，具有粗糙纳米片的复合材料的拉伸应变比具有光滑片的复合物高五倍。拉伸强度略有增加，断裂功增加了6倍。此外，所施加的直流电场还能够在无机纳米片之间同时组装带正电的三水铝石片和阳离子聚电解质（聚乙烯亚胺）或非离子型聚合物（聚乙烯醇）。

5.5.1.3 逐层喷涂法

在典型的热喷涂法中，原料被高温熔化后，用高速气流将其雾化成微米级的液滴，并快速喷射到表面，液滴到表面后将变平并迅速冷却固化成厚度为 $0.5\sim2~\mu m$ 的盘状结构。

将热喷涂法得到的氧化铝支架与环氧树脂复合，可得到具有优异力学性能的仿贝壳结构复合材料。该复合材料的弯曲强度为 250 MPa，断裂韧性为 6 MPa·$m^{1/2}$，均优于天然珍珠母。该方法制备得到的复合材料中无机物含量可高达 95%~96%（体积分数），与天然珍珠母的无机含量相当。

等离子弧发生器（喷枪）将通入喷嘴内的气体加热和电离，形成高温高速等粒子束流熔化和雾化金属或非金属材料，使其以高速喷射到经处理的工件表面上形成涂层。通过热喷涂工艺在仿贝壳结构上涂覆约 300 μm 厚度的全致密氧化铝层，可得到类似于天然贝壳的双层结构，如图 5.42 所示。利用该工艺制备出的叠层状复合材料具有层厚均匀和界面缺陷少等优点。

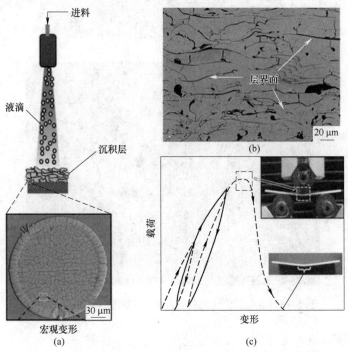

图 5.42 热喷涂氧化铝层状结构材料

（a）热喷涂原理；（b）截面微观组织；（c）弯曲性能

使用热喷涂陶瓷沉积物作为合成陶瓷-聚合物复合材料的模板的能力，其微观结构和机械行为与珍珠层（珍珠母）中观察到的极为相似。珍珠层的砖和砂浆结构有一个分层排列的碳酸钙陶瓷片夹着一层薄薄的生物聚合物。这种独特的组合协同提高了材料的强度、刚度和韧性，大大超过了根据混合物规则预测的强度、刚度和韧性。

通过沉积逐层增材制造可以获得交替的金属陶瓷复合材料。在其他工作中，金属和陶瓷已通过基于激光的技术以功能梯度或涂层的方式进行加工，其中金属转变为陶瓷或金属陶瓷组合物，激光加工从金属开始的结构，转变为陶瓷，然后再次过渡到金属，以产生分层带状结构，该结构具有定向承载能力。层状金属陶瓷复合材料可以通过交替材料沉积技术生产。

利用基于定向能量沉积（DED）的 AM 方法，交替激光沉积延性导热基体相、商用纯钛和碳化铌（NbC）中的绝缘刚性增强相，如图 5.43 所示。钛因其高强度/重量比、耐腐蚀性和生物相容性而闻名，碳化铌是一种具有高强度和刚度的耐火陶瓷，使用交替材料沉积制造的复合材料结构表现出方向依赖性和不同于起始材料的特性。

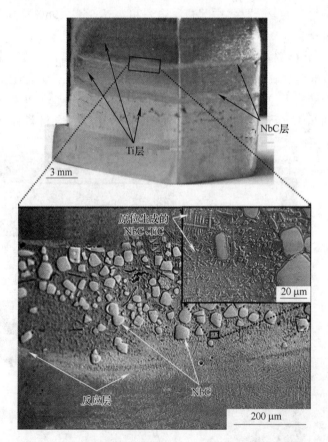

图 5.43　逐层沉积法增材制造的钛/碳化铌金属陶瓷材料

5.5.1.4　增材制造方法

增材制造又称 3D 打印，是制造复杂结构材料的有效方法，适用于聚合物、金属和陶瓷等的各种材料。目前增材制造结构的精细度已达到数十微米。

聚合物的增材制造主要通过热塑性塑料的挤出法和热塑性塑料和热固性塑料的立体光刻（SLA）光聚合完成。3D 打印是制造复杂定制零件的最有效方法之一。由于打印聚合物重量轻，但相对较弱，3D 打印正朝着制造纤维增强聚合物复合材料的方向发展。具有复杂结构的定制设计固体材料可以通过自由形式的增材制造工艺（3D 打印）精确且可重复地制造。这些包括直接喷墨书写和机器人辅助沉积（机器人定位），其可生成例如玻璃3D 打印支架以及液滴沉积（喷射），以形成例如打印液滴网络。激光喷射是制造复杂功能设备的一个有前途的平台。这些技术通常涉及通过计算机辅助设计生成或从图像源（如磁共振成像）获得的结构的逐层打印。在液滴沉积的同时，使用激光脉冲诱导有机溶剂蒸发、金属和陶瓷液滴的快速烧结或复合结构的聚合，如图 5.44 所示。

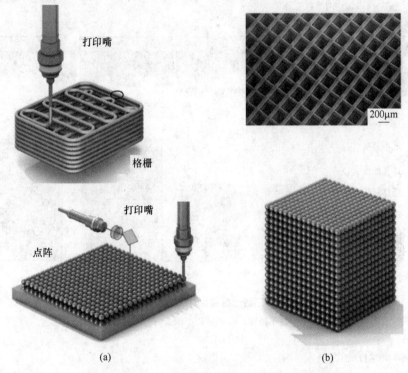

打印嘴

格栅

200μm

打印嘴

点阵

(a)   (b)

图 5.44　纳米复合材料的增材制造法制造工艺示意图
(a) 制造原理；(b) 样品

虽然利用普通的 3D 打印法可以制备出具有贝壳珍珠层内部结构的材料，但是材料的性能远低于天然贝壳珍珠层，尚未达到实际应用的要求。为了提高 3D 打印材料的性能，通常需要采取多种技术措施，如利用电场、磁场等外场控制 3D 打印材料中填料的取向等。

A　磁辅助 3D 打印法

磁场由于可以灵活控制聚合物树脂中填料的排列，率先被用于与 3D 打印结合制备高性能仿贝壳结构复合材料。反应性树脂中用超顺磁性氧化铁纳米粒子修饰的磁响应氧化铝粒子受磁场控制，粒子可以在单个体素中朝任意需要的方向取向。3D 打印的仿贝壳结构材料显示出与天然珍珠母相似的多层结构和各向异性的力学性能，体现出了磁场诱导组装的有效性。将电场与 3D 打印相结合来制备仿贝壳结构复合材料。在 3D 打印过程中，石墨烯纳米片在电场作用下有序排列。然而，由于使用该方法制备的复合材料的尺寸通常比天然贝壳珍珠母的尺寸大几个数量级，力学性能往往不如天然贝壳珍珠层。为了更好地模仿贝壳的结构和性能，已经使用氧化铝纳米片、石墨烯纳米片等作为无机填料，从而将特征结构的尺寸减小到微米级。但是，过高的无机材料填充量会影响 3D 打印过程，如影响高分子固化等。因此，3D 打印法制备的仿贝壳结构复合材料往往存在无机含量不高的问题，导致复合材料的力学性能不如天然贝壳珍珠层。磁辅助 3D 打印工艺如图 5.45 所示。

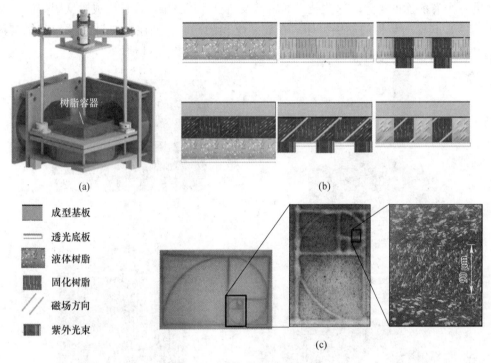

图 5.45　磁辅助 3D 打印工艺
（a）打印装置；（b）磁控组织；（c）零件样品

B　电辅助 3D 打印

使用光固化树脂构建珍珠层层次结构，利用了电场诱导的纳米尺度到微米尺度的组装和通过 3D 打印的微尺度到宏观尺度的组装，具有 AGN 的 3D 打印分层结构显示出增强的力学性能。带有 aGNs 的 3D 打印人造珍珠层显示出与天然珍珠层相当的韧性和强度。与天然珍珠层不同，它还具有各向异性的电性能。仿生 BM 结构通过在每一层中对齐 GN 来增强机械强度和导电性，从而通过载荷下的裂纹偏转最大限度地提高其性能。

该电辅助 3D 打印方法能够构建具有电自感知能力的多功能、轻量化和强 3D 结构，是构建具有复杂三维（3D）形状的珍珠层层次结构的方法。在基于层的 3D 打印过程中，使用电场（433 V/cm）使复合材料中的 GNs 对齐。使用两个平行板电极和直流电压来诱导平行排列（间隙 3 cm；1300 V）。由于电场的作用，AGN 在整个样品层中平行、紧密排列且均匀。在每一层中，GN 砖由充当砂浆的聚合物基质隔开。所有这些结构特征对于 3D 打印珍珠层的优异机械性能至关重要。GN 不仅具有优异的固有特性，而且在几何上与天然珍珠层 BM 结构中的片层相容。当排列与负载平行时，AGN 将承载复合材料中的大部分负载。

5.5.2 相分离法

5.5.2.1 定向冷冻法

定向冷冻的过程本质上是一个冰晶成核和生长的过程。利用液体介质凝固的物理原理，构建均匀、分层和多孔的支架。通过改变分散液性质、调节降温速率、设计温度梯度、利用外场诱导、设计冷源表面等方式来调控定向冷冻过程中冰晶的成核和生长，从而调节多孔材料的微观结构。定向冷冻工艺的原理如图 5.46 所示。

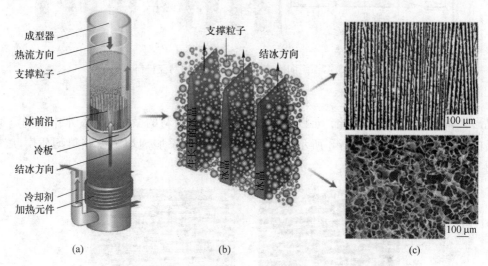

图 5.46　定向冷冻法制备层状复合材料
（a）装置原理；（b）冰晶前沿；（c）样品微观组织

定向冷冻法由于通常以水为溶剂，也被称为冰晶模板法。冷冻铸造通常使用陶瓷悬浮液的定向冷冻和冰的微观结构来制造多孔或分层材料。受控冻结导致形成层状冰晶，在颗粒和/或溶解分子生长时将其排出。在冰通过冷冻干燥升华并烧结后，颗粒积聚在晶体之间的空间中，导致形成层状材料（以冻铸层状氧化铝（顶部）和多孔壳聚糖（底部）显微照片为例）。被冰晶捕获的颗粒在薄片之间形成桥，这些桥对层状材料的力学性能起着关键作用。相关的微观结构尺寸，如孔隙和薄片宽度以及波长（从数微米到数百微米），可以通过调整悬浮液的成分（固体含量和溶剂配方）以及冰的生长速度来控制。

采用定向冷冻法制备层状结构陶瓷材料的工艺流程如图 5.47 所示。首先，将原料分散在水中，再将装有溶液的模具放置于低温冷台上，并将温度降低到体系的冰点以下。然后，溶剂水首先在冷源表面成核，沿着温度梯度的方向定向生长，从而形成取向结构的冰晶。与此同时，溶液中的溶质被排斥、挤压到冰晶之间。之后，通过冷冻干燥（升华）去除冰晶，得到以取向性冰晶为模板、具有取向结构的层状结构陶瓷坯体。最后，通过高温烧结固化，得到高强度的层状结构陶瓷材料。

通过控制悬浮液成分和控制冻结工艺，可以在多个长度尺度上调整材料的微观结构，制造出陶瓷片层薄至 1 μm（接近珍珠层）的陶瓷材料。例如，蔗糖、无机盐或乙醇等物质加入水，可以改变水溶液的液相线和固相线的温度，改变溶液的凝固动力学特征，导致

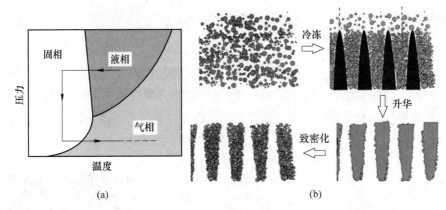

图 5.47　定向冷冻法制备层状结构陶瓷材料

(a) 三相图；(b) 工艺流程

冰晶形状和尺寸的改变，因此，可以用于调控定向冷冻材料的微观结构。水中不同添加剂制备的氧化铝的结构如图 5.48 所示。可以看出，两种添加剂均可以获得均质层状结构材料。

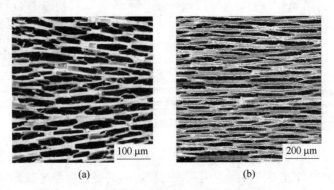

图 5.48　不同添加剂制备的定向冷冻氧化铝的结构

(a) 50%碳酸钠；(b) 柠檬酸+蔗糖

　　图 5.49 显示了冷冻参数对冰晶形态的影响。在海冰中，形成了具有随机定向水平 c 晶轴的纯六边形冰片，海水中最初存在的各种杂质（盐、生物有机体等）从形成的冰中排出，并被困在冰晶之间的通道中。冰晶体的分形生长，可以获得连续而非离散的自组织层次结构。冰晶的形态可以用两个主要特征来描述：六倍对称性和渐进分枝、产生分形结构。雪花对称形态的多样性来源于气相的生长机制，并在很大程度上取决于周围环境中的水的过饱和度，这是液体系统中无法直接再现的条件。雪花的形态图，取决于温度和过饱和度，以及通过冰模板获得的典型孔隙形状。尽管冰模板中的晶体是从液相生长的，而雪花是从气相生长的，然而，大多数雪花形态是在冰模板材料中获得的。

　　此外，固体颗粒的粒度分布和形状对定向冷冻材料的结构有重要影响。用单分散球形粒子获得的某些结构不显示任何特定的顺序；而使用双峰分布以及中等的固液界面速度，由周围冰晶生长引起的各向同性或各向异性，从而获得规则排列的结构。图 5.50 为冷冻干燥法得到不同结构形态的胶体二氧化硅。

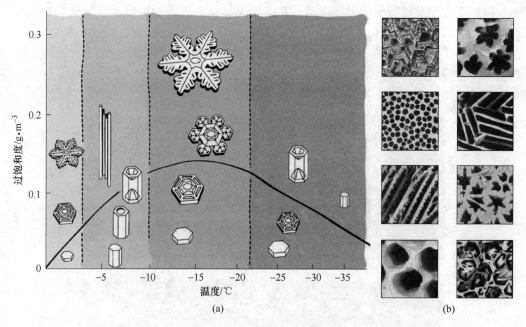

图 5.49　不同形态的冰晶

（a）形成条件；（b）实物照片

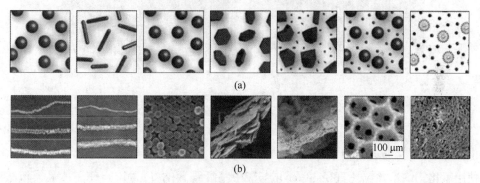

图 5.50　定向冷冻法得到胶体二氧化硅

（a）结构模型；（b）金相照片

定向冷冻法制备多孔支架材料在结构上是冰的复制品。然后可以用第二个软相填充支架，以形成硬-软层状复合材料。在引入软相之前，也可以通过压缩分层陶瓷支架来创建贝壳珍珠层的"砖和砂浆"结构。定向冷冻法具有微观结构可调控性强、原料适用范围广、可制备大尺寸材料等优点，近年来成为制备贝壳珍珠层仿生材料的有效方法。

A　氧化铝/铝复合材料

定向冷冻法制备贝壳珍珠层仿生复合材料分为三步：第一步，利用定向冷冻法制备氧化铝多孔材料；第二步，将氧化铝多孔材料烧结固化；第三步，将韧性的金属材料（如铝硅合金）填充到氧化铝多孔材料内，获得致密的氧化铝/铝复合材料。图 5.51 为通过冷冻铸造制备的连续层状结构氧化铝/铝复合材料的微观组织。定向冷冻得到的氧化铝多孔支架被低熔点和低黏度的铝硅共晶合金渗透。铝硅合金在氧化铝上的低接触角（真空中约为

$50°$）有助于在相对较低的压力下渗透，并产生无机桥和表面粗糙度。氧化铝与铝硅合金的界面存在一定的冶金反应，结合牢固。随铝硅金属层厚度的增加，裂纹尖端应力降低，导致从断裂机制由单裂纹到多裂纹的转变，韧性增大。当氧化铝/铝复合材料中氧化铝的含量为 55%（体积分数）时，复合材料的弯曲强度为 600 MPa、断裂韧性为 10 MPa·$m^{1/2}$，韧性比氧化铝高出一倍多（3~5 MPa·$m^{1/2}$）。

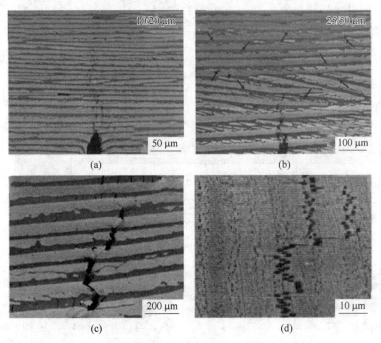

图 5.51　层状复合材料的开裂模式
（a）~（c）Al_2O_3/Al-Si；（d）贝壳珍珠层

B　氧化铝/树脂复合材料

使用氧化铝纳米颗粒（直径 30 nm）与羧甲基纤维素钠（SCMC）使用冰晶模板法制备具有三维互锁支架结构。将支架结构烧结后，再通过热固化法将氰酸酯（CE）渗透到该三维支架结构中形成致密的氧化铝/氰酸酯复合材料。该复合材料的抗弯强度达到了 300 MPa，远高于纯氰酸酯的抗弯强度（90 MPa），稍低于纯致密氧化铝的抗弯强度（约 370 MPa）。其断裂强度及失效应变均较无互锁骨架的层状材料提高一倍，比强度达到了 162 MPa/（g/cm^3）。

将蔗糖添加到氧化铝浆料中，以改变溶剂的黏度和相图，从而形成具有特征微观粗糙度和桥密度的冰晶。沿垂直于薄片的方向挤压支架，然后烧结。压制和烧结促进了砖之间的致密化和陶瓷桥的形成。用 3-(三甲氧基甲硅烷基)甲基丙烯酸丙酯对烧结支架进行化学改性，然后用聚甲基丙烯酸甲酯（PMMA）渗透。有机层的厚度范围为 10~20 μm（通过直接渗透聚甲基丙烯酸甲酯制备的层状结构），而砖和砂浆材料中的厚度仅为 1 μm。在砖和砂浆材料中，陶瓷相的体积分数高达 80%。由于分层设计、优化的界面以及考虑到氧化铝的高含量，该材料表现出了高强度和高抗断裂性的独特组合，弯曲强度达到 210 MPa。在垂直于陶瓷层的方向上，弹性模量计算值为 115 GPa。平面应变断裂韧性是氧化铝和聚甲基丙烯酸甲酯简单混合物的两倍。尽管含有 80% 的氧化铝，但该材料表现出高度的非弹性，极限应变达到1.4%。断裂路径清楚地表明了广泛的裂纹偏转和陶瓷片拉出失效模式。图5.52为定向冷冻法制备的氧化铝/聚甲基丙烯酸甲酯（Al_2O_3/PMMA）复合材料。

图 5.52　定向冷冻法制备的氧化铝/聚甲基丙烯酸甲酯复合材料

（a）微观组织；（b）陶瓷壁微观粗糙度；（c）平坦断裂表面；（d）陶瓷砖拔出失效模式

5.5.2.2　蒸发诱导法

蒸发诱导法可以在蒸发的过程中诱导无机相自组织成定向排列的结构，是一种常用的制备仿贝壳结构复合材料的方法。蒸发诱导过程是基于蒸发浸涂、旋涂或铸造工艺和蒸发诱导的分配机制。它从可溶硅酸盐、表面活性剂、有机单体和引发剂在挥发性溶剂-水混合物中制备的均匀溶液开始。初始表面活性剂浓度设定为低于临界胶束浓度，如图5.53所示。在涂覆过程中，由于挥发性溶剂的优先蒸发，表面活性剂浓度超过临界胶束浓度，有机单体和引发剂因而被嵌入到疏水胶束内部，而无机前体被组织在亲水胶束外部。进一步蒸发促进了分配的无机前体、表面活性剂和单体胶束等组分共同组装成液晶中间相，从而形成层状复合材料。

A　氧化石墨烯/聚乙烯醇

将氧化石墨烯（GO）还原后，通过蒸发诱导法得到了具有仿贝壳结构的石墨烯/聚乙烯醇复合薄膜，如图5.54所示。PVA涂层GO板是R-PVA/GO复合材料的基本构件。横向尺寸从几百纳米到几微米不等。砖（GO）层和砂浆（PVA）层的平均厚度分别为1.34 nm和0.4 nm（GO含量为80%（质量分数））。此时复合薄膜的拉伸强度为188.9 MPa、弹性模量为10.4 GPa、断裂应变为2.67%。由于无机相（氧化石墨烯）的含量不够高，该复合材料的模量不及贝壳珍珠层。

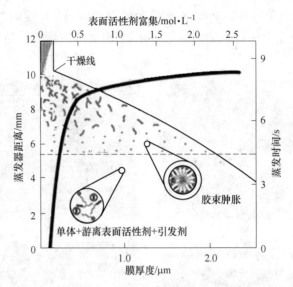

图 5.53　蒸发诱导法制备的多层膜结构与工艺参数的关系

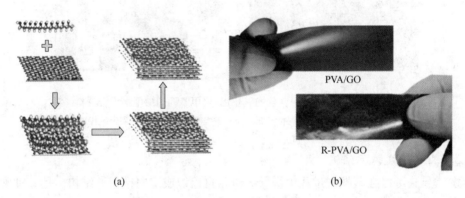

图 5.54　蒸发诱导自组装法制备了氧化石墨烯/聚乙烯醇复合薄膜
（a）自组装原理；（b）薄膜样品

B　二氧化硅/聚甲基丙烯酸十二烷基酯

图 5.55 为在极短时间内蒸发诱导法制备的二氧化硅/聚甲基丙烯酸十二烷基酯层状复合材料。在前体聚合和通过洗涤去除表面活性剂后，层状介观结构得以保持。选择的表面活性剂作为结构导向剂包括阳离子、阴离子、非离子和嵌段共聚物。通过连续蒸发形成所需的纳米层状结构。图 5.55（b）为纳米复合膜的透射电镜（TEM）形貌，显示了具有连续层的 c 轴取向纳米层状结构。

5.5.3　机械组装

使用不同的物理方法，包括离心、剪切滚筒、沉淀、浸渍、旋转滚筒、旋转板和剪切板，将滑石片快速组装成高陶瓷含量的珍珠状复合材料，如图 5.56 所示。从离心到剪切板，这七种方法都可以一定程度上使碳酸钙片对齐排列。此外，化学表面处理有利于定向。通过沉淀、离心、滑动铸造、过滤和电泳五种方法，将蒙脱石-黏土-三角石排列成无

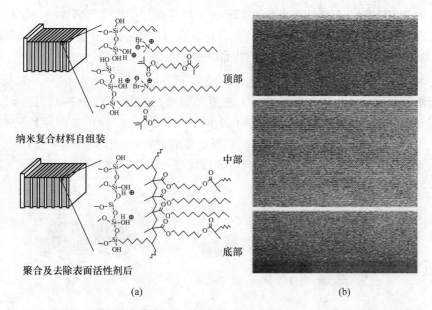

图 5.55 蒸发诱导法制备的二氧化硅/聚（甲基丙烯酸十二烷基酯）纳米复合材料
(a) 界面反应；(b) 样品微观组织

添加剂的层状排列。结果表明，滑移铸造法获得了最佳的对准效果。使用离心沉积工艺在短时间内（15 min）制备了具有黏土纳米片和聚酰亚胺的层状无机/有机纳米复合材料。拉伸强度和杨氏模量分别达到 80 MPa 和 8 GPa，与板层骨相当。

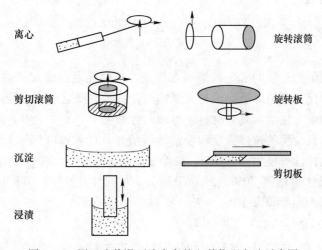

图 5.56 用于改善滑石片定向的七种物理方法示意图

5.5.3.1 旋涂法

通过亚微米级无机板片表面化学改性在有机层与无机层间引入氢键作用制备出强韧性层状复合薄膜。利用浸涂法将修饰后的氧化铝胶体组装成高度取向的二维无机层，然后将壳聚糖溶液旋涂于无机膜表面，如此连续重复浸涂-旋涂步骤后得到厚度为几十微米的层状氧化铝/壳聚糖杂化薄膜。当氧化铝含量为 15% 时，复合材料拉伸强度达到 315 MPa，弹性模量约为 10 GPa，非弹性形变量达 17%，实现了高拉伸强度与韧性的完美结合。选择功能性无机相层状双羟基复合金属化合物（LDHs），利用同样的工艺制备出具有特殊光学性能的 LDH-壳聚糖层状复合薄膜，同时保证了膜的高强度。

5.5.3.2　刮刀法

刮刀法制备层状结构复合材料膜的工艺原理如图 5.57 所示。通过刮刀法制备了有序排列的层状 MTM/PVA 膜，其杨氏模量为 27 GPa，强度为 165 MPa。使用硼酸交联膜后，机械性能得到显著改善，硼酸是一种比戊二醛更强的交联剂。拉伸模量、极限应力和应变分别达到 50 GPa、248 MPa 和 0.9%。与贝壳珍珠层相比，MTM/PVA 膜的弹性模量略低。

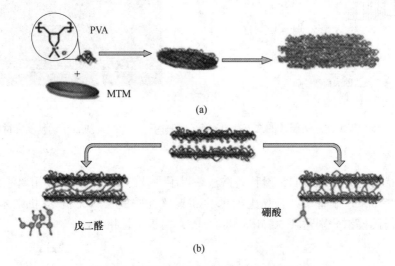

图 5.57　刮刀法制备的 MTM/PVA 层状结构
（a）工艺流程；（b）界面结合

通过刮刀法制备的分散的氧化石墨烯水溶液在还原前通过添加三嵌段共聚物来稳定。然后，将还原的氧化石墨烯片悬浮液与壳聚糖混合，然后真空过滤，得到层状氧化石墨烯高度有序、均匀的聚合物纳米复合材料。当加入含量在 1%~6%（质量分数）范围内的还原氧化石墨烯时，复合膜的拉伸强度和模量显著增加。具有 6%（质量分数）还原氧化石墨烯复合材料膜的弹性模量为 6.3 GPa、拉伸强度为 206 MPa、断裂应变为 6.5%。当复合材料中氧化石墨烯含量达到 70%（质量分数）时，复合材料膜的弹性模量提高到 36.4 GPa，拉伸强度却降低到 80.2 MPa。

5.5.3.3　热压法

图 5.58 示出了通过结合三维打印和热压复合方法将亚微米厚的镀银玻璃薄片对齐。PVA 粉末被运送到工作台上，压辊将玻璃片对齐，并在加热和加压条件下被 PVA 黏合在一起。得到一层膜材料；随后工作台下降一个层厚，重复上述送料-对齐-热压步骤，在前一层膜材料表面制备了一层复合材料膜；就这样重复多次，即可获得一定厚度的层状结构的复合材料样品，如图 5.58（b）所示。

5.5.3.4　剪切流诱导法

图 5.59 所示为剪切流诱导制备层状结构复合膜的工艺流程示意图。使用含有分散良

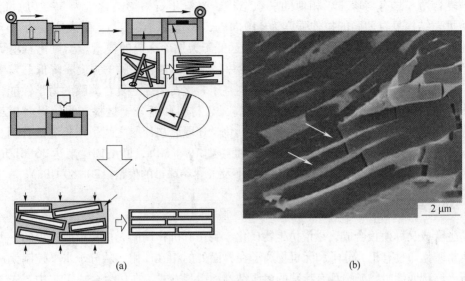

(a)   (b)

图 5.58　使用 3D 印刷-热压复合工艺制备层状结构材料

(a) 制备原理；(b) 材料样品

好的 GO 纳米片反应溶液，通过适当选择流速、相邻注射器之间的距离和水凝胶的移动速度，阵列注射器中的多个溶液源 A 迅速扩散并融合，在油/水凝胶界面形成均匀的超扩散溶液层。同时，水凝胶中的钙离子（Ca²⁺）先前浸入氯化钙溶液中，从水凝胶表面扩散到溶液的超扩散层。Ca²⁺离子产生交联，因此，含有 GO 纳米片的超铺展层在 3 min 内转化为海藻酸钙（CA）水凝胶膜。这种钙水凝胶膜在浸入水浴后可以很容易地从水凝胶表面分离。凝胶干燥后，收集连续且均匀的 GO/CA 纳米复合薄膜，利用剪切流诱导的二维纳米片在不互溶水凝胶/油界面上的排列来制备具有高度有序层状结构的纳米复合材料。基于氧化石墨烯和黏土纳米片的纳米复合材料表现出抗拉强度为 1215 MPa、杨氏模量为 198.8 GPa，分别是天然珍珠层（珍珠母）的 9.0 倍和 2.8 倍。当使用纳米黏土片时，所得纳米复合材料的韧性可达 36.7 GJ/m³，是天然珍珠层的 20.4 倍；同时，抗拉强度为 1195 MPa。

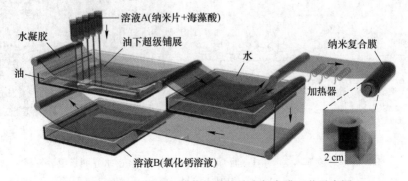

图 5.59　剪切流诱导法制备的层状纳米复合膜工艺示意图

5.5.3.5　真空抽滤法

真空抽滤法是一种常用的方法。通过真空抽滤法制备了氧化石墨烯/聚乙烯醇复合薄膜。该复合薄膜具有与珍珠母相似的层状结构。当氧化石墨烯的含量为 3%（质量分数）时，仿贝壳结构复合薄膜的拉伸强度为 110 MPa，模量为 4.8 GPa，断裂应变为 36%。由于氧化石墨烯的含量较低，复合材料的模量远低于天然珍珠母的模量。当氧化石墨烯的含量为 30%（质量分数）时，由于氧化石墨烯片易聚集，复合薄膜的强度将降低并发生脆性断裂。此后，研究人员尝试了多种方式来提高基于氧化石墨烯的复合薄膜的力学性能，如通过引入氢键、离子键、共价键相互作用等提高无机材料和高分子材料之间的界面相互作用力。真空抽滤法制备了氧化石墨烯薄膜，将其化学还原后在片层之间引入长链键合剂。加入键合剂的含量为 6.58% 时复合薄膜的拉伸强度达到 1054 MPa，断裂韧性高达 36 MJ/m^3。但是该复合材料的弹性模量为 23.3 GPa，仍然不及天然珍珠母的模量（70~80 GPa）。

5.5.4　仿生合成

仿生合成又称模板合成，是模仿生物矿化，利用有机物调制无机物形成过程的一种新工艺。生物矿化通过有机大分子和无机物离子在界面处的相互作用，从分子水平控制无机矿物质的析出，从而使生物矿物具有特殊的多级结构和组装方式。在仿生合成工艺中，先形成有机物自组装体，无机先驱物在自组装聚集体与溶液相的界面处发生化学反应，在自组装体的模板作用下，形成有机/无机复合体，进一步将有机物模板去除后即得到具有一定形状的无机材料。

在仿生合成工艺中，使用的模板有生物蛋白质、表面活性剂、其他纳米结构模板等。

5.5.4.1　基于生物蛋白体的仿生合成

三羧基苯基卟啉 Fe(Ⅲ)μ，含氧二聚物在空气/水界面自组装形成有机分子预聚体然后在氯仿/甲醇混合溶剂中舒展，碳酸氢钙过饱和溶液通过溶剂蒸发，在有机分子预聚体中析出形成碳酸钙晶体。得到的碳酸钙晶体形态和自然界中生长成的方解石非常相像，如图 5.60 所示。

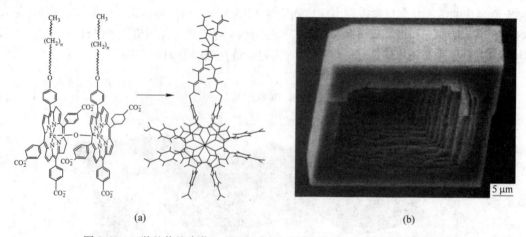

(a)　　　　　　　　　　　　　　　(b)

图 5.60　三羧基苯基卟啉 Fe(Ⅲ)μ 含氧二聚物在空气/水界面自组装材料
(a) 界面反应；(b) 样品

使用脲酶的酶促反应生成纳米碳酸钙薄膜以制备碳酸钙/聚合物层状结构纳米复合材料。在碳酸钙基板表面层涂覆脲酶，放入含有钙离子的溶液中，使碳酸钙在表面结晶析出。析出碳酸钙的形态强烈依赖脲酶层的厚度。当脲酶层厚度小于 20 nm 时，无定形碳酸钙层在生长过程中自发转变为结晶方解石层。通过互连的矿物桥观察到相邻碳酸钙层之间的结晶连续性。这些矿物桥的形成对于碳酸钙层的外延生长至关重要，类似于天然珍珠层的形成。

5.5.4.2 基于表面活性剂的仿生合成

表面活性剂是一种典型的双亲分子，在溶液中可以自组装形成多种形态的超分子形态。在材料的制备过程中，表面活性剂被视为一种载体，而无机离子则为客体，表面活性剂作为仿生合成的模板，提供晶体生长的活性位点，诱导晶体生长，从而诱发无机晶体的形成。六烷基三甲基氯化铵（CTAC）作为有机先驱体，仿生制备出层状的 CTAC/二氧化硅复合材料。

使用 2-丙烯酰胺-2-甲基-1-丙烷磺酸的钾盐将聚（KAMPS）改性为更水溶性的聚电解质。该聚电解质使用悬浮聚合方法制备，这导致形成由高度缠结的聚电解质微凝胶颗粒组成的相对较大的聚合物聚集体。溶液中聚（KAMPS）物理凝胶形成的可逆性质可用于获得具有良好力学性能的珠光材料的类似物。在聚（KAMPS）存在下，通过复分解反应在低温下进行珍珠状碳酸盐复合物的仿生合成。侧链上带有—CO、—NH 和悬垂—SO_3 基团的聚（KAMPS）是一种强成核抑制剂，可以结合钙离子并与溶液中带正电的晶面相互作用。动态光散射测量表明，聚（KAMPS）可以在 pH = 9 的水溶液中解离成松散的聚集体，并且钙离子的加入将聚集体的尺寸从 63 nm 增加到 100 nm。当聚（KAMPS）溶解在氯化钙溶液中时，大离子上的电荷与二价阳离子的强静电相互作用导致链的聚集和更密集的构象。构象变化可能会影响促进离子传输的通道，从而控制离子的结合和可改变的聚电解质侧链上的活性位点，从而影响成核模式。将碳酸氢钠添加到氯化钙和聚（KAMPS）的缓冲水溶液中，聚（KAMPs)-Ca 配合物充当在聚电解质附近形成珍珠状碳酸盐复合物的反应库。聚（KAMPS）在溶液中物理凝胶形成的可逆性质对珍珠状碳酸盐复合物的形态有显著影响。通过双重分解反应可获得珍珠状碳酸盐复合物（通过纳米棒的"边缘"排列形成的聚合物黏附）。由彼此平行的纳米棒形成，由聚电解质薄层（10~27 nm）隔开，组成珍珠状碳酸盐复合物，如图 5.61 所示。

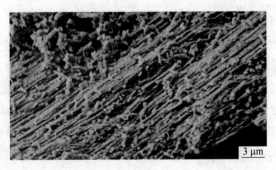

图 5.61 使用 2-丙烯酰胺-2-甲基-1-丙烷磺酸的钾盐制备的珍珠状碳酸盐复合材料

5.5.4.3 基于模板法

石墨、云母和硅等晶体材料的解理面可以用作材料制备模板。这些解理面上的原子排列高度有序，并形成规则的电子云分布。这些表面特征能够对吸附在表面的有机物或无机物的凝固过程产生调制作用，从而获得独具特色的形态。图 5.62 为在不同表面上结晶的十六烷基三甲基氯化铵（CTAC）与二氧化硅纳米复合膜的形态。CTAC 在云母片上自组装形成超分子结构，云母和 CTAC 之间的静电作用导致形成完整的柱状形面，为无机相的形成提供一个有机模板。无机相通过插层和缩合作用在层状之间异相成核，最终形成多级结构的纳米薄膜。在石墨和硅片上都能够形成结构有序、清晰的 CTAC/二氧化硅纳米复合薄膜。石墨上为平行层状结构，而在硅片上则为螺旋结构，这主要和基片的晶体结构有关。因为层状复合物的形成生长，本质上是一个层层复制的过程。可以采用晶体结构各不相同的物质为基片，将会得到更多形态丰富的 CTAC/二氧化硅纳米复合薄膜。

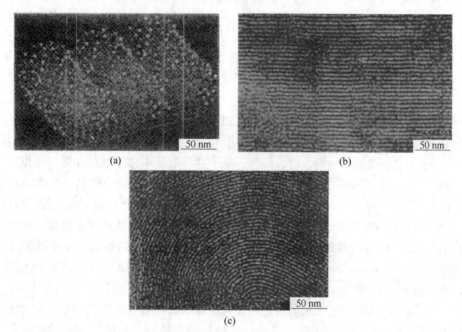

图 5.62　不同模板表面自组装 CTAC 超分子结构材料
（a）云母；（b）石墨；（c）硅

5.5.4.4　基于嵌段共聚物的仿生合成

嵌段共聚物具有和表面活性剂同样的性质，以其为模板自组装仿生的过程和表面活性剂在长程结构上类似。利用这些嵌段共聚物体系中形成的多种形态结构，已经制备出了许多具有特殊性能的纳米结构材料。图 5.63 为通过嵌段共聚物制备的二氧化硅/聚苯乙烯层状复合材料。首先将聚苯乙烯三嵌段共聚物和硅醇盐制备成溶胶，然后自组装形成一种复合生物膜。在苯甲基三甲基胺阳离子存在的环境下，硅醇盐分子从溶液外部进入嵌段共聚物预聚体内有选择性地扩散和水解，得到硅酸盐的网状结构，最后经烧结得到层状结构的二氧化硅纳米薄膜。

5.5.5　其他制造工艺

为了提高有机-无机两相的结合力，将自组装过程与其他工艺相结合，并借助化学或物理手段改善界面性质。即先利用自组装过程组装高度规整的二维无机膜，然后结合旋涂、浸涂和刮膜等工艺制备层状结构，制备过程中借助化学改性方法或热压等物理手段改善界面性质。

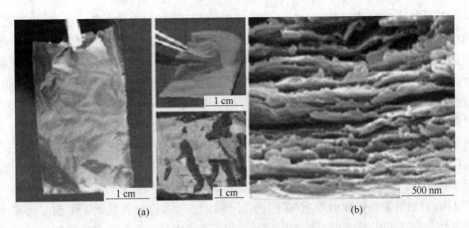

图 5.63　通过嵌段共聚物制备的二氧化硅/聚苯乙烯层状复合材料
(a) 宏观照片；(b) 截面微观组织

5.5.5.1　自组装-旋涂复合工艺

通过亚微米级无机板片表面化学改性在有机层与无机层间引入氢键作用制备出强韧性层状复合薄膜。利用浸涂法将修饰后的氧化铝胶体组装成高度取向的二维无机层，然后将壳聚糖溶液旋涂于无机膜表面，如此连续重复浸涂-旋涂步骤后得到厚度为几十微米的层状氧化铝/壳聚糖杂化薄膜，如图 5.64 所示。当氧化铝含量为 15%（质量分数）时，复合材料拉伸强度达到 315 MPa，弹性模量约为 10 GPa，非弹性形变量达 17%，实现了高拉伸强度与韧性的完美结合。选择功能性无机相层状双羟基复合金属化合物（LDHs），利用同样的工艺制备出具有特殊光学性能的 LDH-壳聚糖层状复合薄膜，同时保证了膜的高强度。

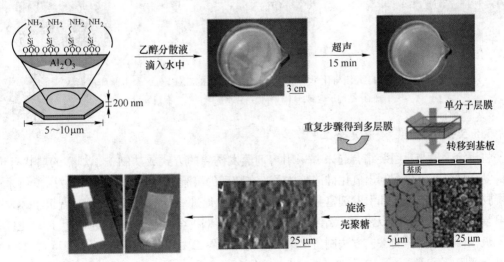

图 5.64　重复浸涂-旋涂复合组装制备的 LDH-壳聚糖层状复合薄膜工艺流程

5.5.5.2　自组装-化学沉积复合工艺

通过 LBL 组装与化学浴沉积（CBD）相结合，获得了具有周期性微观结构的层状有机/无机复合材料。通过带相反电荷的聚电解质的 LBL 组装，实现了厚度可控的有机层沉积。无机层的制备是通过 CBD 进行的，包括在聚电解质的表面成核位置的颗粒生长和同时从溶液中沉积颗粒。无机层的厚度由沉积时间控制。LBL 有机层和 CBD 无机层的顺序沉积导致多层结构，包括二氧化钛/聚电解质（如图 5.65 所示）、氧化锌/聚电解质、氧化锆/聚电解液。二氧化钛/聚电解质异质层膜与纯无机膜相比具有增加的粗糙度，并且在无机相和有机相之间具有波纹界面。带电二氧化钛颗粒和相邻的带相反电荷的聚电解质层之间的强静电吸引促进了层之间的部分互穿，导致二氧化钛桥穿过聚合物层，类似于珍珠层中的碳酸钙桥。此外，无机桥的密度可以通过有机层的厚度来调节。对微观结构的控制显然有助于生物激发薄膜再现珍珠层的特征，产生最佳的韧性、硬度和模量。然而，与珍珠层中黏塑性生物聚合物包围的纳米颗粒相比，二氧化钛层中的纳米颗粒之间缺乏界面接触。通过重氮树脂和聚（丙烯酸）的 LBL 自组装制备了聚电解质/碳酸钙多层膜，然后通过二氧化碳扩散到多层膜中生长碳酸钙晶体。交联 LBL 层为促进碳酸钙成核提供了带负电的表面。二氧化碳扩散法产生了致密、均匀、厚度可控的碳酸钙层，这是传统浸没法难以实现的。通过调节二氧化碳的扩散时间和 LBL 双层的数量，合成了含 93%（质量分数）碳酸钙的人造珍珠层。通过交替沉积CBD 二氧化钛层和 LBL 聚电解质层制备的二氧化钛/聚电解质混合膜的截面结构。聚电解质和 TiO₂ 层的厚度可以分别通过双层的数量和 CBD 沉积的时间来控制。聚电解质/二氧化钛混合膜横截面，其具有 100 nm 厚的深色无机层和 10 nm 厚的明亮有机层。红色箭头表示穿透有机层的二氧化钛桥。

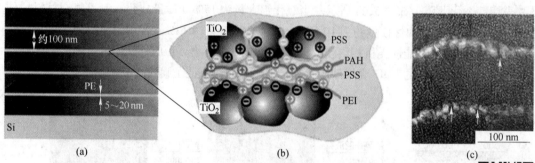

　　　　　(a)　　　　　　　　　　　　　　　　(b)　　　　　　　　　　　　　　　(c)

图 5.65　通过自组装与化学浴沉积复合工艺制备的二氧化钛/聚电解质复合膜
（a）结构示意图；（b）界面结合示意图；（c）微观组织

扫码看彩图

5.5.5.3　自组装-浸涂复合工艺

　　将浸涂手段与自组装结合起来并采用溶剂蒸发诱导的方式成功制备了规整的层状有机-无机复合材料。首先配制出氧化硅溶胶体系，在随后的浸涂过程中，乙醇的挥发引发体系产生凝胶，使得有机单体和引发剂富集在胶束表面进而促进氧化硅-表面活性剂-有机单体发生共组装，最终形成有机-无机层状结构。用半导体材料铟锡金属氧化物（ITO）代替氧化硅作为无机相，使用同样的工艺方法制备出聚二缩三丙二醇二丙烯酸酯［Poly(TPGDA)］/ITO 纳米复合薄膜。

5.5.5.4　自组装-真空抽滤复合工艺

　　利用真空抽滤和自蒸发组装制备了自支持、高弹性、透光、双层 PVA/MTM 复合薄膜。PVA/MTM 复合薄膜的 SEM 截面如图 5.66 所示，图中对比了采用真空抽滤和自然蒸发两种薄膜，可以看出，真空抽滤工艺制备的壳聚糖/MTM 复合薄膜透明度显著优于自蒸发工艺。

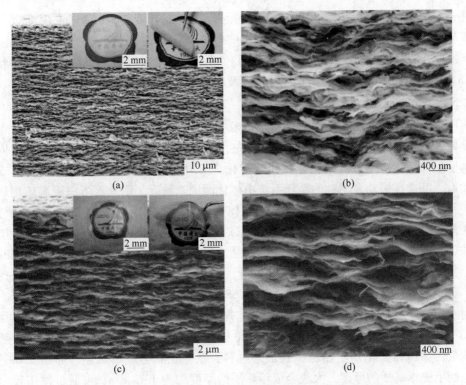

图 5.66 两种自组装复合工艺制备的壳聚糖/MTM 复合薄膜对比

(a), (b) 自蒸发; (c), (d) 真空抽滤

5.5.5.5 自组装-模板法复合工艺

图 5.67 为采用自组装-模板法制备 Al_2O_3/GO-PVA 层状复合材料的工艺流程。具体步骤如下：(1) 采用超声分散法制备 GO 在 PVA 中的均匀混合溶液（混合液 1）；采用

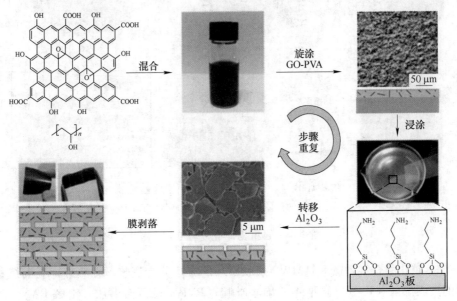

图 5.67 自组装模板法制备 Al_2O_3/GO-PVA 层状复合材料工艺流程

超声法制备纳米 Al_2O_3 片在硅烷偶联剂中的混合液（混合液 2）。（2）采用旋涂方法将 GO-PVA 混合液涂敷在玻璃基板上，形成 GO-PVA 纳米厚度薄膜。（3）采用浸涂法将氧化铝-硅烷偶联剂转移到 GO-PVA 纳米膜表面。（4）重复步骤（2）~（3），直到获得预期层数。（5）将 Al_2O_3/GO-PVA 层状复合材料从玻璃基板剥落。

5.5.5.6　自组装-矿化复合工艺

将原位矿化与定向冷冻技术结合制备毫米级厚度的仿贝壳结构复合材料，其中合成碳酸钙晶体片含量高达 91%（质量分数）。首先，通过定向冷冻法制备出具有片层结构的壳聚糖基质。然后，将基质乙酰化处理使其转化为 β-甲壳素，以避免不必要的溶解或者溶胀。此后，基质在蠕动泵驱动的循环系统中矿化两周。最后，用丝素蛋白浸润矿化后的材料并进行热压。通过该方法得到的仿贝壳结构复合材料的厚度可达 $1~2$ cm。复合材料具有与天然珍珠母相似的几何结构特征。合成碳酸钙晶体片的厚度为 $100~150$ nm，接近天然珍珠母碳酸钙晶体片的厚度。合成碳酸钙晶体片在单层中呈现与天然珍珠母相似的层状排列。复合材料的机械性能不如天然珍珠母，可能是由于合成碳酸钙晶体片的长径比过大，不利于形成曲折的裂纹偏转路径。图 5.68 为组装和矿化复合工艺流程示意图。以通过同时控制纳米结构和微观结构的中尺度方法来生产合成珍珠层。通过在聚丙烯酸（PAA）和 Mg^{2+} 存在下分解碳酸氢钙，乙酰化基质在蠕动泵驱动循环系统中矿化。然后通过丝素蛋白渗透和矿化基质热压得到最终材料，获得层状合成珍珠层，如图 5.69 所示。基于原始甲壳素基质的厚度，大块合成珍珠层的厚度约为 $1~2$ μm，可通过使用较厚基质进一步增加。

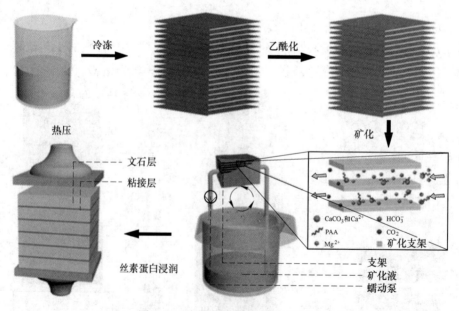

图 5.68　自组装-矿化复合工艺流程

自组装-矿化复合制备碳酸钙/PVP 层状材料的方法分为五步。在载玻片表面沉积上一定厚度的聚丙烯酸（PAA）和聚 4-乙烯基吡啶（PVP）的复合薄膜。溶解 PAA，使 PVP 膜形成纳米孔层。使用紫外线交联稳定 PVP 层，然后将其浸入 PAA 液中，使得表面接上

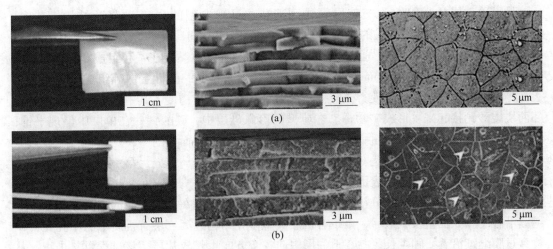

图 5.69　天然珍珠层和自组装-矿化复合工艺制备珍珠层的结构比较
(a) 天然贝壳珍珠层；(b) 人工合成珍珠层

羧酸根离子，以促进矿物成核。使用碳酸铵扩散技术使得膜表面生长上无定形碳酸钙。无定形碳酸钙在高湿度下通过溶解-重结晶过程转变成方解石。重复以上五个步骤，直到达到所需的厚度。制备得到的复合薄膜成功地模仿了天然贝壳珍珠母的微观结构，并呈现出与天然珍珠母相似的光泽。虽然复合薄膜的平面应变模量不及天然珍珠母，但是仍显示出类似天然珍珠母的高韧性。

综上，传统成型法是最早用来制备仿贝壳结构材料的方法，最初用来改善层压复合材料的断裂韧性。但是由于传统成型法中"砖"结构的厚度通常处于微米级水平，远远超过了天然珍珠母碳酸钙片的厚度，制备得到的复合材料的力学性能不如天然贝壳珍珠母。使用层层组装法制备仿贝壳结构复合材料可以精确地控制微观结构和实现高负载的无机相，但是制备过程耗时、难以大规模生产等缺点在一定程度上限制了该方法的实际应用。机械组装法可以快速、经济、大规模地制备薄膜、厚膜和块体材料。但是由于无法精确地控制微观结构，制备得到的复合材料的强度、模量和韧性往往很难超过天然贝壳珍珠母。仿生矿化法可以成功地复制出天然珍珠母的宏观形态、微观结构、结晶度等特点，但是目前仍然无法完全复制出贝壳的结构特征，导致仿贝壳结构复合材料的力学性能不如天然贝壳珍珠母。另外，该方法同样存在制备过程复杂、耗时、无法大规模生产等问题。3D 打印法制备的仿贝壳结构复合材料存在无机负载量不够高的问题。

知识点小结

贝壳珍珠层属于天然的有机-无机层状多级结构复合材料，其中 95%（体积分数）是片状碳酸钙，蛋白质-多糖有机体等有机基质仅为 5%（体积分数）左右，但这些有机基质在碳酸钙晶体核化、定向、生长和空间形态等方面的调控作用使其在纳米水平上表现出非凡的有序性和强度。由于珍珠层这种有机-无机层状结构，使得其结构优美，力学性能独特。

　　贝壳珍珠层微观组织为交替层叠排列而成，呈现典型的"砖-砂浆"结构。其中，"砖"为碳酸钙单晶纤维构成的文石片，厚度为 200~900 nm，直径为 5~8 nm，由数百万个纳米晶粒（直径约 30 nm）通过蛋白质、甲壳素等有机质黏合在一起组成。"砂浆"指的是有机质，厚度为 10~50 nm，主要由甲壳素、丝素蛋白、酸性蛋白等组成。碳酸钙片表面具有纳米的凹凸结构，使得碳酸钙片表面具有一定的粗糙度。其中部分凹凸结构将相邻两块碳酸钙接起来，形成矿物桥。在典型的珍珠母层中，碳酸钙片在单层中呈现平铺，相邻层的碳酸钙片之间部分重叠，且重叠区域约占单层的表面积的 1/3。

　　贝壳珍珠层的形成过程是一个碳酸钙片逐层生长的过程。首先，第一层有机质被分泌出来；然后，碳酸钙在该层表面成核并且向各个方向生长，其中沿着 c 轴的生长速率最快；此后，第二层有机质被分泌出来，该有机层阻止了矿物在 c 轴方向的生长，但允许其继续沿着 a 和 b 轴生长；最后，由于有机层具有多孔结构，第二层有机质中的小孔允许矿物穿过膜继续沿着 c 轴生长，并在下一层中向各个方向生长成片层。该过程重复进行，从而形成类似于圣诞树的图案。

　　仿贝壳材料还不能达到贝壳珍珠层的完美结构，导致生物材料中的多种协调作用的多尺度机制尚不能完全引入到材料仿生中。不过，仿制珍珠层的结构并不是材料仿生的最终目的，仅仅是实现将贝壳珍珠层的强韧化运作原理引入材料仿生中的途径之一。在优化结构参数的基础上调整合适的界面结合强度以进一步提高材料的力学性能，利用原理仿生制备层状轻质高强超韧性材料依然是关键所在。另外，通过调整结构参数和界面性质获得特定的机械性能，同时选择有机或无机组分实现功能化，最终制备出机械性能可控的功能材料甚至智能材料，实现仿贝壳珍珠层材料的功能性及智能性开发具有十分深远的意义。

复习思考题

1. 什么是屈服强度、断裂强度、断裂韧性？
2. 断裂韧性的影响因素有哪些？
3. 贝壳是如何提高其断裂韧性的？
4. 贝壳棱柱层、珍珠层中的碳酸钙有什么差别？
5. 珍珠层如何获得绚丽的珍珠色彩？
6. 什么是生物矿化？
7. 如何通过有机大分子调控无机物的形核与长大？
8. 对比说明单壳贝壳珍珠层文石片与双壳贝壳珍珠层文石片结构的异同。

科 学 术 语

道尔顿（Da）：一种相对分子质量的表达单位，在数值上等于碳12原子质量的1/12。蛋白质是大分子，常用kDa（千道尔顿）来表示其相对分子质量。

氢键（Hydrogen bond）：两个分子之间的弱键，由一个分子中的质子和另一个分子中的负电原子之间的静电吸引力产生。氢键在蛋白分子结构中广泛存在。

材料仿生（Material bionics）：指对生物产生的物质和材料（如酶或丝）的形成、结构或功能以及生物机制和过程（如蛋白质合成或光合作用）的研究，特别是为了通过模仿自然机制的人工机制合成类似产品。

哈梅克常数（Hamaker constant）：哈梅克常数是描述粒子相互作用（包括凝聚、浮选、分散和有序）的分子间作用力的一个物理量，可以表达为：$H = \pi^2 B \rho_1 \rho_2$，其中$\rho_1$和$\rho_2$是两个相互作用的物体单位体积内的原子数，$B$是粒子-粒子对相互作用的系数。很多物质的哈梅克常数都可以在资料上查到。

米-瑞利散射（Raleigh and mie scattering）：瑞利散射主要是指直径小于入射光波长约十分之一的原子和分子粒子的光的弹性散射。米散射主要是指直径大于入射光波长的原子和分子粒子的光的弹性散射。

沙堡效应（Sandcastle effect）：沙堡效应由印第安纳州圣母大学的研究人员确定，并于1997年6月18日首次发表。它解释了为什么沙堡中的沙子几乎完全干涸后不会倒塌。

芳纶纤维（Aramid fiber）：耐热、坚固的合成纤维，主要用于航空航天和军事。用于织物的外缘和生命线。

生物相容性（Biocompatibility）：生物材料在治疗中发挥其所需功能，而不会引起任何不良的局部或全身反应。

生物降解性（Biodegradability）：通过细菌或其他生物手段对材料进行化学溶解而分解的能力。

碳纤维（Carbon fiber）：一种主要由碳原子组成的材料，由直径为5~10 mm的纤维组成。

断裂伸长率（Elongation to break）：材料断裂时记录的伸长率，对应于断裂或最大载荷。

凯夫拉纤维（Kevlar fiber）：该纤维由杜邦公司于1965年开发，注册为对位芳纶合成纤维的商标。通过高拉伸强度与重量比，这种纤维用于许多用途，如防弹衣和绳索。

抗拉强度（Tensile strength）：材料在拉伸变形（缩颈）前拉伸或拉伸时所能承受的最大应力。

韧性（Toughness）：材料吸收能量和塑性变形而不断裂的能力。

蜘蛛丝蛋白（Spidroin）：牵引丝的结构蛋白。

约翰逊-肯德尔-罗伯茨模型（Johnson-Kendall-Roberts，JKR）：是用于描述由分子间作用力或者毛细管力引起的黏附行为。

文石（Aragonite）：又称霰石，贝壳的主要组成物质。成分为碳酸钙，斜方晶系，在自然界碳酸钙不稳定，常转变为三方晶系的方解石。

阿什比图（Ashby plot）：一种同时显示多种材料的两个或多个特性的散点图，以剑桥大学的迈克尔·阿什比（Michael Ashby）命名。

植酸（**Phytic acid**）：又名肌醇六磷酸、环己六醇六磷酸，分子式 $C_6H_{18}O_{24}P_6$，是从植物种子中提取的一种有机磷类化合物。

β-角蛋白（**β-keratin**）：这是一种坚硬的动物组织，是鸟类和爬行动物表皮、角、喙的主要组成物质。

杨氏模量（**Young mode**）：杨氏模量是描述固体材料抵抗形变能力的物理量。

化学气相沉积（**CVD**）：利用气态物质在一定温度下与固体表面进行化学反应，并在其表面上生成固态沉积膜的过程。

担轮幼虫（**Trochophore**）：海产环节动物和多数软体动物特有的自由游泳的幼虫。

玻璃化转变温度（T_g）：由玻璃态转变为高弹态所对应的温度。

朗缪尔-博尔吉特膜（**Langmuir-Blodgett film**）：源自美国科学家 L. Langmuir 及其学生 K. Blodget。是用特殊的装置将不溶物膜按一定的排列方式转移到固体支持体上组成的单分子层或多分子层膜。

节肢弹性蛋白（**Resilin**）：一种发现于跳蚤和蜻蜓体内的蛋白质，具有98%的回弹性，较人工合成的聚丁二烯橡胶有较大优势，作为一种能量缓冲寄存器。

甲壳素（**Chitin**）：又称甲壳质、几丁质、壳多糖等，是一种大的结构性多糖，由改性葡萄糖链制成。甲壳素存在于昆虫的外骨骼、真菌的细胞壁以及无脊椎动物和鱼类的某些硬结构中，也可以与碳酸钙等其他成分结合，形成更坚固的物质，如蛤蜊壳。

足丝胶（**Byssus**）：一种由脚上的腺体分泌的蛋白质胶，牢固地附着在坚硬的基底上。

革兰氏阴性细菌大肠杆菌（**E coli Gram negative**）：是大肠中数量最多的有氧共生"居民"。某些菌株会引起腹泻，当它们侵入无菌部位（如尿路）时，都会引起感染。诊断依靠标准培养技术。

参 考 文 献

[1] Ingrole A, et al. Bioinspired energy absorbing material designs using additive manufacturing [J]. Journal of the Mechanical Behavior of Biomedical Materials, 2021, 119: 104518.

[2] Bond M. Review: love and sex with robots by David Levy [J]. New Scientist, 2007, 196 (2629): 76.

[3] Zhang D, et al. Composition and structure of natural organic matter through advanced nuclear magnetic resonance techniques [J]. Chemical and Biological Technologies in Agriculture, 2017, 4 (1): 8.

[4] Laaksonen P, et al. Genetic engineering in biomimetic composites [J]. Trends in Biotechnology, 2012, 30 (4): 191~197.

[5] 赵兴科. 镀锌焊接钢结构制造 [M]. 北京: 冶金工业出版社, 2021.

[6] Miller R H B, et al. Bioinspired super-hydrophobic fractal array via a facile electrochemical route: preparation and corrosion inhibition for Cu [J]. RSC Advances, 2022, 12 (1): 265~276.

[7] Sarkar S, et al. Two-dimensional nanostrips of hydrophobic copper tetradecanoate for making self-cleaning glasses [J]. Journal of Nanomaterials, 2016, 2016: 9596068.

[8] Zhu H, et al. Investigation of the corrosion resistance of n-tetradecanoic acid and its hybrid film with bis-silane on copper surface in seawater [J]. Journal of Molecular Structure, 2009, 928 (1): 40~45.

[9] Milošev I, Kosec T, Bele M. The formation of hydrophobic and corrosion resistant surfaces on copper and bronze by treatment in myristic acid [J]. Journal of Applied Electrochemistry, 2010, 40 (7): 1317~1323.

[10] 佟金戈, 等. 基于光固化微压印制备仿生荷叶疏水薄膜的研究 [J]. 塑料工业, 2019, 47 (10): 139~142.

[11] Zaki A, et al. New Trends in Alloy Development, Characterization and Application [M]. IntechOpen, Rijeka, 2015.

[12] Liu T, et al. Corrosion behavior of super-hydrophobic surface on copper in seawater [J]. Electrochimica Acta, 2007, 52 (28): 8003~8007.

[13] Zhao D, et al. Transparent superhydrophobic glass prepared by laser-induced plasma-assisted ablation on the surface [J]. Journal of Materials Science, 2022, 57 (33): 15679~15689.

[14] Aristotle. Historia Animalium [M]. Clarendon, Oxford, 1918.

[15] Autumn K, et al. Dynamics of geckos running vertically [J]. J Exp Biol, 2006, 209 (2): 260~272.

[16] Autumn K, Peattie A M. Mechanisms of adhesion in geckos [J]. Integrative and Comparative Biology, 2002, 42 (6): 1081~1090.

[17] Kerbert C. Ueber die Haut der Reptilien und anderer Wirbelthiere [J]. Archiv für mikroskopische Anatomie, 1877, 13 (1): 205~262.

[18] Haase A. Untersuchungen über den Bau und die Entwicklung der Haftlappen bei den Geckotiden [J]. Archiv für Naturgeschichte, 1900, 66 (1): 321~346.

[19] Ruibal R, Ernst V. The structure of the digital setae of lizards [J]. Journal of Morphology, 1965, 117 (3): 271~293.

[20] Hiller U. Untersuchungen zum Feinbau und zur Funktion der Haftborsten von Reptilien [J]. Zeitschrift für Morphologie der Tiere, 1968, 62 (4): 307~362.

[21] Autumn K, et al. Adhesive force of a single gecko foot-hair [J]. Nature, 2000, 405 (6787): 681~685.

[22] Peattie A M, et al. Ancestrally high elastic modulus of gecko setal β-keratin [J]. Journal of The Royal Society Interface, 2007, 4 (17): 1071~1076.

[23] Dalla Valle L, et al. Cloning and characterization of scale β-keratins in the differentiating epidermis of

geckoes show they are glycine-proline-serine-rich proteins with a central motif homologous to avian β-keratins [J]. Developmental Dynamics, 2007, 236 (2): 374~388.

[24] Santos D, et al. Directional Adhesive Structures for Controlled Climbing on Smooth Vertical Surfaces [C]// Proceedings 2007 IEEE International Conference on Robotics and Automation. 2007.

[25] Xu H T, et al. Construct synthetic gene encoding artificial spider dragline silk protein and its expression in milk of transgenic mice [J]. Animal Biotechnology, 2007, 18 (1): 1~12.

[26] Whittall D R, et al. Host systems for the production of recombinant spider silk [J]. Trends in Biotechnology, 2021, 39 (6): 560~573.

[27] Chung H, Kim T Y, Lee S Y. Recent advances in production of recombinant spider silk proteins [J]. Curr Opin Biotechnol, 2012, 23 (6): 957~964.

[28] Tsuchiya K, et al. Spider dragline silk composite films doped with linear and telechelic polyalanine: Effect of polyalanine on the structure and mechanical properties [J]. Scientific Reports, 2018, 8 (1): 3654.

[29] Jin Q, et al. Secretory production of spider silk proteins in metabolically engineered Corynebacterium glutamicum for spinning into tough fibers [J]. Metab Eng, 2022, 70: 102~114.

[30] Scheller J, et al. Production of spider silk proteins in tobacco and potato [J]. Nature Biotechnology, 2001, 19 (6): 573~577.

[31] Zhang Y. Expression of EGFP-spider dragline silk fusion protein in BmN cells and larvae of silkworm showed the solubility is primary limit for dragline proteins yield [J]. Molecular Biology Reports, 2008, 35 (3): 329~335.

[32] Lazaris A, et al. Spider silk fibers spun from soluble recombinant silk produced in mammalian cells [J]. Science, 2002, 295 (5554): 472~476.

[33] Sun J, Bhushan B. Hierarchical structure and mechanical properties of nacre: a review [J]. RSC Advances, 2012, 2 (20): 7617~7632.

[34] Gleize P J P, et al. Characterization of historical mortars from Santa Catarina (Brazil) [J]. Cement and Concrete Composites, 2009, 31 (5): 342~346.

[35] Fombuena V, et al. Characterization of green composites from biobased epoxy matrices and bio-fillers derived from seashell wastes [J]. Materials & Design, 2014, 57: 168~174.

[36] 何朋, 等. 贝壳的化学成分及其结构特征 [J]. 化工学报, 2015, 66 (S2): 450~454.

[37] Almagro I, et al. New crystallographic relationships in biogenic aragonite: the crossed-lamellar microstructures of mollusks [J]. Crystal Growth & Design, 2016, 16 (4): 2083~2093.

[38] Du F, et al. Interfacial mechanical behavior in nacre of red abalone and other shells: a review [J]. ACS Biomaterials Science & Engineering, 2023, 9 (1): 3843~3859.

[39] Xin Z, et al. Energy-absorption characteristics of nacre-inspired carbon/epoxy composite tubes under impact loading [J]. Applied Composite Materials, 2022, 29 (6): 2203~2222.

[40] Ghazlan A, et al. Blast performance of a bio-mimetic panel based on the structure of nacre—a numerical study [J]. Composite Structures, 2020, 234: 111691.

[41] Ghazlan A, et al. Enhancing toughness of medium-density fiberboard by mimicking nacreous structures through advanced manufacturing techniques [J]. Journal of Structural Engineering, 2020, 146 (3): 04020001.

[42] Bertoldi K, Bigoni D, Drugan W J. Nacre: An orthotropic and bimodular elastic material [J]. Composites Science and Technology, 2008, 68 (6): 1363~1375.

[43] Xu J, Zhang G. Unique morphology and gradient arrangement of nacre's platelets in green mussel shells [J]. Mater Sci Eng C Mater Biol Appl, 2015, 52: 186~193.

［44］ Ghosh P, Katti D, Katti K. Impact of β-sheet conformations on the mechanical response of protein in biocomposites ［J］. Materials and Manufacturing Processes-MATER MANUF PROCESS, 2006, 21: 676~682.

［45］ Mishra N, Kandasubramanian B. Biomimetic design of artificial materials inspired by iridescent nacre structure and its growth mechanism ［J］. Polymer-Plastics Technology and Engineering, 2018, 57 (15): 1592~1606.

［46］ Zaremba C M, et al. Critical transitions in the biofabrication of abalone shells and flat pearls ［J］. Chemistry of Materials, 1996, 8 (3): 679~690.

［47］ Sampath V, et al. Crystalline organization of nacre and crossed lamellar architecture of seashells and their influences in mechanical properties ［J］. Materialia, 2019, 8: 100476.

［48］ Anup S. Influence of initial flaws on the mechanical properties of nacre ［J］. Journal of the mechanical behavior of biomedical materials, 2015, 46: 168~175.

［49］ Gilbert P U, et al. Gradual ordering in red abalone nacre ［J］. J Am Chem Soc, 2008, 130 (51): 17519~17527.

［50］ Algharaibeh S, et al. Fabrication and mechanical properties of biomimetic nacre-like ceramic/polymer composites for chairside CAD/CAM dental restorations ［J］. Dental Materials, 2022, 38 (1): 121~132.

［51］ Barthelat F, et al. On the mechanics of mother-of-pearl: A key feature in the material hierarchical structure ［J］. Journal of the Mechanics and Physics of Solids, 2007, 55 (2): 306~337.

［52］ Denkena B, Koehler J, Moral A. Ductile and brittle material removal mechanisms in natural nacre—A model for novel implant materials-ScienceDirect ［J］. Journal of Materials Processing Technology, 2010, 210 (14): 1827~1837.

［53］ Mohanty B, Katti K S, Katti D R. Experimental investigation of nanomechanics of the mineral-protein interface in nacre ［J］. Mechanics Research Communications, 2008, 35 (1): 17~23.

［54］ Barthelat F, Espinosa H. An experimental investigation of deformation and fracture of nacre-mother of pearl ［J］. Exper. Mech., 2007, 47: 311~324.

［55］ Pai R, et al. Biomimetic pathways for nanostructured poly (KAMPS)/aragonite composites that mimic seashell nacre ［J］. Advanced Engineering Materials, 2011, 13: 415~422.

［56］ Bekah S, Rabiei R, Barthelat F. The micromechanics of biological and biomimetic staggered composites ［J］. Journal of Bionic Engineering, 2012, 9 (4): 446~456.

［57］ Dutta A, Vanderklok A, Tekalur A. High strain rate mechanical behavior of seashell-mimetic composites: Analytical model formulation and validation ［J］. Mechanics of Materials, 2012, 55: 102~111.

［58］ 卢子兴, 崔少康, 杨振宇. 珍珠母及其仿生复合材料力学行为的研究进展 ［J］. 复合材料学报, 2021, 38 (3): 641~667.

［59］ Wang J, Cheng Q, Tang Z. Layered nanocomposites inspired by the structure and mechanical properties of nacre ［J］. Chemical Society Reviews, 2012, 41 (3): 1111~1129.

［60］ Yeom B, Char K. Enzyme-assisted growth of nacreous $CaCO_3$/polymer hybrid nanolaminates via the formation of mineral bridges ［J］. Journal of Crystal Growth, 2016, 443: 31~37.

［61］ Xu G, et al. Bioinspired synthesis of thermally stable and mechanically strong nanocomposite coatings ［J］. MRS Advances, 2022, 7: 337~341.

［62］ Song N, et al. Bioinspired, multiscale reinforced composites with exceptionally high strength and toughness ［J］. Nano Letters, 2018, 18 (9): 5812~5820.

［63］ Traxel K D, Bandyopadhyay A. Naturally architected microstructures in structural materials via additive manufacturing ［J］. Additive Manufacturing, 2020, 34: 101243.